HENRY GEE

Aufstieg und Fall der Menschheit

Warum unsere Spezies am Rand des Aussterbens steht

Aus dem Englischen
von Monika Niehaus
und Coralie Wink

ROWOHLT

Die englische Originalausgabe erschien 2025 unter dem
Titel «The Decline and Fall of the Human Empire»
bei Picador, einem Imprint von Pan Macmillan, London.

2. Auflage September 2025

Deutsche Erstausgabe
Veröffentlicht im Rowohlt Verlag, Kirchenallee 19,
20099 Hamburg, Juli 2025

Satz aus der Merwede bei Dörlemann Satz, Lemförde
Druck und Bindung CPI books GmbH, Leck
ISBN 978-3-498-00773-7

Kontaktadresse nach EU-Produktsicherheitsverordnung:
produktsicherheit@rowohlt.de

MIX
Papier | Fördert
gute Waldnutzung
FSC® C083411

Inhalt

Prolog

> In einer Arbeit von einigen Tagen, in der Lektüre von ein paar Stunden, sind sechs Jahrhunderte hingerollt und die Zeit eines Lebens oder einer Regierung wird zu einem flüchtigen Augenblick. Das Grab ist stets neben dem Thron, dem Siege eines Verbrechers folgt fast augenblicklich der Verlust der Beute und unsere unsterbliche Vernunft überlebt und verachtet die sechzig Phantome der Kaiser, die an unseren Augen vorübergezogen sind und sich nur schwach dem Gedächtnis einprägen.
>
> EDWARD GIBBON
> *Verfall und Untergang des römischen Imperiums*

Von all den Tieren, die in der langen Geschichte der Erde aufgestiegen und wieder untergegangen sind, haben die Dinosaurier die Fantasie der Allgemeinheit am stärksten gefesselt. Sie bevölkern unsere Kinos und Comics. Ihre Bilder grinsen uns von T-Shirts und Frühstücksdosen entgegen. Sie machen sich sogar dort breit, wo sie nichts zu suchen haben. Das Wort «Dinosaurier» hat ein solches Prestige – eine solche Anziehungskraft –, dass sich damit selbst Dinge verkaufen lassen, die nicht viel mit Dinosauriern zu tun haben: In *Dawn of the Dinosaurs,* einem wunderbaren Buch[1] über die zu Unrecht vernachlässigte triassische Periode – der Periode vor dem durchs Kino berühmt gewordenen Jura (auch wenn viele der dort dargestellten Dinosaurier aus der noch späteren Kreidezeit stammen) – geht es um einen rund 50 Millionen Jahre langen Zeitabschnitt (250–200 Millionen Jahre vor heute). In dieser Periode entwickelte sich eine Fülle außergewöhnlicher Lebewesen, die zwar sehr interessant sind, den meisten Leuten aber unbekannt sein dürften – die Dinosaurier kommen hingegen erst gegen Ende dieses Zeitabschnitts vor und spielen daher im Buch eine Nebenrolle. Dennoch prangen sie auffällig auf dem Titelbild. Und mit dieser paläokulturellen Aneignung ist es noch nicht getan. Populäre Sachbücher über die prähistorische Fauna sind oft mit «Dinosaurier» betitelt, und dann, in kleinerer Schrift, folgt quasi entschuldigend «und andere prähistorische Tiere». In Spielfigurensets, die unter der Bezeichnung «Dinosaurier» vermarktet werden, finden sich häufig Tiere, die Zeitgenossen der Dinosaurier waren, selbst aber nicht zu den Dinosauriern gehörten (man denke nur an die fliegenden Pterosaurier oder an die schwimmenden Plesiosaurier). Auch *Dimetrodon* ist regelmäßig dabei, ein zähnefletschendes Geschöpf mit einem Rückensegel, das zig Millionen Jahre vor den Dinosauriern lebte und tatsächlich näher mit uns verwandt ist als mit ihnen. Und als wollten die Hersteller solcher Sets uns schon beim leisesten Vorwurf von Anachronismus die Zunge rausstrecken, geben sie nur zu oft noch ein Wollmammut dazu, ein Tier, das mehr als 50 Millionen Jahre nach dem Verschwinden der Dinosaurier über die Erde streifte. «Dinosaurier» ist inzwischen derart synonym mit einem Clickbait, dass ich versucht war, dieses Buch *Dinosaurier* (in Großbuchstaben) zu nennen, mit dem Untertitel (in kleinerer Schrift) *und ihre Rolle in der Evolution und beim Aussterben der Menschheit.*

Allerdings kann man auch nicht behaupten, dass es keinerlei Verbindung zwischen Dinosauriern und Menschen gibt. Ganz gleich, was man sonst alles über Dinosaurier sagen kann, sie sind zweifellos und definitiv ausgestorben.[2] Die Faszination, die sie auf die Öffentlichkeit ausüben, beruht zum großen Teil auf diesem einen, einfachen Fakt. Offenbar ging's den

Dinosauriern bis zum Ende der Kreidezeit vor rund 66 Millionen Jahren prächtig. Dann verschwanden sie plötzlich von der Bildfläche, gemeinsam mit den fliegenden Pterosauriern (die keine Dinosaurier waren), den schwimmenden Plesiosauriern (auch keine Dinosaurier), den kultigen lastwagengroßen Ammoniten (schalentragenden Verwandten der Kalmare, definitiv keine Dinosaurier) und vielen anderen Tiergruppen.

Viele Jahre oder gar Jahrzehnte war die Frage nach dem Grund für das Aussterben der Dinosaurier eine Un-Frage, auf die es eine Fülle möglicher Antworten gab. Dutzende davon haben Einzug in die wissenschaftliche Literatur gefunden, auch wenn die Theorien oft eher Geschwätz auf einer Cocktailparty glichen.[3] Die Dinosaurier starben aus, weil ihre Eierschalen so dünn und zerbrechlich wurden, dass die Embryonen nicht mehr ausgebrütet werden konnten. Die Dinosaurier starben aus, weil ihre Eierschalen so dick wurden, dass die Jungen nicht mehr schlüpfen konnten. Die Dinosaurier starben aus, weil die gerade erst aufgekommenen Säuger ihre Eier fraßen (ganz gleich, wie dick die Schalen waren). Die Dinosaurier starben aus, weil der Genuss der gerade erst aufgekommenen Blütenpflanzen bei ihnen zu Bauchweh führte. Die Dinosaurier starben aus, weil die gerade erst aufgekommenen Blütenpflanzen bei ihnen Heuschnupfen auslösten und sie sich zu Tode niesten. Die Dinosaurier starben aus, weil sie sich an diesem oder jenem ansteckten. Die Dinosaurier starben aus, weil sie zu groß und zu schwer wurden. Die Dinosaurier starben aus, weil sie keinen Sex mehr hatten. Die Dinosaurier starben aus, weil sie nach 160 Millionen Jahren als unangefochtene Herrscher der Schöpfung einfach nicht mehr wussten, was sie tun oder welche neuen Welten sie erobern sollten, und sich zu Tode langweilten (ein Gemütszustand, für den es einen eigenen Fachbegriff gibt, *Paläoweltschmerz*) – es war schierer *ennui*, der sie dahinraffte.

Die hanebüchenste Erklärung für das Aussterben der Dinosaurier war die Hypothese, die Erde sei von einem enormen Asteroiden getroffen worden, dessen Aufprall zu einer globalen Katastrophe führte. Ausgerechnet diese Idee sollte sich als richtig erweisen.

Viele der (inzwischen verworfenen) Ideen waren von der Vorstellung getragen, die Dinosaurier seien nach einer Verweildauer von hundert Millionen Jahren und mehr auf Erden altmodisch, müde und verbraucht gewesen – ihre Zeit sei einfach abgelaufen. Darum war die Frage nach dem Grund des Aussterbens eine Art Un-Frage, denn früher nahm man an, dass Dynastien von Tiergruppen selbstverständlich kamen und gingen und ihr Abtreten unvermeidlich war, sobald ihnen die Puste ausging. Das nannte man im angelsächsischen Sprachraum «*racial senescence*» (was man mit «phylogenetischem Altern» übersetzen könnte), im gewissen Sinne ein Spezialfall aus dem Komplex der «Orthogenese»-Hypothesen. Daher wurde das Devon als «Zeitalter der Fische» bezeichnet, auf das im Karbon das «Zeitalter der Amphibien» folgte, wobei jede tierische Dynastie von etwas Neuerem, Fortschrittlicherem und Höherentwickeltem abgelöst wurde, jede an der ihr zugewiesenen Stelle und jede für die ihr zugewiesene Zeitspanne. Die Dinosaurier waren Apotheose und Höhepunkt des «Zeitalters der Reptilien»; darauf folgte das «Zeitalter der Säuger», das im Menschen gipfelte. Tierische Dynastien entstanden, ersetzten weitgehend die bestehenden und wurden ihrerseits zu gegebener Zeit entthront. Die Dinosaurier betraten die Bühne des Lebens, stolzierten eine Weile darauf umher, und als ihre Zeit um war, verschwanden sie wieder. «Dinosaurier» wurde zu einem Synonym für etwas Riesiges, Veraltetes und Ungeeignetes für die moderne Welt, wie ein Ford-Edsel-Straßenkreuzer oder eine mechanische Schreibmaschine.

Erst in den 1970er-Jahren wurden Dinosaurier als warmblütige, intelligente Geschöpfe neu erfunden – das verdanken wir weitgehend dem inzwischen verstorbenen Paläontologen

John H. Ostrom und seinem Schüler Robert Bakker. Ein wenig später gewann die Vorstellung, dass der Aufprall eines Asteroiden das Zeitalter der Dinosaurier abrupt beendet hatte, an Glaubwürdigkeit, und es stellte sich heraus, dass die Dinosaurier nicht aufgrund irgendeines natürlichen Zyklus ausstarben, sondern in ihrer Blütezeit ausgelöscht wurden. Hätte der Asteroid die Erde verfehlt, würden sie vielleicht noch heute die Erde beherrschen.

Danach wurde die Orthogenese im «Überholt!»-Ordner untergegangener evolutionärer Ideen abgelegt. Diese Idee hatte ihre Zeit gehabt – so wie die Dinosaurier auch. Die Evolution arbeitet einfach nicht so. Motor der Evolution ist die natürliche Selektion, ein praktischer Ausdruck für das, was geschieht, wenn ererbte Variation und ein großer Überschuss an Nachkommen mit Umweltveränderungen konfrontiert werden. Wenn sich dies über einen längeren Zeitraum abspielt, resultiert daraus evolutionäre Veränderung. Aber die natürliche Selektion hat keinerlei Erinnerungen an die Vergangenheit, ebenso wenig eine Vision für die Zukunft oder irgendein Ziel vor Augen. Dieser allein auf den Moment gerichtete Blick wurde von dem Paläontologen Leigh Van Valen in der «Rote-Königin-Hypothese» auf den Punkt gebracht: Lebewesen befinden sich ständig im Wettstreit miteinander. Prädatoren entwickeln bessere Waffen und schärfere Sinne, um Beute zu machen, die ihrerseits im Lauf der Evolution aufmerksamer und vorsichtiger wird. Wie die Rote Königin in Lewis Carrolls Buch *Alice hinter den Spiegeln* der kleinen Alice erklärt, muss man im Spiegelland so schnell rennen, wie man kann, nur um auf demselben Fleck zu bleiben. Daraus schlussfolgerte Van Valen, dass es keine Beziehung geben müsse zwischen der Zeitspanne, die eine Art (oder eine Gruppe von Arten) auf der Bühne des Lebens verweilt, und dem Zeitpunkt oder der Weise, wie sie abtritt. Orthogenese – *racial senescence* – war eine Illusion.

Nur, dass dem nicht so war.

Immer wieder stellten Paläontologen fest, dass Arten (oder häufiger Gattungen, also Gruppen nahe verwandter Arten) dazu tendierten, an einem Punkt der Erdgeschichte aufzutreten, sich aufzufächern und dominant zu werden, nur um dann langsam abzunehmen und schließlich auszusterben. Wenn die Orthogenese keinen Sinn ergab, was konnte dann dieses Muster von Auftreten und Verschwinden erklären?

Auf eine Antwort stieß man erst 2017, als sich eine Paläontologengruppe aus Helsinki des Problems auf raffinierte Weise annahm.[4] Arten betreten die Bühne des Lebens aus verschiedensten Gründen; ihr Aufstieg zur Vorherrschaft wird durch ihre Auseinandersetzung mit anderen Arten vorangetrieben, genauso, wie der Reiz eines Sandkorns nötig ist, damit die Auster eine Perle bildet. Sobald eine Art ganz oben angekommen ist und alle Konkurrenten aus dem Feld geschlagen hat, muss sie einen langen und letztlich stets verlorenen Kampf gegen einen mitleidlosen Feind führen, der niemals aufgibt – die Erde selbst. Danach gibt es nur noch den Weg nach unten, bis der kümmerliche, winzige Rest schließlich einem zufälligen Umweltereignis zum Opfer fällt. Der Asteroid, der zum Untergang der Dinosaurier führte, war ein außergewöhnlicher Zufall. Doch auch wenn der Asteroid die Erde verfehlt hätte, wären die Dinosaurier früher oder später ausgestorben, denn genau das geschieht bei allen Lebewesen. Wenn wir verstehen wollen, wann und warum Arten im üblichen Lauf der Dinge aussterben, müssen wir uns anschauen, was sie auf dem Höhepunkt ihres Erfolgs taten.

Und so kommen wir zur Verbindung zwischen Dinosauriern und Menschen.[5] Wenn man diese Logik auf den modernen Menschen anwendet, ist unsere eigene Art, *Homo sapiens*, dem Untergang geweiht. Natürlich ist sie das. Menschen sind – wie Dinosaurier und wie alle anderen Tiere, die jemals über das Antlitz dieser Erde gelaufen, gehoppelt oder gekrochen sind oder sich in die Erde gebuddelt haben, über sie geflogen oder in die Tiefe der Ozeane abgetaucht sind – Lebewesen und können keine Ausnahme von den Regeln dieser Welt beanspruchen. Auf der anderen Seite mag *Homo sapiens* vielleicht keine Ausnahme sein, doch er ist dennoch außergewöhnlich, und das trifft meines Erachtens selbst dann zu, wenn ein Mensch dies behauptet.[6] Menschen haben es in bemerkenswert kurzer Zeit geschafft, die Welt zu dominieren und das Schicksal aller anderen Geschöpfe zu bestimmen, was, soweit wir wissen, noch keiner anderen Art in der gesamten Erdgeschichte gelungen ist. Das war ihnen möglich, weil sie die Kräfte der Natur in zuvor noch nie da gewesener Weise beherrscht haben. Menschen haben die Geheimnisse der Atome gelüftet, um deren Energie zu nutzen. Sie haben den genetischen Code entschlüsselt, um das Leben selbst zu manipulieren. Sie haben sich auf die Suche nach dem Rand des Universums gemacht und in die Tiefen des Alls geschaut. Angesichts all dieser Leistungen könnte man fragen, ob Menschen vielleicht einzigartig sind, ob sie nicht in der Tat dem großen Sensenmann des Aussterbens entgehen und für alle Zeiten weiterexistieren werden.

Die Antwort ist, dass die Menschheit genauso wie alles andere vergehen wird. Das liegt zum Teil gerade an ihrem großen Erfolg. Die Menschheit ist so übermächtig, so dominant geworden, dass sie das Funktionieren des Ökosystems bedroht, von dem sie und alle anderen Lebewesen abhängig sind. Keine andere Art in der gesamten Geschichte des Lebens auf der Erde hat jemals eine solche Bedrohung dargestellt.[7]

In meinem letzten Buch *Eine (sehr) kurze Geschichte des Lebens* habe ich mich um die Aussage gedrückt, wann genau *Homo sapiens* abtreten könnte. Ich schwankte zwischen ein paar Tausend Jahren, einigen Zehntausend Jahren und – nun – irgendeinem vagen, aus der Luft gegriffenen Zeitpunkt in der Zukunft. Ich glaube, ich sprach von «früher oder später». Nun ist das Aussterben aber kein gleichmacherischer Sensenmann, sondern betrifft jede Art auf ganz eigene Weise. In besagtem Buch war ich stolz darauf, das Karenina-Prinzip erfunden zu haben – dass alle glücklichen, blühenden, individuenreichen Arten einander ähnlich sind, während alle Arten, die am Rand des Aussterbens stehen, auf ihre ganz eigene Art abtreten.

Es gibt jedoch Regeln. Nach den von der Helsinki-Gruppe entdeckten Prinzipien setzte der unvermeidliche Niedergang unserer Art in dem Moment ein, als in der sieben Millionen Jahre langen Geschichte unserer Abstammungslinie nur noch eine einzige Art übrig geblieben war. Diese Art war *Homo sapiens*. Dieser Moment ereignete sich irgendwann zwischen 50 000 und 25 000 Jahren vor heute. Danach wurde der Niedergang unausweichlich. Die einzige Frage ist seither, wann der letzte Vorhang fallen wird.

Bis vor rund 50 000 Jahren war *Homo sapiens* nur eine von vielen Homininen-Arten. Damals lebte *Homo sapiens* in den Tropen, in Afrika und Südostasien, mit einem kleinen Brückenkopf in der südostasiatischen und australischen Inselwelt. In Europa und im mittleren sowie nördlichen Asien herrschten die Neandertaler, robust gebaut und an das Leben in der Eiszeit angepasst.[8] Sie teilten sich das mittlere und das östliche Asien mit den Denisova-Menschen,[9] die ursprünglich an das Leben im tibetischen Hochland angepasst waren, aber später in tiefer gelegene Gebiete abwanderten. Die südostasiatische Inselwelt beherbergte auf Java ein Überbleibsel der stammesgeschichtlich alten Art *Homo erectus* sowie die ungewöhnlichen verzwergten «Hobbits», *Homo luzonensis* auf den Philippinen und *Homo floresiensis* auf der Insel Flores, die heute zu Indonesien gehört. Und das sind nur die Arten, von denen wir wissen. *Homo sapiens* teilte sich Afrika mit anderen Arten, auf deren Existenz es kaum Hinweise gibt. Aber vor rund 25 000 Jahren, also etwa gleichzeitig mit dem Höhepunkt des Eiszeitalters, hatte *Homo sapiens* ganz Afrika und Eurasien besiedelt und war selbst auf den amerikanischen Doppelkontinent vorgedrungen. Zu diesem Zeitpunkt hatte er bereits alle anderen menschlichen Arten ausgelöscht. Von dem Augenblick an, als der letzte Mensch, der kein Vertreter des «siegreichen» *Homo sapiens* war, ausstarb, war *Homo sapiens* Geschick besiegelt.

Von da an musste er den langen, aussichtslosen Kampf gegen ein unausweichliches Schicksal führen.

Diese Feststellung mag angesichts der Tatsache, dass die menschliche Karriere seitdem immer steil bergauf bis zur weltweiten Herrschaft geführt hat, seltsam erscheinen. Die Erfolgsgeschichte verbirgt jedoch, dass *Homo sapiens* seit Jahrtausenden von geborgter Zeit lebt und nun am Rand des Niedergangs steht.

In diesem Buch werde ich erklären, warum das so ist.

Ich werde überdies erklären, wie *Homo sapiens*, wenn er klug, vom Glück begünstigt und einfallsreich genug ist, diesem Schicksal vielleicht entgehen kann, zumindest für eine Weile. Aber wenn *Homo sapiens* das schaffen will, muss er jetzt handeln. Denn die heute lebenden Menschen, was auch Sie, liebe Leserinnen und Leser, einschließt,[10] leben an einem einzigartigen Wendepunkt in der langen Geschichte unserer Spezies.

*

Als Edward Gibbon nach einem Einstieg in sein meisterhaftes 2900 Seiten umfassenden Monumentalwerk *Verfall und Untergang des römischen Imperiums* suchte, begann er nicht mit der Gründung der Stadt Rom.[11] Auch beschrieb er nicht die Punischen Kriege, die Feldzüge von Scipio, Pompejus oder Marcus Antonius, nicht Caesars Eroberung von Gallien oder die Zersetzung der Römischen Republik durch das Imperium. Stattdessen begann er mit dem Zeitpunkt, als das Römische Reich zu Beginn des 2. Jahrhunderts n. Chr. unter Trajan auf dem Höhepunkt seiner Macht stand.[12] Gibbon verstand instinktiv, dass er, um den Niedergang des Römischen Reiches nachzuzeichnen, mit dem Höhepunkt seiner Macht beginnen musste – so wie es die Forscher der Helsinki-Gruppe mit Tierarten im Allgemeinen taten.

Um die Dinge in den richtigen Kontext zu stellen, blickte Gibbon eine kurze Zeitspanne zurück, auf die Regentschaft des Augustus und insbesondere die augusteische Sicht, das Römische Imperium habe seine natürlichen Grenzen erreicht – den Mittelmeerraum, begrenzt von Rhein, Donau, Euphrat und der Sahara – und ein Überschreiten dieser Grenzen sei kontraproduktiv. Genauso war es auch. Obgleich die römischen Legionen zeitweilig über den Rhein bis nach Germanien gelangten und über die Donau bis in heute rumänische Gebiete vordrangen, sollten diese Eroberungen nur von kurzer Dauer sein. Vorübergehend stießen römischen Legionen sogar bis an die Küsten des Kaspischen Meeres und des Persischen Golfs vor. Aber die Feldzüge in solchen fernen Gestaden waren zeitlich begrenzt; die Eroberungen hatten nur flüchtigen Charakter, und die Erfolge wurden bald wieder zunichtegemacht. Es waren die Grenzen der Augustus-Zeit, die sich als dauerhaft erweisen sollten.

So wie Gibbon den Niedergang Roms vor dem Hintergrund von dessen größten Machtfülle betrachtete, werde ich meine Darstellung des Niedergangs der menschlichen Spezies ein wenig vor dem Zeitpunkt beginnen, als sich *Homo sapiens* ganz oben an der Spitze wiederfand – der einzige Überlebende des Hominini-Zweigs der Menschenaffenfamilie.[13] Tatsächlich werde ich noch ein wenig weiter zurückgehen, bis zu den frühesten Hominini. Denn unsere «Familie» – die Hominini, eingedeutscht Homininen – wird durch eine einzige Tatsache definiert, nämlich das gewohnheitsmäßige Gehen auf zwei Beinen (Bipedie). Homininen sind diejenigen Menschenaffen, die sich auf ihre Hinterbeine erhoben und aufrecht liefen. Viel von dem, das anschließend in der menschlichen Stammeslinie geschah, wie die Evolution eines übergroßen Gehirns, die lange Kindheit, die Entwicklung von Technologie und so fort, wäre vielleicht nicht geschehen, wenn wir mit allen vieren auf dem Boden geblieben wären.[14] Bei all seinen offensichtlichen Vorteilen ist der aufrechte Gang für unsere Gesundheit und unser Wohlbefinden von Übel. Er erforderte eine völlige Umgestaltung eines Körpers, der die vorangegangenen 500 Millionen Jahre mit einer waagerecht ausgerichteten, unter Zugspannung stehenden Wirbelsäule verbracht hatte. Die plötzliche Umstellung auf eine senkrecht ausgerichtete Wirbelsäule, die von der Schwerkraft zusammengedrückt wurde, führte zu einer Fülle von Problemen, die selbst heute noch auf der Tagesordnung stehen. Vom Leistenbruch bis zu Hämorrhoiden, von Rückenschmerzen bis zu Knochenbrüchen – der aufrechte Gang fordert gesundheitlich immer noch einen hohen Preis.

Anschließend werde ich mich auf die Ursprünge einer einzigen Homininengattung konzentrieren, auf die Gattung *Homo* – diese besondere Gruppe von Arten innerhalb der Hominini, die unsere eigene Art einschließt. Bis zum ersten Auftreten von *Homo* vor drei bis zwei Millionen Jahren waren alle Homininen auf Afrika beschränkt. Mitglieder der Gattung *Homo* verließen jedoch das alte Heimatland, verbreiteten sich über die ganze Welt und entwickelten eine Vielzahl neuer Arten, von den «Hobbits» in Südostasien über die höhlenbewohnenden Neandertaler bis zu den vierschrötigen Denisova-Menschen, die Sibirien und Tibet besiedelten. All diese Arten waren jedoch selten und lebten weit verstreut. Auch wenn frühe Vertreter der menschlichen Familie allesfressende (omnivore) Opportunisten waren, spielten sie im Ökosystem stets nur eine marginale Rolle. Selbst als einige *Homo*-Vertreter zu spezialisierten Vegetariern wurden, gab es keine Menschenhorden, die grasend über die Steppen streiften, wie es beispielsweise Zebra- oder Gnuherden tun. Der erfolgreichste

Vertreter der Gattung *Homo* war *Homo erectus*, ein in Gruppen jagender Prädator ähnlich dem modernen afrikanischen Wildhund – und die Funktionsweise von Ökosystemen bringt es mit sich, dass Prädatoren stets selten sind.

Aber ganz gleich ob Jäger, Sammler, Aasfresser oder Prädator, sind Fossilien von Homininen – die materiellen Überreste, die Jahrmillionen überdauert haben – notorisch rar. Im Vergleich zu den Fossilien anderer Tiere, die mit ihnen denselben Lebensraum teilten – von Antilopen bis Elefanten –, gibt es nur äußerst wenige Homininenfossilien. Wahrscheinlich waren Homininen in allen Ökosystemen, die sie bewohnten, schon immer selten und traten nirgendwo in großer Zahl auf. Als sich *Homo erectus* zu einem spezialisierten Fleischfresser entwickelte, verstärkte sich dieser Trend zur Seltenheit. Seltenheit war für Homininen stets ein Problem, denn sie begrenzt das Maß an genetischer Vielfalt, die eine Population zu einem beliebigen Zeitpunkt aufweist. Seltenheit ermöglicht zudem die Ausbreitung schädlicher Mutationen, die in größeren Populationen eliminiert würden (warum das so ist, werde ich später erklären). Schlimmer noch, Seltenheit bedeutet, dass eine Population viel häufiger kurz vor dem Aussterben steht – nicht aufgrund von ererbten genetischen Schwachstellen, sondern wegen spezifischer Umstände und unglücklicher Zufälle – das Karenina-Prinzip in Aktion. Offenbar war es typisch für die Homininen, dass ihre Populationen nicht nur einmal, sondern wohl mehrmals in ihrer Geschichte so gut wie ausradiert wurden. Wie aktuelle Forschungen gezeigt haben, gab es zwischen 930 000 bis 813 000 Jahren vor heute wohl eine besonders gefährliche Zeitspanne von mehr als 100 000 Jahren, während der die Menschen am Rand des Aussterbens standen. In dieser Zeit betrug die Gesamtzahl aller fortpflanzungsfähigen Menschen nie mehr als 1280 Individuen.[15] Ein moderner Naturschützer, der in diese Zeit zurückversetzt würde, wäre vielleicht zu dem Schluss gekommen, Menschen seien eine «vom Aussterben bedrohte Art», die auf die Rote Liste gesetzt werden müssten.

Auch wenn heutzutage mehr Menschen auf der Erde leben als je zuvor, hat diese frühe Seltenheit unsere genetische Ausstattung geprägt. Trotz all unserer vordergründigen Vielfalt sind wir uns genetisch sehr ähnlich. Eine Horde Schimpansen in Afrika weist mehr genetische Variation auf als die gesamte menschliche Spezies.[16] Das ist ein Zeichen dafür, dass sich *Homo sapiens* aus sehr kleinen Gründerpopulationen entwickelt hat, denen es irgendwann in der Vergangenheit gelang, der Auslöschung zu entgehen – wahrscheinlich mehr als nur einmal.

Homo erectus und seine Nachfahren verbreiteten sich über Eurasien und setzten ihre Evolution dort fort, während sich die Gattung *Homo* gleichzeitig auch in Afrika weiterentwickelte. In Kapitel 3 diskutiere ich den Ursprung unserer eigenen Art, *Homo sapiens*, die vor rund 315 000 Jahren in Afrika entstand, etwa zur selben Zeit, als die Neandertaler in Europa auftauchten. Damals war unsere Art so etwas wie eine bunte Körnermischung, bei der durch ein genetisches Trial-and-Error-Verfahren (das heißt durch Selektion) die «Spreu vom Weizen» getrennt wurde. Obgleich *Homo sapiens* gelegentlich versuchte, Afrika zu verlassen, schlugen alle Versuche bis vor etwa 100 000 Jahren fehl. Zu diesem Zeitpunkt lag bereits eine lange Zeitspanne hinter *Homo sapiens,* in der er sich in kleinere Populationen aufgespalten, wieder zusammengefunden und innerhalb von Afrika[17] gekreuzt hatte. Das Geschöpf, das dabei entstanden war, würden wir heutzutage wiedererkennen – ein Geschöpf mit Selbsterkenntnis und Lust an der Zerstörung.

Doch fast wäre *Homo sapiens* gar nicht passiert. Den größten Teil seines Daseins hinderten ihn seine Vettern, die Neandertaler, die inzwischen Europa und das westliche Asiens beherrschten, daran, seine afrikanische Heimat zu verlassen. Als das Weltklima immer kälter und trockener wurde, wäre

Homo sapiens fast ausgestorben. Zwar überlebten die letzten, verstreuten Populationsreste von *Homo sapiens* – doch dieses Beinahe-Aussterben hinterließ genetisch tiefe Spuren. Da alle modernen Menschen auf eine sehr kleine Population an Vorfahren zurückgehen, sind unsere genetischen Ressourcen, die uns heute zur Verfügung stehen, um neuen Herausforderungen wie Krankheiten zu begegnen, recht dürftig.

Vor rund 100 000 Jahren gelang es *Homo sapiens* schließlich, Afrika zu verlassen. Diesmal war die Auswanderung ein voller Erfolg. Vor mehr als 60 000 Jahren erreichten die Menschen Australien und vor 45 000 Jahren Europa. Wohin auch immer *Homo sapiens* ging, er hinterließ eine Spur der Zerstörung. Wie keine andere Homininenart begann er, die Landschaft nach seinen Bedürfnissen umzugestalten. Das führte zur Ausrottung der meisten Tiere, die schwerer waren als ein großer Hund.[18] Vor etwa 25 000 Jahren (spätestens) hatte *Homo sapiens* alle wichtigen kontinentalen Landmassen besiedelt. Nur Neuseeland, Madagaskar, die weiter entfernten Ozeanischen Inseln sowie die Antarktis blieben verschont, und selbst sie sollten später fallen. Vergleicht man dies mit der Zeitskala geologischer Ereignisse oder sogar mit der gesamten Homininenevolution selbst, so könnte man sagen: Die Ausbreitung von *Homo sapiens* erfolgte äußerst rasch und umfasst (bei großzügiger Deutung) sogar den Mond und – in Form technologischer «Fühler» – das gesamte Sonnensystem. Von *Homo sapiens* ausgestrahlte Radio- und TV-Signale haben sich über hundert Lichtjahre weit in die Galaxie ausgebreitet und durchdringen einen Raum, der Tausende von Sternen umfasst.

Homo sapiens hat nicht nur zum Aussterben der meisten Großtiere auf der Erde beigetragen, sondern auch sämtliche übrigen Menschenarten ausgerottet – die Neandertaler, die länger als eine Viertelmillion Jahre Europa und Asien beherrschten, brachen unter dem Druck der modernen Menschen zusammen, die vor rund 45 000 Jahren nach Europa vordrangen. Zwar hatten die Neandertaler *Homo sapiens* lange widerstanden, doch ihre «Festung» wurde letztlich weggewaschen wie eine Sandburg von der Flut. All das nahm weniger als 10 000 Jahre in Anspruch. Etwa zur gleichen Zeit stürzte die Ankunft der modernen Menschen auch andere *Homo*-Arten ins Verderben: den Yeti-artigen Denisova-Menschen in Asien, die Hobbit-artigen Ureinwohner der südöstlichen Inselwelt Asiens (*Homo luzonensis* und *Homo floresiensis*) und vermutlich noch weitere, bislang unbekannte menschliche Spezies.

Von da an ging's nur noch bergab.

Laut Evolutionstheorie sind Arten in der Regel dann erfolgreich, wenn sie Sparringspartner haben. Wie die Helsinki-Gruppe zeigte, setzt Stagnation ein, sobald es keinen Wettstreit mehr gibt. Dann wird eine Art abhängiger von den Unwägbarkeiten der äußeren Umwelt wie auch von Kräften, die von innen her wirken. Das gilt sowohl für Edward Gibbons Römisches Reich als auch für unsere Art. Dies ist der Punkt, an dem ich beginne, den Niedergang von *Homo sapiens* zu beschreiben.

Der Verfall nahm seinen Anfang mit einer bemerkenswerten menschlichen Neuerung, die fast (aber nicht völlig) einzigartig im Tierreich ist. Die Rede ist von der Domestikation von Tieren und Pflanzen. Alles begann vor rund 40 000 Jahren, als Menschen Hunde domestizierten. Anschließend zähmten sie verschiedene andere große Säuger, die ihnen als Quelle für Fleisch, Milch und Wolle dienten. Wehrhafte Wildrinder und Wildschweine wurden zu Bella, der Kuh, und Piggy, dem Schwein. Schreckhafte Schafe wurden flauschig und fügsam. Auch begannen die Menschen, Wildpflanzen zu kultivieren. Diese Neuerung – Nutzpflanzen und Ackerbau – entwickelte sich vor rund 26 000 Jahren, als sich die Erde auf dem Höhepunkt der letzten Eiszeit befand und in vielen Teilen der Welt, die nicht von Eis bedeckt waren, ein raues und trockenes Klima herrschte. Jäger und Sammler hielten den Hunger fern, indem sie Nutzpflanzen mit vorhersehbaren Ernteerträgen anbauten, statt sich auf das Sammeln von Wildpflanzen mit immer stärker schwankenden Erträgen zu verlassen. Damals begann die menschliche Bevölkerung exponentiell zu wachsen – zu einem ruinösen Preis. Die Folgen dieser von Ackerbau und Viehzucht geprägten Lebensweise lassen sich noch heute in einer ganzen Reihe von Krankheiten und anderen Gesundheitsproblemen erkennen, von Tuberkulose über Parasiteninfektionen bis zu Diabetes.

Vielleicht noch beunruhigender ist, dass sich ein Großteil der Menschheit von einer begrenzten Palette genetisch ähnlicher Nutzpflanzen ernährt. Die Geschichte zeigt, dass eine allzu starke Abhängigkeit von einer einzigen Nutzpflanze zur Katastrophe führen kann. Man denke nur an die Große Hungersnot in Irland (*Irish Potato Famine*) im 19. Jahrhundert, als ein Pilzbefall der Kartoffelpflanzen zu verheerenden Missernten führte. Das zog einen erheblichen Bevölkerungsrückgang in Irland nach sich, denn die Menschen verhungerten, oder sie wanderten aus. Heute werden Bananenstauden mit einer sehr viel geringeren genetischen Vielfalt angepflanzt, und die Pflanzenzüchter müssen den Pilzen, die diese Kultursorten befallen und umbringen, immer einen Schritt voraus sein.[19] Die Welt könnte wahrscheinlich ohne Bananen überleben – weitaus schlimmer wäre ein Phytopathogen, das Weizen, Reis, Gerste, Hirse und Sorghum befällt, also Pflanzen, die Milliarden Menschen als Grundnahrungsmittel dienen.

Im Vergleich zu Schimpansen sind Menschen außerordentlich anfällig für Krankheiten,[20] darin ähneln sie Bananen. Die Wurzeln dieser Anfälligkeit liegen weit in der Vergangenheit, in den gefährlichen Zeiten, als die menschliche Bevölkerung auf einen winzigen Restbestand zusammenschrumpft war, um dann wieder zu wachsen. Das führte bei der Erholung der Population zu einer relativ geringen genetischen Variation. Und das hat uns Menschen anfällig für Krankheiten gemacht, wie sich an der Geschichte der Seuchen von der Pest bis zu Covid-19 ablesen lässt. Am deutlichsten zeigt sich dieses Phänomen bei den vielen kleinen Populationen, die für bestimmte Krankheiten anfällig sind, sei es durch Infektionen oder Inzucht: Beispiele sind die Häufigkeit von Porphyrie unter Afrikaanern (Nachkommen der Buren),[21] Bipolare Störungen unter den Amischen[22] oder Morbus Crohn unter aschkenasischen Juden.[23] Trotz all unserer Fortschritte in Medizin, Hygiene und Lebensweise leiden wir stark unter Krankheiten. Im Vergleich zum Menschen sind Schimpansen viel weniger krankheitsanfällig, obgleich sie es mit der persönlichen Hygiene nicht so genau nehmen und gerne auch mal von ihrem eigenen Kot kosten. Tatsächlich stammen einige der Krankheiten, unter denen Schimpansen leiden, vermutlich vom Menschen. Man könnte sogar behaupten, dass die Krankheitslast beim Menschen gerade deshalb steigt, *weil* wir ein modernes medizinisches System haben. Denn dadurch überleben heute viele Menschen, die vielleicht gestorben wären, wenn sie das Pech gehabt hätten, in einem früheren Jahrhundert zur Welt zu kommen.[24]

✴

Eine bedeutende Wegmarke für *Homo sapiens* wurde 2022 erreicht. In diesem Jahr starben in China, dem bevölkerungsreichsten Land der Erde, zum ersten Mal seit Mao Zedongs «Großem Sprung nach vorn» – der Kampagne, die in den 1960er-Jahren zu einer großen Hungersnot führte – mehr Menschen, als geboren wurden.[25]

Diese Nachricht ist deshalb bemerkenswert, weil die menschliche Bevölkerung seit der Erfindung des Ackerbaus eigentlich unaufhaltsam gewachsen ist. Und zwar so stark, dass Paul R. Ehrlich 1968 sich in seinem Buch *The Population Bomb* (*Die Bevölkerungsbombe*) genötigt sah, auf die Gefahren der Überbevölkerung hinzuweisen.[26] Zufälligerweise waren die 1960er-Jahre die Zeit, in der die Menschheit am schnellsten wuchs – um etwas mehr als 2 Prozent pro Jahr. Doch seitdem geschah etwas völlig Neues – das Bevölkerungswachstum begann zurückzugehen. Sicher, die Bevölkerung wächst noch immer, aber nicht mehr so schnell, inzwischen ist es etwas weniger als 1 Prozent pro Jahr. In Regionen mit einer jungen Bevölkerung nimmt sie noch immer rasch zu, aber in vielen – vielleicht den meisten – Ländern liegt die Geburtenrate inzwischen unter der Erhaltungsrate der Bevölkerung.[27] Das bekannteste Beispiel dafür ist Japan, aber es trifft auch für Länder wie Spanien, Italien, Thailand und viele andere zu.

Dass die menschliche Bevölkerung auf Schrumpfkurs ist, ist schon bemerkenswert genug. Doch warum passiert das gerade jetzt?

Heute gibt es mehr als doppelt so viele Menschen auf der Erde wie zu dem Zeitpunkt, als *Die Bevölkerungsbombe* geschrieben wurde, doch sie führen (im Allgemeinen) ein längeres und gesünderes Leben als damals.[28] Das ist das Ergebnis von Fortschritten in Landwirtschaft, Technik und Gesundheitsfürsorge, aber vor allem ist es auf das Empowerment von Frauen zurückzuführen. Meiner Ansicht nach ist die Emanzipation von Frauen der wichtigste Faktor für eine gute Gesundheit und das Wohlergehen der menschlichen Gesellschaft. Die Menschen von heute können ihre Fortpflanzung selbstbestimmter kontrollieren als früher. Sorgen bereitet allerdings die Tatsache, dass sie sich anscheinend dafür entscheiden, erst später Kinder in die Welt zu setzen oder gar ganz darauf zu verzichten. Möglicherweise schieben Menschen Entscheidungen über eine Reproduktion auch deshalb hinaus, weil sie sich ganz allgemein Sorgen um die Zukunft und die Umwelt machen oder zu dem Schluss kommen, sich eine Familiengründung wirtschaftlich nicht leisten zu können.

Ein Grund für dieses anscheinend unspezifische Unbehagen könnte die Übernutzung von Ressourcen durch *Homo sapiens* sein. Da die meisten Ressourcen der Erde aufgebraucht sind, gibt es ganz allgemein weniger zu verteilen. Das könnte auch teilweise erklären, warum die Weltwirtschaft jenseits der verschiedenen Auf- und Abschwünge seit zwanzig Jahren im Grunde stagniert. Dass diese langfristige Stagnation mit einer Abnahme der Fortpflanzungsrate zusammenfällt, ist vielleicht kein Zufall. Und in unserer modernen Welt machen schlechte Nachrichten rasch die Runde. Eine zunehmende Vernetzung durch globale Finanzdienstleistungen und eine leichtere Mobilität bringt es mit sich, dass Finanz- und Gesundheitskrisen rascher spürbar werden und weitreichendere Folgen haben als früher. Die in den 1960er-Jahren geborene Generation (als sich das Bevölkerungswachstum abzuschwächen begann) könnte die letzte Generation der Moderne gewesen sein, die sicher sein konnte, wohlhabender zu werden als die Elterngeneration. Die Kinder dieser Kinder können sich eigene Kinder oft einfach nicht leisten. Und es gibt noch eine tiefer liegende Malaise – selbst wenn sich die Menschen Kinder wünschen, schieben sie die Entscheidung immer weiter auf und erhöhen damit das Risiko von Fertilitätsproblemen. Zu allem Überfluss ist die Spermienzahl der Menschen im 20. Jahrhundert aus bislang ungeklärten Gründen peu à peu zurückgegangen.

Die unmittelbare Folge des Bevölkerungsrückgangs werden politische und soziale Unruhen sein. Der Klimawandel macht bestimmte Teile der Erde für Menschen unbewohnbar, und wegen des Klimawandels können vor allem im Globalen Süden auch viele essenzielle Nutzpflanzen nicht mehr angebaut werden. Die jüngeren Bewohner dieser Regionen, die zu Hause keine Überlebenschancen haben, wandern in den Globalen Norden aus. Wenn die Länder im Globalen Norden überlebensfähig bleiben wollen, sollten sie nach Wegen suchen, diesen Zustrom zu einem Gewinn zu machen, statt die Ankömmlinge zurückzuweisen. Im kommenden Jahrhundert werden die meisten Migranten aus Afrika kommen, wo die Bevölkerung besonders jung ist und noch immer rasch wächst.

Menschen sind schon zweimal zuvor aus Afrika aufgebrochen. Ein erstes Mal, als *Homo erectus* vor rund zwei Millionen Jahren als erster Hominine den Kontinent verließ. Und ein zweites Mal, als *Homo sapiens* vor rund 100 000 Jahren Afrika verließ und schließlich alle anderen Homininen in Asien und Europa verdrängte. Keine dieser Migrationen folgte einer bestimmten Absicht oder hatte ein konkretes Ziel. Die entsprechenden Gruppen verließen ihre Heimat aufgrund von Bevölkerungsdruck oder Klimawandel oder weil sie Herden ihrer Jagdbeute folgten. Zudem zogen sich diese Migrationen über Generationen hin. Das einzelne Individuum verlagerte seinen Wohnort im Lauf seines Lebens vielleicht nur um einige Dutzend Kilometer. Was wir heutzutage als Migrationsmuster ansehen, ist ein im Nachhinein konstruiertes Bild. Die dritte Migration wird jedoch ganz anders ablaufen. Sie wird ein klares Ziel haben und höchstens ein paar Jahrzehnte in Anspruch nehmen. Jedes Individuum wird die ganze Reise innerhalb von Tagen – höchstens Monaten – zurücklegen, und es werden mehr Menschen unterwegs sein als bei den ersten beiden Migrationswellen zusammen.

Überall werden Konflikte aufflammen, die letztlich auf den Klimawandel und den daraus resultierenden Ressourcenschwund zurückgehen; das gilt vor allem für Ackerland und die für den Pflanzenanbau nötige Bewässerung. Man könnte meinen, weniger Menschen würden auch weniger Ressourcen benötigen, doch die Bevölkerung wächst noch immer, und dieser Trend wird bis in die 2060er-Jahre anhalten. Aber die Ressourcenkrisen finden bereits jetzt statt, in den 2020er-Jahren. Zu befürchten ist, dass der Niedergang von *Homo sapiens* von Hungersnöten, Dürren, Kriegen und allgemeiner wirtschaftlicher Not begleitet und beschleunigt werden wird. Regierungen im Globalen Norden würden profitieren, wenn sie den Bevölkerungsüberschuss aus dem Globalen Süden aufnähmen, der zunehmend unter der doppelten Last eines Bevölkerungsanstiegs und der durch den Klimawandel verursachten Schäden leidet. Das könnte den durch fallende Geburtenraten verursachten Arbeitskräftemangel im Norden lindern, die Spannungen dort aber verschärfen. Schließlich werden die Bevölkerungszahlen jedoch weltweit sinken und eine Herausforderung für Regierungen darstellen, die sich aus historischen Gründen wirtschaftlichem Wachstum und steigenden Bevölkerungszahlen verschrieben haben.[29] Es wird eine Zeit kommen, in der Länder im Globalen Norden um Einwanderer wetteifern werden, statt sie zurückzuweisen.

Auf längere Sicht wird die menschliche Bevölkerung so stark schrumpfen, dass sie faktisch ausgestorben sein wird – wie in dem Film *Dead Man Walking*, nur dass es in diesem Fall *Dead People Walking* sind. Das heißt, *Homo sapiens* wird zwar immer noch existieren, aber in so geringer Zahl und so weit verstreuten Populationen, dass ein Aussterben durch Zufallsereignisse sehr wahrscheinlich wird. Der Neandertaler, der engste ausgestorbene Verwandte des Jetztmenschen, liefert ein eindrucksvolles Fallbeispiel. Diese Art war niemals häufig und hatte sich nur dünn über ein riesiges Areal in Europa und im westlichen Asien verteilt. Schließlich waren die Gruppen so klein und so stark verstreut, dass die Neandertaler keine geeigneten Geschlechtspartnerinnen bzw. -partner mehr fanden.[30] Es blieben ihnen daher nur zwei Möglichkeiten – entweder Inzucht (eine Form der innerartliche Vermischung) oder Kreuzung mit dem aufstrebenden *Homo sapiens* (zwischenartliche Vermischung). Inzucht ist ein todsicherer Weg in den Untergang. Die alternative Option, die Kreuzung, führte jedoch dazu, dass die Neandertaler als eigenständige Gruppe ausstarben. In gewissem Sinne lebt der Neandertaler jedoch weiter – in *Homo sapiens*. Jede heute lebende Person, deren Vorfahren nicht rein afrikanischer Herkunft sind, trägt eine kleine Menge Neandertaler-DNA in sich. Der Unterschied zwischen dem Fall des Neandertalers und dem des Jetztmenschen ist, dass Letzterer sich nicht retten kann, indem er sein Erbgut in die «erfolgreichere» DNA einer anderen Spezies einbringt – denn eine solche Spezies gibt es heute nicht mehr. Wie Jared Diamond einst in einem anderen Zusammenhang schrieb, ist nichts für eine Population so tödlich wie ein Mangel an Individuen.[31]

Es gibt jedoch noch eine andere Lösung, diesmal nahegelegt von *Homo erectus*, dem letzten gemeinsamen Vorfahr von Neandertalern und modernem Menschen. Nachdem sich *Homo erectus* aus seiner afrikanischen Heimat über Eurasien ausgebreitet hatte, spaltete er sich in eine Vielzahl neuer Arten auf, von denen jede an eine spezielle Nische angepasst war. Neandertaler – als Abkömmlinge von *Homo erectus* – passten sich im Lauf ihrer Evolution an den kalten Norden an und fanden tief in den Höhlen Unterschlupf. Andere Nachfahren passten sich an das Leben in Regenwäldern an, übrigens ein Lebensraum, der überraschend schwierig zu meistern ist. Eine derartige Aufspaltung in verschiedene Arten (Diversifikation) wurde erst dann möglich, als *Homo-erectus*-Populationen so weit verstreut siedelten, dass Individuen und Sippen kaum Gelegenheit hatten, aufeinanderzustoßen und sich zu paaren. Derart voneinander isoliert, schlug jede Gruppe ihren eigenen Evolutionsweg ein.

Könnte eine derartige Diversifikation auch die Rettung für *Homo sapiens* sein? In diesem Buch argumentiere ich, dass die Antwort «ja» lautet. Da *Homo sapiens* jedoch zu einer einzigen Population zusammengewachsen ist, die die gesamte Erde umfasst, wäre eine solche Diversifizierung nur möglich, wenn die Menschheit den Weltraum besiedeln und verschiedene Populationen in isolierten Habitaten oder auf dem Mond, dem Mars und anderen Himmelskörpern leben würden. *Homo sapiens* könnte weiterleben, sich aber in verschiedene neue Arten aufspalten, die so unterschiedlich sein könnten wie *Homo erectus* und der Neandertaler. Den Weltraum im großen Maßstab zu besiedeln, ist indes leichter gesagt als getan. Es erfordert Technologien, die zurzeit entweder noch in ihren Kinderschuhen stecken oder schlicht nicht existieren. Aber wenn wir aus der Geschichte auch nur eines gelernt haben, dann, dass der Einfallsreichtum des Lebens im Allgemeinen – und von *Homo sapiens* im Besonderen – offenbar schier unbegrenzt ist, wenn es darum geht, sich aus Schwierigkeiten herauszumanövrieren.

✴

In seinem Buch *Die Bevölkerungsbombe* warnte Ehrlich eindringlich, dass die Erde ihre menschliche Bevölkerung schon bald nicht mehr ernähren könne.[32] Diese Katastrophe ist bis heute eindeutig nicht eingetreten. Doch wie ist *Homo sapiens* dieser scheinbar unmögliche Zaubertrick gelungen? Die Antwort hat eine technische und eine gesellschaftliche Komponente.

Die technische Komponente betrifft die sogenannte Grüne Revolution. Als Reaktion auf drohende weltweite Hungerkatastrophen schufen Wissenschaftler in den USA, in Mexiko und in den Philippinen hochproduktive Weizen- und Reissorten («Höchstleistungssorten»), die deutlich mehr Ertrag pro Fläche brachten als die von den Bauern traditionell angebauten Sorten. Diese Revolution begann in den 1960er-Jahren (und Ehrlich spricht sie in *Die Bevölkerungsexplosion* auch als mögliche Lösung an). Eine weitere Revolution fand rund 20 Jahre später statt. Die «Genrevolution» in den 1980er-Jahren ermöglichte die Schaffung von gentechnisch veränderten Nutzpflanzen mit besserer Schädlingsresistenz oder der Fähigkeit, auf kargeren

Böden zu gedeihen; das hatte eine weitere Erhöhung der landwirtschaftlichen Erträge zur Folge.

Dieser Nutzen bringt jedoch erhebliche Kosten mit sich, und das Bevölkerungswachstum, das durch die Grüne Revolution ermöglicht wurde, lässt sich nicht auf Dauer aufrechterhalten. Schließlich wird eine Grenze erreicht werden, an der die Kosten höherer landwirtschaftlicher Erträge deren Nutzen aufwiegen. Man könnte argumentieren, dass *Homo sapiens* diese Grenze bereits erreicht oder auch schon überschritten hat und eine bedenkliche Ressourcenerschöpfung sowie gravierende Umweltschäden riskiert.[33] In gewisser Weise stehen wir heute wieder dort, wo wir standen, als Ehrlich sein visionäres Buch schrieb. Heute beansprucht *Homo sapiens* – nur eine einzige Art unter Millionen von Arten – rund ein Drittel aller Produkte auf der Erde, die Pflanzen mithilfe der Photosynthese erzeugen und von denen fast alles Leben abhängt.[34] Das ist ganz offensichtlich nicht nachhaltig. Die Grüne Revolution, die in den 1960er-Jahren aus der Taufe gehoben wurde, um schwere Hungersnöte zu verhindern, hat die Katastrophe vielleicht nur verschoben, statt das Problem tatsächlich zu lösen.

Homo sapiens hat jedoch die Möglichkeit, seine allzu starke Abhängigkeit von Pflanzen zu verringern. Eine davon besteht paradoxerweise darin, mehr Pflanzen zu essen. Denn Tiere, die als Fleisch- und Milchlieferanten gehalten werden – Rinder, Ziegen, Schweine und Schafe –, ernähren sich ebenfalls von Pflanzen, doch geht dabei ein Großteil der so aufgenommenen Energie verloren, bevor ihr Fleisch auf den Teller kommt. Wenn Menschen Pflanzen direkt statt über den Umweg pflanzenfressender Tiere äßen, ließen sich Pflanzen effektiver nutzen. Dann würden Menschen weniger von den natürlichen Gaben der Erde verbrauchen, was die biologische Vielfalt des Planeten schonen würde.

Unter Umständen gibt es noch radikalere Lösungen. Vielleicht kann man einen Weg finden, die Photosynthese mithilfe gentechnisch veränderter Organismen, beispielsweise Bakterien, zu modifizieren, um die Effizienz des Prozesses zu steigern, eine Art Grüner Revolution 2.0. Eine weitere Option wäre, Abfallprodukte in Nahrung umzuwandeln, sei es auf chemischem Wege oder mithilfe von Bakterien oder Pilzen, beispielsweise Hefen. Eine dritte Möglichkeit wäre, eine komplett technologische Version der Photosynthese zu entwickeln, indem man Kohlendioxid und Wasser direkt in Zucker umwandelt, ohne dabei überhaupt auf Pflanzen zurückgreifen zu müssen.[35]

All diese Ideen (geschlossene ökologische Kreisläufe, künstliche Photosynthese und so weiter) stellen eine Reaktion auf die Notwendigkeit dar, endliche irdische Ressourcen nicht zu übernutzen. Das könnte den Nebeneffekt haben, dass *Homo sapiens* die technologischen Möglichkeiten entwickelt, außerhalb der Erde zu leben. *Homo sapiens* könnte schneller als sein Schicksal sein, indem er sich über seinen Geburtsplaneten hinaus ausdehnt. In diesem Buch hoffe ich zu zeigen, dass die Eroberung des Weltalls der Menschheit einen Weg aus dem Dilemma weisen könnte, vor dem sie heute steht, und sogar das Aussterben unserer Art verzögern könnte. Das heißt, so lange, bis die unermüdlichen Zahnräder der Evolution eine Reihe von Post-*Sapiens*-Spezies schaffen.

In gewissem Sinne war *Homo sapiens* schon immer dazu bestimmt, sich ins All zu wagen. Es gehört zu seinem Erbe, von der Umwelt auferlegte Grenzen zu sprengen. Die Wurzeln unseres technologischen Einfallsreichtums reichen tief.

Primaten sind und waren stets Tropenbewohner. Primaten, die außerhalb der Tropen leben, sind selten und außergewöhnlich. Einer ist der Berberaffe (*Macaca sylvanus*), wie wir ihn heute in Gibraltar in Südspanien finden. Ein anderer ist sein Vetter, der Japanmakak (*Macaca fuscata*), auch Schneeaffe genannt, der in kalten Gebirgsregionen in Japan lebt.

Die Gattung *Homo* hat die außertropischen Abenteuer von Primaten auf ein anderes Niveau gehoben. Eine Frühform von *Homo*, vielleicht *Homo antecessor*, besiedelte vor mehr als 800 000 Jahren England, als das Klima dort noch gemäßigt war, bevor es dann ganz plötzlich kälter wurde.[36] *Homo erectus* wärmte sich in Höhlen im Norden von China nahe dem heutigen Peking am Feuer, ein weiterer unwirtlicher Lebensraum weit außerhalb der Tropen. Neandertaler besiedelten das arktische Russland, und *Homo sapiens* kolonialisierte bald darauf den Rest der Welt, ganz unabhängig davon, wie rau das Klima war.

Das gelang unseren Vorfahren aber nur, weil sie über technische Hilfsmittel wie Feuer, selbst gebaute Unterkünfte und Kleidung verfügten. Dass die Menschen heute von den Tropen bis zu den Polarregionen leben, verdeckt daher die Tatsache, dass Lebensräume, die Menschen ohne weitere technische Unterstützung besiedeln können, rarer sind, als man vielleicht denkt.

An dieser Stelle kommt der Klimawandel ins Spiel. Selbst die tropischen Kerngebiete, in denen Milliarden Menschen siedeln, werden bald zu warm und zu feucht für ein Leben ohne weitere technologische Unterstützung werden. *Homo sapiens* siedelt zudem gerne im Tiefland in Küstennähe – Gebiete, die durch den Anstieg des Meeresspiegels bedroht sind. Die Menschen werden wie immer auf technologische Lösungen zurückgreifen müssen, um zu vermeiden, dass das Verbreitungsgebiet der Art so stark schrumpft, dass ein Aussterben unausweichlich wird.

Kaum überraschend, haben Menschen dabei bereits großen Einfallsreichtum gezeigt. Ein beträchtlicher Teil der Niederlande liegt unter dem Meeresspiegel, und das schon seit sehr langer Zeit. Ein Großteil der Landfläche ist dem Meer abgerungen worden. Dasselbe gilt für die ostengliche Küstenregion, die rund um The Wash (eine große Mündungsbucht) liegt. Im Mittelalter lag dieses Gebiet weitgehend unter dem Meeresspiegel. Heute ist es die Kornkammer von England. Auch wenn die Region durch den steigenden Meeresspiegel erneut bedroht ist, ist der moderne Mensch in der Lage, die produktive Landfläche zu erhalten und sogar zu vergrößern. *Homo sapiens* ist dabei zu lernen, wie man durch kluges urbanes Design und Erfindungen wie die Klimaanlage in einer eigentlich unerträglich heißen und feuchten Umgebung überleben kann. Im Rahmen der menschlichen Evolution ist der Weltraum nur eine weitere scheinbar feindliche außertropische Umgebung, die darauf wartet, dass *Homo sapiens* lernt, sie zu besiedeln.[37]

Die ganze Sache hat jedoch einen Haken. Das Startfenster ist klein. Technologischer Fortschritt erfordert eine solide Ressourcenbasis in Form von menschlichen Gehirnen. Weniger Gehirne bedeuten technologischen Stillstand. Die Weltbevölkerung wird bis ins dritte Quartal dieses Jahrhunderts weiter wachsen. Anschließend wird sie sich stabilisieren und dann beginnen abzufallen, unter Umständen sogar steil. Wenn die Menschheit das All nicht in den nächsten ein bis zwei Jahrhunderten in erheblichem Ausmaß besiedelt, könnte es sein, dass aus der ganzen Sache nichts wird.

Die Menschheit steht deshalb vor einer Wahl. Die Entscheidung muss jetzt fallen, in einer Zeit, in der *Homo sapiens* vor einer Vielzahl sozialer, biologischer und umweltbedingter Krisen steht, vor denen er in seiner evolutionären Geschichte noch nie stand. Zugleich steht er an dem Wendepunkt, an dem die Gesamtpopulation der Spezies zum ersten Mal zu sinken beginnt.

Wenn *Homo sapiens* im Großen und Ganzen so weitermacht wie bisher, wird er aussterben. Der letzte Vertreter einer Homininen-Linie, die fast sieben Millionen Jahre zurückreicht, wird von der Erde verschwinden, ohne Nachkommen zu hinterlassen. Sicher, alle Arten werden früher oder später aussterben. Das ist der natürliche Lauf der Dinge. Dem Karenina-Prinzip zufolge wird *Homo sapiens* sein Ende auf ganz eigene Weise finden – auf welche Weise genau, lässt sich nicht vorhersehen. Umweltzerstörung? Atomare oder biologische Kriegsführung? Weltweite Hungersnöte? Eine weitere Pandemie? Künstliche Intelligenz? Zombie-Apokalypse? Ein Massenanfall von «Weltschmerz»? Was auch immer der Grund sein wird, ich werde argumentieren, dass *Homo sapiens* relativ bald verschwinden wird, jedenfalls geologisch gesehen – nämlich im Lauf der nächsten 10 000 Jahre.

Wenn *Homo sapiens* andererseits den Weltraum erobert, hat er das Potenzial, vielleicht noch viele Millionen Jahre lang zu prosperieren und sich in einer Art und Weise zu entwickeln und zu diversifizieren, die wir uns heute noch gar nicht vorstellen können.

Die Krux ist, dass wir diese Wahl trotz der langen Geschichte unserer Spezies *jetzt* treffen müssen. Das heißt, innerhalb der Lebenszeit heute lebender Menschen.

Als ich Mitte der 1960er-Jahre die Grundschule besuchte und die Begeisterung für die Raumfahrt auf ihrem Höhepunkt war, stand in der Schulbibliothek ein Buch mit dem Titel *You Will Go To The Moon* («Du wirst zum Mond fliegen»). Meine kindliche Begeisterung ebbte irgendwann ab. Ich flog nie zum Mond und auch keiner meiner Klassenkameraden. Tatsächlich setzten nur zwölf Menschen ihren Fuß auf den Mond, und seit mehr als einem halben Jahrhundert überhaupt niemand mehr. Titel wie «Du wirst zum Mond fliegen» erscheinen heute antiquiert, wenn nicht gar wunderlich. Zumindest die Botschaft hat heute jedoch eine neue Dringlichkeit erhalten. Du *musst* zum Mond fliegen. Denn wenn du es nicht tust, gibt es auf der Erde vielleicht niemanden mehr, dem du zurückwinken kannst.

TEIL I

Aufstieg

1 Die menschliche Familie

Unmerklich rücken wir von der Jugend zum Alter vor, ohne die allmählichen, doch unablässigen Wandlungen der menschlichen Verhältnisse zu bemerken, und selbst, nachdem sich unser historisches Wissen so erweitert hat, sind wir in unserer Vorstellung aufgrund des ständigen Wechsels von Ursache und Wirkung daran gewöhnt, die entlegensten Umwälzungen miteinander zu verknüpfen. Doch wenn man den Zeitraum zwischen zwei denkwürdigen Epochen einfach löschen könnte, wenn es möglich wäre, nach einem nur wenige Augenblicke währenden Schlummer von zweihundert Jahren einem Betrachter die neue Welt vor Augen zu führen, der sich noch ein lebhaftes, frisches Bild von der alten Welt bewahrt hat, dann würden sein Staunen und seine Erwägungen den unterhaltsamen Stoff für einen philosophischen Roman abgeben.

EDWARD GIBBON
Verfall und Untergang des römischen Imperiums

Wir verdanken unseren Mentoren so viel. Ich hatte zum Glück eine ganze Reihe. Einer von ihnen war Robert McNeill Alexander – Neill für seine Freunde. Er war Professor für Zoologie an der University of Leeds, als ich dort zwischen 1981 und 1984 mein Grundstudium absolvierte. Neill war ein freundlicher Mann mit einem langen weißen Bart, der manche seiner Studentinnen und Studenten an Obi-Wan Kenobi oder Gandalf erinnerte. Neills Spezialgebiet war die tierische Fortbewegung. In seinem Labor maß er, wie viel Kraft Kängurus beim Springen aufbrachten und wie viel Energie Kamele beim Laufen in ihren Beinsehnen speicherten.

Seine Arbeitsweise war unglaublich simpel, so einfach, dass ihn die Zeitung *The Mail on Sunday* einst zu einem der «verrücktesten britischen Professoren» kürte, einem der «zehn Weisen, die wirklich etwas von ihrem Gebiet verstehen» – unter seinen vielen Auszeichnungen amüsierte ihn diese am meisten.[1] Er schätzte die Masse von Dinosauriern ab, indem er maß, wie viel Wasser ein maßstabgetreues Modell verdrängte, wenn man es in ein Becherglas tauchte. Und er entwickelte eine clevere Methode zur Geschwindigkeitsbestimmung bei Tieren, die auf den Abständen zwischen ihren Fußabdrücken basierte. Die Idee kam ihm, als er seinen Kindern dabei zusah, wie sie am Strand umherliefen. Er bestimmte mit einer Stoppuhr, wie schnell sie rannten, und maß die Abstände zwischen den Fußabdrücken, die sie im Sand hinterließen. Mithilfe dieser Daten und einiger einfacher Berechnungen konnte er die Fortbewegungsgeschwindigkeit eines Tieres abschätzen, selbst wenn das Tier, das die Abdrücke hinterlassen hatte, längst verschwunden – oder sogar ausgestorben – war. So einfach konnte Neill die Vergangenheit buchstäblich wiederauferstehen lassen, nur indem er die Abstände zwischen ihren Fußabdrücken vermaß: Er kam zu dem Schluss, dass sich Dinosaurier wohl nur recht langsam fortbewegten.[2]

Gleiches galt offenbar auch für *Australopithecus afarensis*, einen frühen Homininen, der vor mehr als drei Millionen Jahren seine Fußabdrücke in der feuchten Vulkanasche an einem Ort namens Laetoli im heutigen Tansania hinterließ.[3] Zwischen einer Fülle anderer tierischer Fußspuren (das Gebiet war so belebt wie ein U-Bahn-Knotenpunkt zur Rush Hour) wanderte eine *Australopithecus-afarensis*-Familie langsam von hier nach da. *Australopithecus afarensis* unterschied sich deutlich vom modernen Menschen. Diese Hominine war recht zierlich, mit relativ kurzen Beinen und einem kleinen Gehirn. In vielerlei

Hinsicht ähnelte sie[4] einem Schimpansen. Aber sie hatte eine Eigenart – eine einzige –, die eindeutig menschlich war. Sie ging gewohnheitsmäßig aufrecht. Wie ihre Fußspuren zeigen, lief sie auf ihren beiden Hinterbeinen fast genauso gut wie heutige Menschen.

Sie war jedoch nicht die einzige vor Ort, die auf zwei Beinen ging. Ein anderer Satz Fußspuren in Laetoli stammt ebenfalls von einem Zweibeiner, doch dieser bewegte sich auf seltsame Weise, ganz anderes als *Australopithecus afarensis* oder moderne Menschen. Lange nahm man an, die Fußabdrücke könnten von einem Bären stammen – einem Tier, das bekanntlich manchmal auf seinen Hinterbeinen läuft –, doch aktuellere Untersuchungen sprechen dafür, dass auch diese Abdrücke von einem frühen Homininen hinterlassen worden waren, vielleicht einem Vetter von *Australopithecus afarensis*.[5] In diesem Fall wären alle übrigen Zeugnisse dieser Spezies völlig von der Erde verschwunden. Anders als *Australopithecus afarensis*, von dem Knochen und Zähne gefunden wurden, hinterließ dieser zweite Hominine als Nachweis seiner Existenz nichts weiter eine Reihe mysteriöser Fußspuren.

Diese Spuren sind nicht das einzig Rätselhafte. Rund drei Millionen Jahre, bevor eine *Australopithecus-afarensis*-Familie durch die Asche in Tansania lief, hinterließ jemand dort, wo heute die Mittelmeerinsel Kreta liegt, eine Reihe von Fußabdrücken im feuchten Sand. Damals war Kreta über eine Landbrücke im Norden mit Griechenland verbunden. Die kretischen Abdrücke sind erstaunlich menschenähnlich. Der Spurenleger besaß an jedem Fuß fünf Zehen. Die Großzehe war größer als die anderen Zehen, lag aber eng an und bildete mit ihnen eine Reihe. Das ist wichtig, denn bei Menschenaffen wie Schimpansen und auch bei einigen frühen Homininen steht die Großzehe deutlich ab und erinnert eher an einen Daumen. Die Ferse des kretischen Spurenlegers ist jedoch deutlich weniger ausgeprägt als bei einem modernen menschlichen Fuß.

Der Jemand war wohl Zweibeiner, aber wie der Spurenleger in Laetoli, der noch nicht ganz *afarensis* war, noch nicht ganz Hominine. Die Identität des kretischen Spurenlegens ist ein Rätsel. Vielleicht handelte es sich um einen fossilen Menschenaffen namens *Graecopithecus*, der vor rund sieben Millionen Jahren auf dem Balkan lebte. Wir kennen von ihm lediglich Schädel- und Zahnfossilien. Über Bein- oder Fußknochen von *Graecopithecus*, die wir mit den Spuren vergleichen könnten, verfügen wir jedoch nicht – es ist wie mit Aschenputtels fehlendem Schuh. Der Spurenleger könnte auch jemand anders gewesen sein. Wir wissen es nicht.[6]

Moderne Menschenaffen – Schimpansen, Gorillas und so weiter – können aufrecht gehen, tun es jedoch nur gelegentlich und kehren bald zu ihrer normalen Haltung auf allen vieren zurück, Hände und Füße auf dem Boden. Klar ist hingegen, dass einige Menschenaffenformen vor zehn bis sechs Millionen Jahren offenbar begannen, gewohnheitsmäßig aufrecht zu gehen. Vor neun bis sieben Millionen Jahren lebte westlich von Kreta auf einem Archipel, der eines Tages zum Norden Italiens werden sollte, ein Menschenaffe namens *Oreopithecus*. Auch er könnte aufrecht gegangen sein, obgleich seine Füße schimpansenhaft waren, mit abgespreizten Großzehen. Ein anderer Menschenaffe war *Danuvius*, der vor zwölf bis elf Millionen Jahren im heutigen Bayern lebte.[7] Er war wahrscheinlich kein Zweibeiner, aber gut daran angepasst, auf Baumstämmen und Ästen in mehr oder weniger aufrechter Haltung umherzuklettern. Auf zwei Beinen zu laufen, wäre dann so ähnlich gewesen, wie auf Ästen herumzulaufen, nur eben ohne die Äste.

Heute gibt es nur noch wenige Menschenaffen. Schimpansen und Gorillas leben in West- und Zentralafrika, Orang-Utans und Gibbons in Südostasien. Alle lebten in den heutzutage rasch verschwindenden tropischen Wäldern. Vor zehn Millionen Jahren beherbergten Eurasien und Afrika eine deutlich größere Vielfalt an Menschenaffen als heute – aber damals gab es auch mehr Wald. *Graecopithecus, Oreopithecus* und *Danuvius* teilten sich den Lebensraum mit Dutzenden anderer Menschenaffen.

Fast alle sind uns aufgrund ihrer Zähne bekannt, die zum Teil in Kieferfragmenten überdauerten. Zahnschmelz ist die härteste Substanz, die Lebewesen erzeugen können. Deshalb sind Zähne diejenigen Teile des Skeletts, die sich dem «Zahn der Zeit» am längsten widersetzen. Fossile Schädel und Extremitätenknochen werden selbst als Bruchstücke nur sehr viel seltener gefunden. Vollständige Skelette sind wie ein Hauptgewinn im Lotto. Ab einem Zeitpunkt von zehn Millionen Jahren vor heute verschwinden selbst diese fragmentarischen Überreste von Menschenaffen fast gänzlich aus dem Fossilbericht (der Summe aller in wissenschaftlichen Publikationen beschriebenen Fossilienfunde).

Von Gorillas oder Orang-Utans gibt es keine bekannten Fossilien – auch wenn der afrikanische *Chororapithecus* (der vor zehn Millionen Jahren lebte) möglicherweise ein Verwandter des Gorillas war,[8] und *Sivapithecus* (vor zwölf Millionen Jahren) wie auch *Khoratpithecus* (vor rund 8 Millionen Jahren)[9] Verwandte des Orang-Utans waren.[10] Fossilien von Menschenaffen sind ab etwa zehn Millionen Jahren vor heute deshalb so rar, weil sich die Menschenaffen in tropische Wälder zurückzogen, wo es nur höchst selten zu Fossilienbildung kommt. Zudem schrumpften die Wälder selbst, denn es wurde weltweit langsam immer kühler und trockener, ein Klimawandel, der schließlich vor etwa 2,5 Millionen Jahren im Eiszeitalter gipfelte.

Daher gab es so gut wie keine Fossilien von Menschenaffen aus dem Zeitraum zehn bis fünf Millionen Jahre vor heute, bis eines Tages ein spektakuläres Fossil direkt aus der Mitte dieser Periode auftauchte. Dieses Fossil war ein Hominine.

Sahelanthropus stammt von dem vielleicht unwahrscheinlichsten Platz, den man sich vorstellen kann – einer Region in Zentral-Tschad, die einstmals üppig grün war. Heute ist es dort jedoch so trocken, windig und karg, dass die Region eher an die Mondoberfläche erinnert als an einen Flecken auf dem Planeten Erde.[11] Forscher, die von der Geländearbeit dort zurückkehren, sehen aus, als seien sie mit einem Sandstrahlgebläse bearbeitet worden. Aber selbst dort klammerten sich menschliche Wesen an ihr Leben. Der Schädel des Homininen, der später als *Sahelanthropus* bekannt wurde, erhielt den Spitznamen Toumaï, was im lokalen Dialekt so viel wie «Lebenshoffnung» bedeutet. Dieser Schädel war fast vollständig erhalten (wenn auch ein bisschen zerdrückt), ganz anders, als bei den üblichen Fossilien von Menschenaffen oder Homininen, bei denen es sich entweder um Zahnsplitter oder Knochenstücke handelt, die wie Cornflakes aussehen, nachdem sie von einer Dampfwalze überfahren wurden. Toumaï ist zwischen sieben und sechs Millionen Jahre alt – und war ein Zweibeiner.

Vielleicht werden Sie sich fragen, woher man weiß, dass der fossile Kopf, den man in der Hand hält, zu einem Zweibeiner gehört, wenn man weder Arme noch Beine dazu hat. Nun, das liegt an dem großen Loch an der Schädelbasis, dort, wo der Schädel gelenkig mit der Wirbelsäule verbunden ist und das Rückenmark mit dem Gehirn in Verbindung steht. Dieses Loch wird als Hinterhauptsloch oder Foramen magnum bezeichnet. Bei Vierbeinern (Quadrupeden) – Tieren, die auf allen vieren laufen, wie Hunde oder Pferde, und ihre Wirbelsäule waagerecht halten – befindet sich das Hinterhauptsloch an der Rückseite des Schädels. Bei den zweibeinigen (bipeden) Hominininen, bei denen die Wirbelsäule senkrecht verläuft, liegt dieses Loch unter dem Schädel. Das stellt sicher, dass die Hominininen nach vorn blicken, obgleich ihre Wirbelsäule eine 90°-Drehung vollführt hat. Der Schädel von *Sahelanthropus* ähnelt im Aussehen dem eines Schimpansen, abgesehen davon, dass das Hinterhauptsloch viel weiter in Richtung Schädelbasis verschoben ist; das spricht dafür, dass *Sahelanthropus* gewohnheitsmäßig häufiger aufrecht ging. Seitdem sind Teile eines Oberschenkelknochens und einige Ellbogenstücke gefunden worden, die *Sahelanthropus* zugeordnet werden. Sie lassen vermuten, dass es sich um einen Zweibeiner handelte, der allerdings einige Anpassungen ans Klettern bewahrt hatte.[12]

Die kaum erkennbare Linie fossiler Homininen setzt sich erst wieder mit *Orrorin* fort, der vor rund sechs Millionen Jahren in Kenia lebte. Von ihm haben nur ein paar fossile Fragmente überdauert, darunter zum Glück Teile eines Oberschenkelknochens, die zeigen, dass es sich um einen Zweibeiner handelte.[13] Weitere frühe Zweibeiner waren *Ardipithecus kadabba* aus Äthiopien, der vor fünf Millionen Jahren lebte,[14] und ein späterer Verwandter, *Ardipithecus ramidus*, der vor 4,4 Millionen Jahren in derselben Region heimisch war.[15] Seltsamerweise zeigte ein Skelett von *Ardipithecus ramidus* jedoch, dass sich dieses Individuum nicht eindeutig zweibeinig fortbewegte und sich wahrscheinlich ebenso viel im Geäst wie auf dem Boden aufhielt. Ein Einzelfund eines Hominininenfußes, der in Äthiopien entdeckt und auf ein Alter von 3,4 Millionen Jahren geschätzt wurde, wies eine bewegliche, daumenartige Großzehe auf;[16] das geschätzte Alter entspricht in etwa den Fußspuren von Laetoli. Und es bestätigt, dass damals mehr als nur eine Hominineneart in Afrika lebte und einige Arten besser an das Leben auf dem Boden angepasst waren als andere.

Als die Wälder allmählich zu verschwinden begannen und schließlich eine offene Savanne mit isolierten Waldinseln die Landschaft prägte, setzten sich die Läufer schließlich gegenüber den Kletterern durch. Alle Homininen nach *Australopithecus afarensis* waren eindeutige Zweibeiner. Selbst bei *Australopithecus afarensis* sieht es so aus, als seien die Kletterkünste der Art bereits im Schwinden begriffen gewesen. Wie eine forensische Untersuchung des Teilskeletts einer *Australopithecus-afarensis*-Frau zeigt, die unter dem Namen «Lucy» bekannt wurde, starb sie wahrscheinlich an Verletzungen nach einem Sturz aus einem Baum.[17]

Die große Frage ist, *warum*? Warum übernahmen die Homininen den aufrechten Gang, als sei dies selbstverständlich, statt nur hin und wieder darauf zurückzugreifen? Die Antwort lautet (Spoileralarm!): Niemand weiß es. Fragen nach dem «Warum» sind immer besonders schwierig zu beantworten. Wie ungewöhnlich diese Körperhaltung ist, wird jedoch deutlich, wenn man sich klarmacht, dass kein anderer Säuger gewohnheitsmäßig aufrecht geht.[18]

Glaubt man konventionellen Erklärungen – oder zumindest denjenigen, die in der Öffentlichkeit tendenziell am weitesten verbreitet sind –, so brachte der aufrechte Gang nur Vorteile mit sich. An entsprechenden Argumenten herrscht kein Mangel. Homininen entwickelten den aufrechten Gang, weil sie so die Hände frei hatten, um Babys zu halten, Werkzeuge herzustellen oder Nahrung zu tragen – vielleicht war es auch eine Kombination von allen dreien. Homininen entwickelten den aufrechten Gang, weil sie in einer offenen Landschaft besser über hohes Gras hinwegblicken konnten. Homininen entwickelten den aufrechten Gang, weil sie so leichter durch tiefes Wasser waten konnten.[19] Homininen entwickelten den aufrechten Gang, um potenzielle Geschlechtspartner mit ihren edelsten Teilen zu beeindrucken. Das Problem ist, dass all diese Erklärungen in der Rückschau formuliert werden. Es stimmt schon, das Laufen auf zwei Beinen ermöglicht all diese Dinge und noch viel mehr, doch diese Szenarien erklären nicht, wie der aufrechte Gang überhaupt entstand (und noch weniger, warum). Tatsächlich sprechen zwei Dinge eigentlich recht entschieden dagegen, dass es überhaupt zur Bipedie kommt.

Zum einen schaffen es viele Tiere recht problemlos, ihren

Nachwuchs zu tragen, Werkzeuge anzufertigen, Nahrung zu schleppen und so weiter, ohne ihre Vierfüßigkeit aufzugeben. Schimpansen und sogar einige Tieraffen stellen Werkzeuge her – vielleicht sogar ebenso raffinierte wie das, was die ersten Werkzeugmacher unter den Homininen fabrizierten –, ohne ständig die Hände freizuhaben. Das geht so weit, dass «Primatenarchäologie» – Ausgrabungen von Werkzeugen, die in der Vergangenheit von Tier- und Menschenaffen hergestellt wurden – zu einem neuen Fachgebiet geworden ist.[20] Viele Tieraffen, wie etwa Paviane, leben in offenen Landschaften und bleiben resolut mit allen vieren auf dem Boden.

Zum anderen ist aufrechtes Stehen nicht einfach. Diejenigen Säuger, die sich für kurze Zeit aufrecht hinstellen können (Menschenaffen, Bären, Erdmännchen, dressierte Hunde und so weiter), finden die Haltung ermüdend, weshalb sie sich nach kurzer Zeit wieder auf alle viere niederlassen. Gewohnheitsmäßig auf zwei Beinen zu stehen, erfordert einen kompletten Umbau des Körpers. Das beginnt mit der Wirbelsäule.

Als sich bei den frühesten Vorfahren der Fische vor mehr als 500 Millionen Jahren erstmals eine Wirbelsäule entwickelte, handelte es sich um einen waagerechten Trägerbalken, an dem sich die Muskeln der Körperwand verankern und Halt finden konnten und der den inneren Organen als Aufhängung diente. Das Vorhandensein einer Wirbelsäule ist das kennzeichnende Merkmal der Wirbeltiere (Vertebraten) – der großen Tiergruppe, zu der auch wir gehören. Bei fast allen Wirbeltieren verläuft die Wirbelsäule waagerecht. Das gilt sogar für viele zweibeinige Reptilien einschließlich der Dinosaurier und – natürlich – der Vögel. Die Dinosaurier konnten zweibeinig laufen, weil ihr langer Schwanz als Gegengewicht zum waagerecht ausgerichteten Teil des Körpers (von der Hüfte bis zum Kopf) diente. Vögel besitzen nur einen kurzen knöchernen Schwanz, doch sie halten ihre Wirbelsäule waagerecht, indem sie eine ungewöhnliche, kauernde Haltung einnehmen, bei der die Hinterextremitäten (also die Beine) im Kniegelenk ständig gebeugt sind.

Um eine aufrechte Haltung anzunehmen, haben die Homininen ihre Wirbelsäule um 90° gekippt – von einem unter Zugspannung stehenden waagerechten Träger zu einem senkrechten Stab, der von der Schwerkraft zusammengedrückt wird. Wie radikal diese Umstellung ist, kann nicht genug betont werden. Die Frage ist daher nicht so sehr, warum die Homininen zu Zweibeinern wurden, sondern wie sie sich in eine solche evolutionäre Sackgasse manövrieren konnten, dass ihnen keine andere Wahl blieb.

Ein möglicher Grund ist das Fehlen eines Schwanzes. Im Gegensatz zu Tieraffen haben Menschenaffen keinen Schwanz. Die meisten Affen haben einen langen Schwanz, der beim Klettern oder Balancieren als Gegengewicht dienen kann, ganz ähnlich, wie Seiltänzer ihre langen Stangen benutzen. Bei den sogenannten Neuweltaffen im tropischen Südamerika (die mit den Tier- und Menschenaffen der Alten Welt in Eurasien und Afrika nur entfernt verwandt sind) ist der Schwanz zu einer fünften Extremität geworden, die ihnen unabhängig von den vier anderen im Geäst zum Hangeln dient. Zugegeben, einige Tieraffen, wie Paviane und manche Makaken, haben nur einen kurzen Schwanz, doch die betreffenden Arten haben sich an ein Leben auf dem Boden angepasst, wo sie standhaft auf allen vieren bleiben.

Kann das Leben am Boden der Grund dafür sein, dass Menschenaffen ihren Schwanz verloren haben? Sicherlich nicht, denn Menschenhaffen sind auch ohne Schwanz noch immer Waldbewohner, die einen Großteil ihres Lebens auf Bäumen verbringen und Wege gefunden haben, auch ohne Schwanz zurechtzukommen. Orang-Utans nutzen alle vier Extremitäten wie eine «Hand» zum Greifen, um sich beim Klettern festzuhalten. Gibbons hängen von Ästen herab und bewegen sich mithilfe ihrer langen Arme schwingend von Baum zu Baum.

Menschenaffen sind nicht nur schwanzlos, sondern in der Regel auch schwerer als Tieraffen, und diese Gewichts- und Größenzunahme könnte eine Schlüsselrolle dabei gespielt haben, dass Homininen zur Zweibeinigkeit übergegangen sind. Da Menschenaffen zu groß sind, um auf Ästen entlangzulaufen und von Ast zu Ast zu springen, müssen sie entweder von Ästen herabhängen und sich schwingend fortbewegen oder zwischen den Ästen herumklettern. Solche Fortbewegungsweisen könnten einem Tier, das eine aufrechte wie auch eine horizontale Haltung einnehmen kann, unter Umständen einen winzigen Vorteil verschaffen. Wie bereits erwähnt, war *Danuvius* – der Menschenaffe, der vor zwölf bis elf Millionen Jahren im heutigen Bayern lebte – offenbar so gebaut, dass er zwischen Ästen herumkletterte, statt auf ihnen zu laufen, eine Fortbewegungsweise, die Bipedie voraussetzte. Die damaligen Homininen lebten in einer Welt mit immer weniger Bäumen. Da ihre Vorfahren Menschenaffen waren, hatten sie bereits ihren Schwanz verloren und konnten ihn deshalb nicht als Gegengewicht einsetzen; zudem waren sie inzwischen größer und schwerer als Tieraffen geworden. Daher blieb ihnen nichts anderes übrig, als sich auf ihre Hinterbeine zu erheben und zu laufen.

Zweibeinigkeit ist von Natur aus gefährlich. Wie jeder, der schon einmal einen dreibeinigen Hund hat laufen sehen, feststellen wird, können zumindest einige Vierbeiner nach dem Verlust eines Beins noch laufen, ja sogar rennen. Bei einem Zweibeiner führt der Verlust oder auch nur die zeitweilige Verletzung eines Beins zu einer fast vollständigen Immobilität und daher zu einer stärkeren Gefährdung durch Raubtiere. Sobald Homininen einmal zu Zweibeinern geworden waren, mussten sie diese Fertigkeit sehr rasch perfektionieren. Wie bereits erwähnt, zeigen die Fußabdrücke von *Australopithecus afarensis*, dass Homininen schon vor mehr drei Millionen Jahren grundsätzlich genauso wie moderne Menschen gingen. Innerhalb weniger Millionen Jahre hatten Homininen ihren Körper so umgebaut, dass er nun in senkrechter statt in waagerechter Haltung funktionierte.

Die Neupositionierung des Hinterhauptslochs am Kopf war nur der Anfang. *Homo sapiens* verfügt zudem über ein Ligament, das die Rückseite des Schädels mit der Wirbelsäule verbindet, um sicherzustellen, dass der Kopf nicht nach vorne kippt. Die Wirbelsäule weist eine typische S-förmige Kurvatur auf, die man bei Vierfüßern nicht findet: Sie krümmt sich im Brustbereich ein wenig nach hinten, in der Bauchregion nach vorn und dort, wo sie auf das Becken trifft, noch einmal deutlich nach hinten. Das Becken selbst wurde kürzer und breiter, mit ausgeprägten Ansatzflächen (Darmbeinkämmen) für die großen Gesäßmuskeln, die den knackigen Po des Menschen bilden und helfen, den Körper aufrecht zu halten. Die Beine der Homininen sind gewöhnlich länger als die Arme und verjüngen sich nach unten. Wie jeder weiß, der schon einmal versucht hat, mit schweren oder schlammverkrusteten Schuhen zu gehen, sorgen schmalere, leichtere Extremitäten beim Laufen für ein höheres Maß an Ökonomie, als es bei schweren Unterschenkeln oder Füßen der Fall wäre. Die Knie stehen enger zusammen, sodass sich die Körpermasse nahe der senkrechten Mittellinie konzentriert; auf diese Weise wird weniger Energie durch Bewegung von einer zur anderen Seite verschwendet. Zusätzlich gewinnen Sehnen in den Beinen die bei jedem Schritt aufgewandte Energie zum Teil wieder zurück und nutzen sie erneut für den nächsten Schritt.[21] Daher ist Gehen bzw. Laufen beim Menschen außerordentlich energieeffizient. Das erklärt, warum man sehr lange laufen muss, bevor man überschüssige Kalorien verbraucht.

Und das ist bei Weitem nicht alles. Unter der mechanischen

Superstruktur verbirgt sich ein einzigartig präzises Kontrollsystem aus Nerven und Muskeln, die die Körperhaltung ständig überwachen, diese Haltungssignale ans Gehirn schicken und dafür sorgen, dass das Gehirn Signale aussendet, um die Haltung in Sekundenbruchteilen zu korrigieren. Die Fortbewegung auf zwei Beinen ist nämlich weitaus weniger stabil als auf allen vieren, denn bei jedem Schritt bleibt nur ein Bein auf dem Boden, sodass der ganze Körper inhärent die Balance verliert. Gehirn und Körper müssen eine gute Vorstellung davon haben, wo im Raum sich der Körper befindet und wohin er sich bewegt, einfach um zu verhindern, dass er stürzt, während er etwas so scheinbar Simples macht wie einen Schritt.

Die gesundheitlichen Konsequenzen des aufrechten Gangs sind allerdings enorm. Die Schwerkraft bürdet einer senkrechten Struktur, die auf nur zwei Beinen balanciert, Kosten auf, die Vierbeiner weitgehend vermeiden können. Verletzungen an Rücken, Knien, Hüfte und Füßen fordern einen hohen Preis: Schimpansen und Gorillas leiden weitaus seltener unter degenerativen Gelenkerkrankungen als Menschen.[22] Weibliche Homininen bewegen sich auf einem schmalen Grat zwischen einem engen Becken, wie es für eine effiziente Fortbewegung erforderlich ist, und einem breiten Becken, wie es für die risikofreie Geburt eines großen Fötus nötig ist. Körpermasse und -form einer Frau verändern sich im Lauf einer Schwangerschaft ständig, was zu besonderen Anpassungen im Kreuz führt.[23] Schwangere Frauen führen einen Balanceakt aus, bei dem sich die Gewichte ständig verändern. Diese Balance ist nicht perfekt, denn der Fötus wird im Vergleich zum Nachwuchs unserer engsten Primatenverwandten relativ unreif geboren. Das kann im späteren Leben zu Gesundheitsproblemen führen, zum Beispiel zu Mittelohrproblemen.[24]

Bei allen auf zwei Beinen gehenden Menschen, ob Mann oder Frau, schwanger oder nicht, fordert die Bipedie ihren Preis, selbst nach einer sieben Millionen Jahre langen Evolution. Bei einem Zweibeiner wie einem Menschen, dessen Masse um die senkrechte Mittellinie konzentriert ist, werden alle bei der Fortbewegung wirkenden Kräfte – wie diejenigen, die durch den Kontakt der Füße mit dem Boden entstehen – direkt über Beine und Wirbelsäule nach oben weitergeleitet. Das heißt, dass die Bipedie einen direkten Einfluss auf viele Teile des Körpers hat, von den Füßen aufwärts durch Knie, Hüfte und Rücken bis zum Hals und zum Kopf. Rückenschmerzen gehören weltweit zu den häufigsten Gründen für Fehlzeiten bei Arbeitnehmern. Selbst bei körperlich fitten Zweibeinern, deren Rücken nicht schmerzt, müssen Herz und Blutgefäße gegen die Schwerkraft arbeiten, damit sich das Blut gleichmäßig im Körper verteilt und nicht in der Bauchregion oder in den Füßen «versackt». Möglicherweise ist Zweibeinigkeit bei einem Versagen des Systems sogar eine der Hauptursachen für bestimmte Fälle von Bluthochdruck[25] und Krampfadern. Von Hernien bis zu Hämorrhoiden hat die Bipedie eine Menge auf dem Kerbholz.[26]

Vermutlich konnte die rasche Evolution eines derart durchgreifenden Umbaus zu einer dauerhaften Bipedie niemals etwas anderes hervorbringen als eine Art Rube-Goldenberg-Maschine.[27] Es ist ein Beleg für die Macht der Evolution, dass Menschen so fit sind, wie sie sind, doch die Kosten der Zweibeinigkeit haben ihre Spuren in der menschlichen Evolution hinterlassen. Schon vor dem ersten Auftreten von *Homo sapiens* hat die absonderliche Gewohnheit, auf zwei Beinen zu gehen, den menschlichen Leben eine Bürde auferlegt, ohne dass Hoffnung bestünde, sie jemals wieder vollständig abzuwerfen.

2

Die Gattung *Homo*

> Artaxerxes hatte mit hohem Ansehen in den Heeren Artabans, des letzten Königs der Parther, gedient und scheint durch königlichen Undank, den üblichen Lohn für überragende Verdienste, ins Exil und zum Aufstand getrieben worden zu sein.
>
> EDWARD GIBBON
> *Verfall und Untergang des römischen Imperiums*

E*ine* Sache, die ich in diesem Buch zu zeigen hoffe, ist, dass Menschen – und Homininen im Allgemeinen – Herausforderungen lieben. Trotz (einige mögen sagen, wegen) ihrer Zweibeinigkeit nahm die Evolution der Homininen ihren Lauf. Das Klima in Afrika im Pliozän (rund 5,3 bis 2,6 Millionen Jahre vor heute) wurde trockener, und die Wälder machten einem gemischteren Lebensraum mit trockenem Grasland und zerstreuten Baumgruppen in der Nähe von Wasserstellen und Flüssen Platz. In dieser Zeit spalteten sich die Homininen in verschiedene Arten auf und breiteten sich über ganz Afrika aus. Ihre Überreste wurden vom Tschad im westlichen Zentralafrika bis zum großen Grabenbruch (Rift Valley) im Osten und zur «Wiege der Menschheit» in Südafrika gefunden.[28] Sie begannen, Werkzeuge zu benutzen. Zunächst waren diese Werkzeuge nicht mehr als grob behauene Steine,[29] die dazu dienten, Knochen zu zertrümmern, um an das nahrhafte Knochenmark zu gelangen, oder Fleisch weich zu klopfen und Pflanzenmaterial zu zerstoßen, damit es sich besser kauen ließ.[30] Man hat Tierknochen mit den typischen Kratzspuren gefunden, die beim zielgerichteten Zerlegen von Tieren entstehen; diese Tierspuren sind mehr als drei Millionen Jahre alt.[31] Zur gleichen Zeit wie die Gattung *Australopithecus* – eine Gruppe, die verschiedene Arten von zweibeinigen opportunistischen Aasfressern umfasste – lebte im gleichen Umfeld eine weitere Homininengattung, *Paranthropus*.

Wie der heute lebende Gorilla war *Paranthropus* ein spezialisierter Pflanzenfresser. Er besaß kräftige Zähne zum Zermalmen von Wurzeln und Nüssen und einen großen Pflanzenfresser-Bauch. Wie *Australopithecus* benutzte *Paranthropus* Steine, um zähes Pflanzenmaterial leichter kaubar zu machen. Im Gegensatz zum Gorilla war er ein Bewohner von Savannenlandschaften mit zerstreuten schattigen Waldinseln, während das Klima immer trockener wurde. Aber im Gegensatz zu anderen Pflanzenfressern der Savanne – man denke an Zebras und Gazellen, Gnus und sogar Paviane – war *Paranthropus* immer selten und lebte wie die heutigen Gorillas in kleinen Familiengruppen. Vegetarier zu sein und in kleinen Randgruppen in diesen kargen Lebensräumen nach Nahrung zu suchen – das hieß, im Spiel des Lebens wirklich schlechte Karten gezogen zu haben. Als das Klima nach und nach noch trockener wurde, wurde das Leben für *Paranthropus* immer beschwerlicher. Vor etwas mehr als einer halben Million Jahre verschwand *Paranthropus* dann aus dem Fossilbericht – erstaunlich, dass er überhaupt so lange durchhielt.

Während Afrika bereits immer trockener wurde und die Regenwälder schrumpften, verschlechterte sich das Klima vor rund 2,5 Millionen Jahren nochmals deutlich. Etwa um diese Zeit tauchte ein neuer Hominine in Afrika auf – der erste Vertreter unserer eigenen Gattung, *Homo*.[32] Das war ein ganz anderer Typ als *Paranthropus*. Statt ein spezialisierter Vegetarier zu sein, konzentrierte sich *Homo* auf den Verzehr von Fleisch. Er begnügte sich jedoch nicht allein mit Aas, das andere Beutegreifer übrig gelassen hatten, sondern war selbst ein aktiver Jäger. In einer zunehmend lebensfeindlichen Welt lieferte Fleisch mehr Kalorien pro Volumeneinheit als Pflanzenmaterial. Aber Jagen verlangte auch mehr Köpfchen. Pflanzen können zäh und dornig sein, aber sie laufen immerhin nicht weg. Die ersten Versuche der Gattung *Homo* – Wesen wie *Homo habilis* – waren allerdings kaum mehr als leichte Abwandlungen von *Australopithecus*. Einige machten vielleicht sogar einen Schritt rückwärts und zwei Schritte nach oben und zogen sich wieder auf die Bäume zurück.[33]

Der neue Kurs in Richtung bodenlebender, in Gruppen jagender Fleischfresser wurde von einer *Homo*-Art eingeschlagen, die heute als *Homo erectus* bekannt ist. Das Skelett eines jungen *Homo erectus*,[34] der vor 1,6 Millionen Jahren im heutigen Nordwesten Kenias lebte, zeigt einen dramatischen Kontrast zu *Australopithecus*. *Homo erectus* war hochgewachsen und langbeinig, schlaksig und schlank und sah ganz anders aus als die gedrungenen dickbäuchigen, langarmigen und kurzbeinigen *Australopithecinen* oder auch frühere *Homo*-Arten. *Homo erectus* stand mit den Füßen fest auf dem Boden. Diesmal gab es kein Zurück auf die Bäume. Einmal vollständig geerdet, entdeckte *Homo erectus* eine neue Gangart: Er stellte fest, dass er nicht nur gehen, sondern auch laufen bzw. rennen konnte.[35] Und das tat er dann auch, Meile um Meile, langbeinig und in zunehmend aufrechter Haltung. Gleichzeitig wurde seine Behaarung immer dünner, was ihm Langstreckenläufe in tropischem Klima ermöglichte. So konnten die schlaksigen Jäger selbst Beute, die über kurze Strecken schneller war als sie, so lange verfolgen, bis die Tiere irgendwann aufgrund von Hitzestress erschöpft zusammenbrachen.

Homo erectus war der erste Hominine, der mehr war als ein zweibeiniger Schimpanse oder eine abgespeckte Version eines Gorillas. Er stellte wunderbare Steinwerkzeuge her. Er zähmte das Feuer. Er kratze Muster in Muschelschalen.[36] Er briet sein Fleisch, baute vielleicht sogar Boote. Gleichzeitig war er jedoch noch kein moderner Mensch. Seine Werkzeuge, obwohl wunderschön, zeigen eine Art Gleichförmigkeit und Wiederholung, die eher für eine instinktive als eine überlegte Herstellung sprechen. Und dabei lief und lief er immer weiter und folgte dem Wild über die endlosen Graslandschaften, die damals fast ganz Afrika und einen Großteil von Südeuropa sowie West- und Südasien bedeckten. *Homo erectus* war, soweit wir wissen, der erste Hominine, der Afrika verließ. Steinwerkzeuge aus China, die auf ein Alter von etwas mehr als zwei Millionen Jahre geschätzt werden, zeigen, dass diese Homininen weit herumkamen und schnell unterwegs waren.[37]

Während *Homo erectus* immer weiter lief, entwickelte er sich weiter. Die frühesten bekannten Skelettfunde von Homininen außerhalb von Afrika sind 1,8 Millionen Jahre alt und stammen aus dem Kaukasus.[38] Diese Homininen wirken klein und primitiv. Bald legten sie jedoch deutlich zu. In Europa erreichte *Homo heidelbergensis* die Größe eines modernen *Homo sapiens* und war möglicherweise deutlich kräftiger gebaut. Während sich das Klima weiter verschlechterte und Gletscher die nördlichen Kontinente zu überziehen drohten, wurden die Homininen robuster und drangen nach Norden bis nach Ostengland vor.

Die Ortschaft Happisburgh an der Nordküste von Norfolk in Ostengland zieht schon seit Langem Touristen an. Sir Arthur Conan Doyle logierte im Hill House Inn in Happisburgh, wo er *Die tanzenden Männchen*, eines seiner Sherlock-Holmes-Abenteuer, verfasste.[39] Bei einem Besuch in Norfolk ist es immer gut, auch Indoor-Aktivitäten zur Hand zu haben, denn das Wetter ist oft wechselhaft, windig und kalt. Dennoch schätzen Menschen dieses ruhige Fleckchen bereits seit sehr langer Zeit. Vor rund 800 000 Jahren campierten hier einige Erben von *Homo erectus*.[40] Vielleicht handelte es sich um *Homo antecessor*, eine Art, die auch aus Spanien bekannt ist und etwa um dieselbe Zeit lebte.[41] Die raschen und abrupten Klimawechsel in der Eiszeit führten dazu, dass die in Europa herrschende Kälte immer wieder von kurzen, fast tropischen Wetterintervallen unterbrochen wurde. Es gab Zeiten, als Löwen dort ihre Beute jagten, wo sich heute der Londoner Trafalgar Square erstreckt, Hyänen ihre Baue im heutigen Yorkshire anlegten und Flusspferde im nordenglischen Fluss Tees badeten. Die Happisburgh-Homininen waren jedoch keine Schönwetterbesucher. Als sie in Norfolk campierten, war das Klima nicht wärmer als heute (wenn Sie Lust auf ein kostenloses Gesichtspeeling haben, dann stellen Sie sich im Januar an den windigen Strand von Happisburgh und warten Sie ab).

✷

Vor rund 350 000 Jahren lebte eine *Homo-erectus*-Gruppe in Höhlen in Nordspanien.[42] Diese Homininen waren deutlich schwerer gebaut als ihre afrikanischen Vorfahren. Damit kamen sie den ersten Neandertalern, dem Inbegriff der eiszeitlichen Höhlenmenschen, im Körperbau schon sehr nahe.

Die Neandertaler waren über ganz Eurasien verbreitet und die Nachfahren einer Linie, die ursprünglich in den Tropen gelebt hatte. Diese robusten Typen waren bestens an die Kälte angepasst, aber ihre Anpassungen gingen über einen schweren, kräftigen Körperbau hinaus. Sie machten sich daran, ihre Umwelt zu verändern, um zu überleben. Statt der Eiseskälte draußen zu trotzen, begannen sie, in Höhlen und unter Felsüberhängen Zuflucht zu suchen, entwickelten dort ihre Kultur und verließen ihren Unterschlupf nur zur Jagd. In ihren Höhlen pflegten sie ein reiches spirituelles Leben – passend zur Größe ihres Gehirns, das im Durchschnitt größer war als das unsrige. Fern vom Tageslicht bauten sie im Inneren ihrer Höhlen Strukturen.[43] Sie ehrten ihre Ältesten und begruben ihre Toten. Diese «Troglodyten» (Höhlenmenschen) unterschieden sich so deutlich von den afrikanischen *Homo-erectus*-Vertretern, die frei umherstreiften und Antilopen jagten, wie man es sich nur vorstellen kann. Aber obgleich sie mehr als 300 000 Jahre lang überlebten, litten sie unter dem Fluch aller Homininen – sie waren niemals häufig.

Aufgrund der recht kleinen Streifgebiete kamen Neandertalersippen nur selten miteinander in Kontakt. Sie begannen, unter Inzucht zu leiden.[44] Ständig standen sie kurz davor, ein One-Way-Ticket ins Vergessen zu lösen.

Kleine, weit verstreute Populationen sind eine günstige Gelegenheit für evolutionäre Veränderungen. Als *Homo erectus* die Kontinente durchstreifte, spaltete er sich nicht nur in *Homo heidelbergensis* und die Neandertaler auf, sondern in eine Fülle neuer Formen. Vor einer Million Jahre kam Eurasien Tolkiens Mittelerde insofern nahe, als sich dort ein breites Spektrum menschenähnlicher Wesen entwickelte. Und sie alle waren Nachfahren von *Homo erectus*.

Denn damals gab es sogar Riesen auf der Erde. In den 1930er-Jahren wurde in der Mandschurei ein Schädel von *Homo longi* – dem «Drachenmensch» – gefunden. Der Schädel stammte von einem Individuum, das mindestens so groß und schwer war wie ein heute lebender Mensch.[45] Dieser Drachenmensch gehörte zu einer von mehreren menschlichen Arten, die damals zwischen dem Auftauchen von *Homo erectus* vor mehr als zwei Millionen Jahren und von *Homo sapiens* fast zwei Millionen Jahre später im östlichen Asien lebten.

Eine dieser Arten war der Denisova-Mensch, benannt nach der Denisova-Höhle im sibirischen Altai-Gebirge, wo erste Hinweise auf seine Existenz gefunden wurden. Die Denisova-Menschen, enge Verwandte des Neandertalers, entwickelten sich auf der Hochebene von Tibet, einer der unwirtlichsten

Lebensräume auf Erden außerhalb der Polarregionen. Wenn irgendein Geschöpf dem mythischen Yeti, dem «schrecklichen Schneemenschen», nahe kommt, dann dieses.

Noch rätselhafter sind die Hobbits der Inselwelt Südostasiens – *Homo luzonensis* auf den Philippinen[46] und *Homo floresiensis* auf der Insel Flores (im heutigen Indonesien).[47] Diese kleinen Menschen, die kaum einen Meter groß waren, stammten von *Homo-erectus*-Gruppen ab, die es in diese weit abgelegenen Regionen verschlagen hatte und die nun dort, von der Außenwelt abgeschnitten, festsaßen.

Arten sind form- und wandelbar, und das Leben auf einer Insel macht seltsame Dinge mit ihnen. Kleine Tiere werden größer, und großwüchsige Arten werden kleiner. *Homo luzonensis* jagte kleine Nashörner, und *Homo floresiensis* lebte Seite an Seite mit Zwergelefanten, nicht größer als ein Pony, und Riesenratten, so groß wie ein Terrier. Aber sie gingen den dort lebenden Riesenwaranen aus dem Weg, die noch deutlich größer waren als die furchterregenden Komodowarane unserer Tage: Diese Hobbits teilten ihre Insel mit echten Drachen. Aber sie stellten Steinwerkzeuge ganz ähnlich denen von *Homo erectus* her, nur kleiner.

Die Vorfahren von *Homo floresiensis* erreichten Flores vor mehr als einer Million Jahren. Wie sie dorthin kamen, ist ein Rätsel. Während der kältesten Eiszeitperioden banden die irdischen Gletscher und die großen Polkappen so viel Wasser, dass der Meeresspiegel im Vergleich zu heute über hundert Meter sank. Erhebungen, die heute für uns Inseln sind, waren damals durch tief liegende Landbrücken miteinander verbunden. Das erklärt, warum *Homo antecessor* ohne nasse Füße nach Großbritannien und *Homo erectus* nach Java gelangen konnte. Die Insel Flores ist jedoch durch tiefe Kanäle von benachbarten Landmassen getrennt und war stets isoliert. Entweder gelangten die Vorfahren von *Homo erectus* durch Zufall dorthin (denn so etwas gibt es in der Natur), oder sie kamen mit Booten. Einmal dort gestrandet, ging das Talent zum Bootsbau jedenfalls verloren, und die Evolution nahm ihren Lauf. Der letzte *Homo floresiensis* lebte vor rund 50 000 Jahren, was mit der Ankunft von *Homo sapiens* auf der Insel zusammenfiel. Vielleicht überlebte er jedoch in lokalen Legenden von den Ebu Gogo, einem geheimnisvollen kleinen Volk, das in entlegenen Teilen der Insel gehaust haben soll.

Der vielfältigste Kontinent unserer Tage, was ethnische Tradition, Sprache und Genetik angeht, ist Afrika – letztlich die Wiege der Menschheit. Man kann nicht behaupten, dass *Homo erectus*, als er Afrika verließ, sein Heimaltland menschenleer zurückließ. Auch dort ging die Evolution weiter, und es entwickelten sich eigenständige Homininenformen. Über sie wissen wir allerdings noch weniger als über die so extrem unterschiedlichen Hobbits, Drachenmenschen, Yetis und Troglodyten in Europa und Asien. *Homo rhodesiensis* ist ein stammesgeschichtlich alter Hominine, der vor rund 300 000 Jahren lebte; sein Schädel wurde in einem Bergwerk im heutigen Sambia gefunden.[48] *Homo naledi*, dessen Knochen tief in einer Höhle in Südafrika entdeckt wurden, war vermutlich etwa genauso alt.[49] Ersterer war jedoch groß und kräftig gebaut, Letzterer deutlich kleiner, mit einem kleineren Gehirn und einer Anatomie, die eher an viel früher lebende Homininen erinnert. Und dann sind da noch die Schädel von Iho Eleru in Nigeria, die archaisch aussehen, obgleich sie möglicherweise viel jünger sind – nicht einmal 20 000 Jahre alt. Es ist klar, dass Afrika bereits viele verschiedene menschliche Spezies beherbergte, als unsere eigene Art – *Homo sapiens* – dort vor mehr als 300 000 Jahren die Bühne des Lebens betrat.[50]

*

Ich möchte nochmals betonen, dass selbst diese vielfältige Menagerie menschlicher Typen, die wir kennen, nur einen winzigen Bruchteil dessen darstellt, was es vielleicht gegeben hat. Denn Menschen waren immer selten, und die Prozesse der Fossilisierung sind launisch. Von manchen längst verschwundenen *Homo*-Spezies wissen wir mehr aufgrund der DNA-Signaturen, die sie im Genom moderner Menschen hinterlassen haben, als anhand von realen physischen Überresten. Das gilt sicherlich für die Denisova-Menschen: Ein paar Zahnfragmente, ein Kieferknochen und kleine Knochenbruchstücke sind alles, was von dieser Art bis in unsere Tage überdauert hat – zu wenig, um sich ein zuverlässiges Bild von ihrem Aussehen zu machen. Aber dank des technischen Fortschritts ließ sich die gesamte Denisova-DNA-Sequenz aus einem unscheinbaren Fingerknochen ablesen.[51] Das reichte aus, um zu zeigen, dass die Denisova-Menschen durch spätere Vermischung oder Kreuzungen mit *Homo sapiens* ihre Signatur im Genom vieler heutiger Menschen in Südostasien hinterließen.[52] Sie steuerten ein Gen bei, das modernen Tibetern erlaubt, in der dünnen Luft auf dem Dach der Welt problemlos zu atmen,[53] ein Überbleibsel der Herkunft dieses bemerkenswerten Homininen aus dem Hochgebirge. Über andere Homininen wissen wir noch weniger. Moderne Afrikaner tragen im Genom einige Gene, die für frühere Vermischungen mit *Homo*-Spezies sprechen: diese *Homo*-Spezies gab es nur in Afrika, und sie haben offenbar keine fossilen Spuren ihrer Existenz hinterlassen.

Das Bild, das sich herauskristallisiert, ist das einer Vielzahl von *Homo*-Arten, die sich über riesige Gebiete verbreiteten, aber überall selten blieben – so selten, dass manche völlig ausstarben. Von Arten, die in sehr kleinen Gruppen leben, fordert die Evolution unerbittlich ihren Tribut.

✷

Zu vielen ist man sicherer: Lebewesen, die in großen Gruppen leben, können die gelegentliche Katastrophe überstehen; das ist das Gesetz der großen Zahl. Kleine Gruppen fallen hingegen leicht einem Zufallsereignis zum Opfer. Zudem bringt das Leben in kleinen Gruppen versteckte genetische Kosten mit sich. Inzucht wird zu einem Problem und kann angeborene genetische Defekte hervorrufen, die in größeren Populationen außerordentlich selten aufgetreten oder verborgen geblieben wären.

Der vielleicht berühmteste Fall von Inzucht trat in der Habsburger-Dynastie auf, die Europa etliche Jahrhunderte lang mit Königen und Herrschern versorgte.[54] Ehen zwischen engen Verwandten sollten sicherstellen, dass die verschiedenen Besitztümer in der Familie blieben. Zwischen 1450 und 1750 schlossen die Habsburger 73 Ehen, viele davon zwischen engen Blutsverwandten. So gaben sich beispielsweise in vier Fällen Onkel und Nichte das Ja-Wort, und in drei Fällen waren Braut und Bräutigam Cousine und Cousin 1. oder 2. Grades. Nimmt man alle Habsburger-Hochzeiten zusammen, so war ihr Grad an Inzucht («Inzuchtkoeffizient») im Mittel höher als bei einer Ehe zwischen Cousin und Cousine 1. Grades. Inzucht führt zu einem Phänomen, das man als «Inzuchtdepression» bezeichnet; darunter versteht man, vereinfacht gesagt, eine im Vergleich zur Allgemeinbevölkerung größere Anzahl von Nachkommen, die in der Kindheit oder zumindest vor Erreichen der Geschlechtsreife sterben.

Die berühmteste Inzuchtsippe der weitläufigen Habsburgerdynastie war die spanische Linie, deren Vertreter zwischen 1516 und 1700 auf dem spanischen Thron saßen. Der letzte König von Spanien aus dem Hause Habsburg war Karl II., der aufgrund zahlreicher körperlicher und geistiger Behinderungen den Beinamen *El Hechizado* («Der Verhexte») trug. Verkrüppelt, schwächlich und dünn, mit abnorm großem Kopf, lernte er erst mit vier Jahren sprechen und mit acht Jahren laufen. Er litt immer wieder unter Diarrhoe und Erbrechen und als junger Erwachsener unter Bewusstseinsstörungen und Krämpfen. Als er mit 38 Jahren starb, sah er deutlich älter aus. Wie bei vielen Habsburgern ragten Unterkiefer und Kinn ungewöhnlich weit vor, sodass Karl seine Zähne nicht richtig schließen konnte und er Schwierigkeiten beim Sprechen und Kauen hatte. Karl II. war zweimal verheiratet. Beide Ehen blieben kinderlos. Mit seinem Tod starb die spanische Habsburgerlinie aus, und die spanische Thronfolge blieb umstritten. Falls man meint, Inzucht habe keine Konsequenzen: Dieses Ereignis löste den Spanischen Erbfolgekrieg (1701–1714) aus, einen weltweiten Konflikt der Supermächte, an dem sechzehn Länder beteiligt waren. Er führte zu 400 000 Toten auf dem Schlachtfeld und zu mehr als einer Million Toten aufgrund von Seuchen.

Es lässt sich nicht genau sagen, welche von Karls zahlreichen Problemen tatsächlich auf Inzucht zurückgingen – das wüssten wir nur, wenn wir Zugang zu seiner DNA hätten –, aber der verworrene Familienstammbaum des armen Karl ist aufschlussreich. Sein Vater, Philipp IV. von Spanien, war auch der Onkel seiner Mutter, Maria Anna von Österreich. Maria Anna war wiederum die Tochter von Ferdinand III., Kaiser des Heiligen Römischen Reiches, und seiner Frau Maria Anna von Spanien, die gleichzeitig Ferdinands Cousine ersten Grades wie auch die Schwester von Philipp IV., also Karls Vater, war. Philipp IV. war wiederum der Sohn von Philipp III. und seiner Cousine zweiten Grades, Margarete von Österreich, die auch die Schwester von Kaiser Ferdinand II. war. Dieser Ferdinand heiratete seine Cousine ersten Grades, Maria Anna von Bayern, Spross einer Verbindung von Cousin und Cousine zweiten Grades, und ihr Nachkomme war Ferdinand III. Ferdinand II. wiederum war der Nachkomme einer Verbindung von Onkel und Nichte, ebenso Philipp III. Karls Stammbaum erinnert damit weniger an eine Ahnentafel als an ein Wollknäuel, das von einem Wurf Kätzchen attackiert wurde.

Eine stark inzüchtige Population kann die Last durch Erbkrankheiten unter Umständen überwinden, da alle Träger von Erbkrankheiten irgendwann ohne Nachkommen aussterben. Das war offenbar bei den Habsburgern der Fall, die in der Frühphase ihrer jahrhundertelangen Herrschaft (1450–1600) anscheinend anfälliger für Inzuchtdepression waren als später (1600–1800). Bei rezessiven Gendefekten kann es allerdings sehr lange dauern, bis sie sich allmählich verlieren. Die emotionalen und persönlichen Kosten sind kaum vorstellbar. Selbst wenn es der Population gelingt, ein Aussterben zu vermeiden, ist die resultierende Gruppe genetisch bemerkenswert ähnlich. Dann ist es noch wichtiger, Geschlechtspartner außerhalb der Gruppe zu finden, sonst kann es passieren, dass die ganze, genetisch recht homogene Sippe von irgendeiner neuen Krankheit oder einer ähnlichen Katastrophe ausgelöscht wird.

Oder die Sippe stirbt einfach deshalb aus, weil die überlebenden Mitglieder zu kränklich sind, um Nachwuchs zu zeugen, der bis ins Fortpflanzungsalter überlebt, oder wie im Fall von Karl II. überhaupt Nachkommen zu produzieren.

Der Fall der Habsburger ist nur insofern außergewöhnlich, weil er so gut dokumentiert ist – schließlich handelte es sich um den Stammbaum der damals mächtigsten Herrscherdynastie in Europa. Ehen unter Blutsverwandten (also Personen, die Cousine/Cousin 2. Grades oder noch näher verwandt sind) kommen in vielen Teilen von Afrika und Asien durchaus häufig vor. Eine Studie unter 5000 Armeeangehörigen in Pakistan ergab beispielsweise, dass mehr als drei Viertel aller Ehen (77 Prozent) zwischen (nahen) Blutsverwandten geschlossen wurden, darunter nicht weniger als 62,5 Prozent zwischen Cousins und Cousinen 1. Grades – und dies, obwohl der Nachwuchs, verglichen mit Kindern nicht nahe verwandter Eltern, einen höheren Anteil an angeborenen genetischen Defekten aufwies.[55] Das ist kein Einzelfall. Nur in den heutigen westlichen Gesellschaften wird die Ehe zwischen nahen Verwandten missbilligt, und das vermutlich auch erst, seit in der westlichen Wissenschaft und Medizin mehr über Vererbungsmechanismen bekannt ist. Vielleicht ist es eine Ironie der Geschichte, dass Charles Darwin, der Vater der Evolutionstheorie – der sich der Auswirkungen von Inzucht durchaus bewusst war –, seine Cousine ersten Grades, Emma Wedgewood, heiratete. Die Darwins und die Wedgewoods waren durch eine ganze Reihe von Eheschließungen miteinander verbunden, darunter einige unter nahen Blutsverwandten. Möglicherweise stand die hohe Sterblichkeit von Emmas und Charles' Nachkommen (drei von zehn Kindern starben jung) mit Inzuchtdepression in Zusammenhang – eine Möglichkeit, der sich Darwin nur allzu bewusst war.[56]

Für frühe Hominninen war es zweifellos überlebenswichtig, Geschlechtspartner außerhalb der eigenen Gruppe zu finden. Bei Primaten sind es tendenziell die Weibchen, die sich mit Männchen außerhalb der eigenen Gruppe paaren und anschließend bei der Sippe ihrer Partner bleiben. Soweit bekannt, galt das auch für die *Australopithecinen*[57] und die Neandertaler.[58] Vermutlich trafen sich kleine Gruppen gelegentlich bei Feiern, um zu singen, zu tanzen, unglaubliche Geschichten auszutauschen und vor allem ihre jungen Leute unter die Haube zu bringen. Aber wenn die Bevölkerungsdichte zu gering wird und die Gruppen so weit voneinander entfernt leben, dass sie den Kontakt verlieren, werden sie auf ihre eigenen Ressourcen zurückgeworfen. Dann erlischt eine Gruppe nach der anderen, bis sie alle verschwunden sind.

Etwa um dieselbe Zeit, als die Neandertaler in Europa auftauchten, betrat unsere eigene Art, *Homo sapiens*, in Afrika die Bühne des Lebens. Der früheste Beleg dafür stammt aus Marokko und ist rund 315 000 Jahre alt.[59] Damals war *Homo sapiens* nur eine Art unter vielen. Selbst in Afrika lebten noch andere Arten wie *Homo rhodesiensis*, *Homo naledi* und vielleicht noch viele weitere, die in kleinen Gruppen über diesen riesigen Kontinent verstreut waren. Wer hätte damals vorausahnen können, dass ausgerechnet *Homo sapiens* eines Tages die ganze Erde beherrschen und alle anderen Hominininen – und vieles mehr – auslöschen würde?

3
Letzter unter Gleichen

> Und wenn das neunte und zehnte Jahrhundert die Zeit der Finsternis gewesen ist, war das dreizehnte und vierzehnte Jahrhundert die Periode des Unsinns und der Fabel.
>
> EDWARD GIBBON
> *Verfall und Untergang des römischen Imperiums*

Über Jahrmillionen sind magere, kostbare Fragmente versteinerter Knochen fast alles, was uns der Fossilbericht über die Hominінen-Evolution sagen kann. Was die Evolution unserer eigenen Art, *Homo sapiens*, angeht, können wir uns zum Glück auch auf andere Belege stützen – auf die Genetik der heute lebenden Menschen.[60]

Unsere Gene geben uns direkt Auskunft über unsere Herkunft. Auch wenn der Versuch, aus unseren Genen Rückschlüsse auf unsere Vorfahren zu ziehen, voller Probleme steckt, ist es dennoch möglich, im genetischen Code von heute lebenden Menschen Hinweise auf unsere Stammesgeschichte zu finden. Genau darum geht es in einer 1987 veröffentlichten Arbeit von Allan Wilson, einem inzwischen verstorbenen Pionier der modernen Genetik, und seinen Kollegen Rebecca Cann und Mark Stoneking. Ihre Methode basiert auf der Tatsache, dass sich genetisches Material im Lauf der Evolution durch Mutationen verändert, und zwar mit einer Rate, die sich abschätzen lässt. Wilson und Kollegen katalogisierten die Ähnlichkeiten und Unterschiede zwischen dem genetischen Material von 147 lebenden Menschen. Sie konnten zeigen, dass sich die Herkunft aller modernen Menschen nach Afrika zurückverfolgen ließ, speziell zu einer Frau, die vor rund 200 000 Jahren lebte. Es bedurfte nicht viel Fantasie, um ihr einen Namen zu geben – «Eva».[61]

Aber bevor wir uns zu stark von biblischer Symbolik mitreißen lassen, lassen Sie uns einen Schritt zurücktreten. Zunächst einmal, was versteht man unter dem genetischen Code?

In jeder Zelle unseres Körpers – und wir besitzen Billionen von Zellen – gibt es einen Kern (Nucleus).[62] Im Inneren dieses Kerns verbirgt sich eine Art winziges Buch, das die Anweisungen für Gesundheit und Unterhalt von Zellen, Geweben und Körpern enthält. Dieses Buch hat die Form eines langkettigen Moleküls, das DNA genannt wird, bestehend aus vier chemischen Buchstaben, sogenannten Basen, die in unterschiedlicher Folge angeordnet sind, sodass sie chemische Sätze bilden. Jeder Satz in diesem Buch ist ein Gen. In Ihrem Rezeptbuch gibt es etwa 30 000 Gene, die in mehr als drei Milliarden Basen niedergeschrieben sind.[63] Von jedem Gen gibt es zwei Kopien – eine geerbt von Ihrem Vater, die andere von Ihrer Mutter. Das ist Ihre Kern-DNA, auch nukleäre DNA genannt.

Aber jede Zelle enthält noch mehr DNA – viele Tausend Kopien einer viel kürzeren, 16 569 Basen langen, sogenannten mitochondrialen DNA, die in Zellorganellen außerhalb des Zellkerns liegt, den Mitochondrien. Ihre mitochondriale DNA erben Sie ausschließlich von Ihrer Mutter. Wilson und seine Kollegen rekonstruierten die menschliche Abstammung anhand der mitochondrialen DNA; sie hatten also keinen Stammbaum als solchen rekonstruiert, sondern eine Matrilinie, eine Abfolge von Müttern. Daher «Eva», oder genauer, eine «mitochondriale Eva». Wie sie zeigten, waren sämtliche mitochondrialen DNA-Sequenzen, die von Menschen europäischer oder asiatischer Herkunft stammten, Seitenlinien eines viel größeren Baumes, der ausschließlich afrikanische Wurzeln hatte. Das war ein Indikator dafür, dass die Urahnin aller außerhalb von Afrika lebenden Menschen – und auch aller modernen Menschen innerhalb von Afrika – Afrikanerin gewesen war.

Die mitochondriale Eva war jedoch nicht die einzige Frau ihrer Zeit. Es gab viele andere Frauen – Mütter, Schwestern, Töchter –, doch sie hinterließen keine Nachkommen oder vielmehr keine, die bis in unsere Tage überlebten. Zu allen Zeiten haben Aussterbeereignisse einen hohen Tribut von der Menschheit gefordert, sodass fast alle einst existierenden Linien inzwischen verschwunden sind. Das erweckt in der Rückschau den Eindruck, es habe nur eine einzige Urahnin der Menschheit gegeben. Natürlich war Eva auch nicht die erste Vorfahrin, sie war selbst Nachfahrin unzähliger Generationen von Homininen. Was sie auszeichnet, ist allein die Tatsache, dass sie die letzte gemeinsame Vorfahrin aller modernen Menschen ist.

Weder war Eva die erste Frau, noch zu ihrer Zeit von besonderer Wichtigkeit. Sie hatte keinen Heiligenschein auf dem Kopf oder kein Zeichen auf der Stirn, die anzeigten, dass sie unter all ihren Schwestern die einzige sein würde, von der 200 000 Jahre später noch Nachkommen existierten. Vielleicht hatte sie einen winzigen Selektionsvorteil, zu klein, um ihn damals zu sehen, der sich aber im Lauf der Generationen auszahlen sollte. Vielleicht hatte sie aber auch einfach nur Glück.

Um dies in die richtige Perspektive zu setzen, hier ein modernes Gedankenexperiment: Stellen Sie sich vor, dass im heutigen Afrika eine Frau lebt, die eine natürliche Immunität gegen das Humane Immundefizienz-Virus 1 (HIV-1) aufweist, das Virus, das das Erworbene Immunschwächesyndrom (Aids) auslöst. Dieser kleine Vorteil könnte sich im Lauf von Generationen so auswirken, dass in einigen Tausend Jahren alle Menschen diese Frau zu ihren Vorfahren zählen könnten.[64]

Aber das würde sie nicht wissen. Ebenso wenig wie ihre beste Freundin, ebenfalls immun gegen HIV-1, die warum auch immer kinderlos stirbt und daher keine Nachkommen hinterlässt.

Die Studie von Wilson und Kollegen war durch die damalige Technologie eingeschränkt, denn man konnte nur die relativ kurzen «Rezepte» (Sequenzen) der mitochondrialen DNA lesen. Inzwischen ist es jedoch möglich, auch die nukleäre DNA zu entziffern. Am 12. Februar 2001 verkündete die Leitung des Humangenom-Projekts, dass die gesamte Sequenz der nukleären DNA des menschlichen Genoms – alle drei Milliarden Basen – entschlüsselt worden sei. Damals wurde das multinationale Multimillionen-Dollar-Projekt mit dem Apollo-Projekt der 1960er-Jahre verglichen, dessen Ziel die Landung von Menschen auf dem Mond gewesen war. Mehr als zwei Jahrzehnte später ist dank rascher Fortschritte in der DNA-Technologie das Entschlüsseln nukleärer DNA beinahe zur Routine geworden. Die Resultate bestätigen insgesamt die Erkenntnisse der Wilson-Gruppe. Das heißt: Alle modernen Menschen stammen von Vorfahren ab, die aus Afrika kamen.

Aber wenn es eine Eva gab, gab es dann nicht auch einen Adam? Ein Abschnitt der nukleären DNA, das Y-Chromosom, wird stets vom Vater an den Sohn weitergegeben. Verfolgt man die Geschichte des Y-Chromosoms, so stellt man fest, dass es tatsächlich einen «Adam des Y-Chromosoms» gab – einen patrilinearen gemeinsamen Stammvater aller heute lebenden Menschen. Doch er lebte etwas früher als Eva, möglicherweise zu einer Zeit, als *Homo sapiens* gerade dabei war, sich zu einer eigenständigen Art zu entwickeln. Der Y-chromosomale Adam und die mitochondriale Eva würden sich nie getroffen haben.

Der Wilson-Artikel wurde veröffentlicht, kurz bevor ich zum Team der Wissenschaftszeitschrift *Nature* stieß. Ich war noch immer Doktorand an der University of Cambridge, arbeitete aber viel in den Sammlungen des Natural History Museum in London. Dort traf ich Chris Stringer, einen Experten für den Ursprung unserer Art, und lernte ihn besser kennen. Er vertrat schon lange die Out of Africa-Hypothese, die besagt, dass alle modernen Menschen (also *Homo sapiens*) ausschließlich von afrikanischen Vorfahren abstammen. Menschen wanderten aus Afrika aus und ersetzten alle anderen Homininen weltweit, sodass schließlich nur *Homo sapiens* übrig blieb. Dem entgegen stand die multiregionale Hypothese, der zufolge sich Menschen in vielen Regionen Eurasiens entwickelten, aber durch wiederholte Kreuzungen – also Vermischung zwischen verschiedenen Menschenarten – schließlich zu einer einzigen Art wurden. Ich erinnere mich noch, dass ich mit Chris in der Londoner U-Bahn darüber diskutierte, wie Wilsons Arbeit seine eigenen Ideen bestätigte, die auf dem Vergleich von fossilen Überresten stammesgeschichtlich alter Homininen beruhten. Die Lage ist inzwischen etwas komplexer geworden. Ja, moderne Menschen stammen zweifellos aus Afrika, doch sie ersetzten die bereits in anderen Teilen der Welt lebenden Homininen nicht vollständig. In einigen Fällen kreuzten sie sich mit ihnen.

*

Hinter jedem lebenden Menschen stehen dreißig Geister, schrieb der Schriftsteller Arthur C. Clark in *2001: Odyssee im Weltraum*. In gewisser Weise beschwören wir die Schatten unserer Vorfahren, wenn wir menschliche Gene untersuchen, können diese Schatten aber nicht in Fleisch und Blut kleiden. An dieser Stelle kommen die Fossilien ins Spiel – unter dem frustrierenden Vorbehalt, dass Fossilien per se nicht unbedingt einen Vorfahren irgendeines modernen Menschen repräsentieren müssen.

Die ältesten Fossilien, die sich – wenn auch nur gerade so – unserer eigenen Art zuordnen lassen, sind mehrere Schädel aus Djebel Irhoud, einer Fundstelle in Marokko.[65] Die Schädel wirken im Vergleich zu denjenigen moderner Menschen massig und archaisch. Der Schädel heute lebender Menschen ist länglich, der Hirnschädel rund: mit einer kleinen Gesichtspartie, über die sich die Stirn wölbt, einer ausgeprägten Kinnpartie und nicht besonders stark entwickelten Überaugenwülsten. Die Schädel von Djebel Irhoud sind ihnen sehr ähnlich, aber doch nicht ganz so gebaut, und einige sehen eindeutig Neandertaler-Schädeln ähnlich: länglich und flach, mit großer Gesichtspartie und auffälligen Überaugenwülsten. Die Menschen, von denen diese Schädel stammen, lebten vor rund 315 000 Jahren,[66] also etwa zur selben Zeit, als sich die ersten Neandertaler entwickelten und andere Hominінenarten, wie *Homo rhodesiensis* und *Homo naledi*, in Afrika lebten. Möglicherweise können Neandertaler und *Homo sapiens* ihre Herkunft auf einen Vorfahren wie *Homo antecessor* oder einen nahen Verwandten zurückführen, der vor rund 800 000 Jahren lebte.[67] Seine fossilen Überreste zeigen eine primitive Schädelform, aber ein bemerkenswert menschliches Gesicht. Wollten wir Vermutungen darüber anstellen, welche Spezies die Fußabdrücke[68] und die Steinwerkzeuge[69] in Happisburgh in Norfolk hinterlassen hat, dann könnten wir auf *Homo antecessor* tippen.

Hunderttausend Jahre und mehr sollten vergehen, bis *Homo sapiens* weitere physische Visitenkarten hinterließ. Dabei handelt es sich um zwei Schädel aus Kibish in Äthiopien, von denen der eine menschlicher als der andere aussieht, beide rund 200 000 Jahre alt.[70] Ferner fand sich ein weiterer, vielleicht 160 000 Jahre alter Schädel aus Herto, ebenfalls in Äthiopien, der einem *Homo-sapiens*-Schädel stärker ähnelt als irgendeinem anderen Schädel, aber dennoch eine archaischere Form hat.[71] Aus all dem wird deutlich, dass *Homo sapiens* als eine Art Rohdiamant begann, der von der Evolution langsam in Form geschliffen wurde. Weitere hundert Jahrtausende sollten vergehen, bis ein Exemplar von *Homo sapiens* auftauchte, das heutzutage in einer Menschenmenge nicht weiter aufgefallen wäre.

Was man aus diesen höchst spärlichen Überresten von Menschen in Afrika aus der frühesten Phase der Evolution unserer eigenen Spezies lernen kann, ist erstens – und wieder einmal –, dass Menschen schon immer selten waren. Es ist nicht so, als ob Fossilien aus jener Zeit an sich selten wären. Fossilien von Antilopen, verschiedenen Wildschweinarten, Fischen und Krokodilen gibt es in Hülle und Fülle – ganz ähnlich der typischen afrikanischen Fauna von heute. Im Jahr 1998 besuchte ich ein Paläontologenteam, das am Westufer des Turkana-Sees nach Fossilien in Sedimenten suchte, die vor mehr als drei Millionen Jahren abgelagert worden waren. Dort stießen die Forscher auf so viele Fossilien von Welsen, Schildkröten und Krokodilen, dass sich eine genauere Untersuchung kaum lohnte. Fossilien von Schweinen und antilopenähnlichen Tieren wurde lediglich flüchtige Aufmerksamkeit geschenkt. Die gesamte Ausbeute an Homininen-Fossilien – fast alles Zahnfragmente – passte hingegen in eine (sehr kleine) Blechdose.[72]

Zweitens zeigen die frühen Fossilien von *Homo sapiens* zeitlich wie auch räumlich eine außergewöhnliche Variabilität. Das spricht ebenfalls für eine Spezies, die in kleinen, weit verstreuten Gruppen lebt. Jede Gruppe hatte vermutlich ihre eigenen Tics, ihre eigenen Macken, ihre eigenen seltsamen Familienähnlichkeiten, ihre eigene Anfälligkeit für Krankheiten. Aber wie bei allen Primaten bemühten sich die Männchen um Geschlechtspartnerinnen aus anderen Sippen. Und dieser genetische Austausch sorgte dafür, dass das ganze fragile soziale Netzwerk nicht in unzusammenhängende Gruppen zerfiel, die immer stärker inzüchtig wurden, bis eine nach der anderen ausstarb.

Drittens, und das ist im Rahmen dieses Buches am wichtigsten, sind Tiere, die in kleinen Gruppen leben, nicht nur durch Inzucht gefährdet, sondern fallen zudem leicht Zufallsereignissen zum Opfer. Eine plötzliche Sturzflut kann die ganze Gruppe hinwegreißen. Und in einem Klima, das immer trockener wurde, sodass jagdbares Wild immer schwerer zu finden war, waren solche Kleingruppen durch Dürre oder Hungersnot immer vom Aussterben bedroht.

Von Zeit zu Zeit wagten sich diese frühen Vertreter unserer Spezies – sie waren eher unfertige Prototypen – aus Afrika hinaus. Alle derartigen Abenteuer endeten mit dem Erlöschen der Gruppe. Eine der ersten Exkursionen führte nach Europa – ein Schädel aus Griechenland spricht dafür, dass *Homo sapiens* dort vor rund 210 000 Jahren einen Brückenkopf gebildet hatte.[73] In der Levante, nur einen Steinwurf von Afrika entfernt, kam es wiederholt zu Besuchen von *Homo sapiens*, die aber zunächst nichts als Stippvisiten waren. Wie Höhlenfunde im Karmel-Gebirge in Israel zeigen, drangen moderne Menschen aus Afrika gelegentlich in ein Eurasien vor, das von Neandertalern dominiert wurde. Dies belegen mehr als 90 000 Jahre alte menschliche Überreste in Höhlen wie Skhul und Qafzeh.[74] Frühe Ausbreitungsbewegungen rund um den Indischen Ozean führten dazu, dass *Homo sapiens* bereits vor 65 000 Jahren in Australien[75] auftauchte, ebenso in Sumatra (vor 65 000–73 000 Jahren)[76] und China (vor mehr als 80 000 Jahren),[77] auch wenn diese Populationen höchstwahrscheinlich ausstarben und durch spätere Ausbreitungsbewegungen aus Afrika ersetzt wurden.

Überall, wohin *Homo sapiens* ging, traf er auf seine Cousins und Cousinen, die Nachkommen weitaus früherer Migrationen von *Homo erectus*. In Afrika lebten noch weitere Homininen-Spezies, vielleicht bis in geologisch jüngere Zeit. Jenseits von Afrika traf *Homo sapiens* in Europa und im westlichen Asien auf die Neandertaler, im östlichen und südöstlichen Asien auf die Denisova-Menschen. Und wo sie sich trafen, dort kreuzten sie sich.

Man kann die Gene moderner Menschen verwenden, um die Stammbäume unbekannter Vorfahren («Geisterstammbäume») zu rekonstruieren. Fossile Überreste zeigen, wie Frühmenschen aussahen, aber Knochen allein können über die eigentliche Abstammung nicht viel Spezifisches aussagen – jeder fossile Mensch, der entdeckt wird, *könnte* Ihr direkter Vorfahr gewesen sein, doch das lässt sich nicht mit Sicherheit sagen.[78] Mit Sicherheit lässt sich von einem Fossil höchstens sagen, dass es Ihr Cousin x-ten Grades ist. Dank Genomsequenzierung ist es jedoch möglich, DNA aus fossilen Knochen zu gewinnen, und das hat in den letzten Jahren ganz neue Einblicke in den menschlichen Stammbaum ermöglicht.

Die Extraktion der vollständigen mitochondrialen DNA-Sequenz eines Neandertalers, die Svante Pääbo und seinem Team nur zehn Jahre nach dem Artikel über die «mitochondriale Eva» gelang, war ein Meilenstein.[79] (Für seine Pionierarbeit zur Gewinnung der sogenannten alten DNA (aDNA) erhielt Pääbo den Nobelpreis.) Seitdem sind viele vollständige nukleäre DNA-Sequenzen (oder «Genome») ausgelesen worden, und sie zeigen, dass Neandertaler in kleinen Gruppen lebten und zur Inzucht neigten.

Seit Pääbos Pionierarbeit hat die Technik zur Gewinnung kleiner, alter und fragiler aDNA-Fragmente enorme Fortschritte gemacht. Inzwischen kann man Kerngenome aus Knochenstückchen extrahieren und entschlüsseln, die so klein und so undefinierbar sind, dass sie sich aufgrund ihres Aussehens keiner bestimmten Art zuordnen lassen. Als sich daher herausstellte, dass die DNA aus einem reiskorngroßen Stückchen Fingerknochen eines Homininen von einer bislang unbekannten Art stammte, war das eine Sensation.[80] Dieser Hominine hatte einst in einer Höhle namens Denisova im sibirischen Altai-Gebirge gelebt. Die Linie dieser Spezies, informell als Denisova-Menschen bezeichnet, trennte sich von der Neandertaler-Linie, nachdem sich die gemeinsame Linie der beiden von der *Homo-sapiens*-Linie getrennt hatte. Denisova-Menschen und Neandertaler waren Cousins und Cousinen ersten Grades.

Der Schocker ist jedoch, dass der moderne *Homo sapiens* das Produkt einer Kreuzung mit Neandertalern, Denisova-Menschen sowie anderen Homininen-Arten ist. Letztere sind bis auf die verborgenen Spuren, die sie in der DNA heutiger Menschen hinterlassen haben, unbekannt geblieben.

Nach einer Evolution in Afrika, die rund 250 000 Jahre währte, und gelegentlichen Migrationen, die alle letztlich fehlschlugen, war *Homo sapiens* bereit für den nächsten Schritt: Eine kleine *Homo-sapiens*-Gruppe – vielleicht auch mehrere kleine, eng verwandte Sippen – verließ vor 40 000 bis 60 000 Jahren Afrika, und im Lauf der Zeit sollte *Homo sapiens* sämtliche anderen menschlichen und Homininen-Gruppen auf der ganzen Welt ersetzen.

Homo sapiens besiedelte Europa vor rund 47 000 Jahren; er kam von Süden (durch Italien) und von Osten (längs der Donau, durch das heutige Bulgarien und Rumänien).[81] Unterwegs stießen diese Gruppen auf Neandertaler und kreuzten sich gelegentlich mit ihnen. Die DNA eines frühen modernen *Homo sapiens*, der vor rund 40 000 Jahren in Rumänien lebte, zeigt, dass einer seiner Urgroßeltern Neandertaler gewesen war.[82] Und das war offenbar kein Einzelfall.[83] Heutzutage stammen etwa 2 Prozent der DNA eines jeden Menschen, der nicht ausschließlich afrikanischer Herkunft ist, von Neandertalern. Einstmals war der Prozentsatz sicherlich höher, doch die natürliche Selektion hat seitdem sämtliche Neandertaler-Gene «ausgejätet», die einen schädlichen Einfluss hatten oder negative Mutationen trugen. Da Neandertaler-Populationen stets klein waren, war die Belastung durch negative Mutationen recht hoch.

Auch Denisova-Menschen trugen eine Handvoll Gene zum Genom moderner Menschen bei, vor allem in Ost- und Südost-Asien, beispielsweise das Gen, das modernen Tibetern erlaubt, in großen Höhenlagen zu überleben und gedeihen.[84] Wie bereits erwähnt, finden sich in der DNA moderner Menschen faszinierende Hinweise auf lange zurückliegende Vermischungen mit Homininen, die ohne Fossilbericht ausgestorben sind; von ihrer Existenz wissen wir nur aufgrund der DNA, die sie zum Genom des modernen Menschen beigesteuert haben.[85] Einige Denisova-Genome sprechen für Kreuzungen mit einer noch älteren Homoninenart, vielleicht vor einer Million Jahre. Möglicherweise handelte es sich dabei um *Homo antecessor*.

Nur ein kleiner Bruchteil der Menschengruppen, die ursprünglich in Afrika entstanden, wanderte aus. Wie die Untersuchungen von Allan Wilson und Kollegen an mitochondrialer DNA zeigten, repräsentieren sämtliche modernen Menschen außerhalb Afrikas nur *eine* Seitenlinie in einem viel komplexeren Bild, wie es sich in Afrika selbst darstellt. Afrika ist und war stets der vielfältigste Kontinent, was Gestalt und Form der Menschengruppen betrifft, die sich in der Evolution herausgebildet haben. *Homo sapiens* hat sich offenbar über eine lange Zeitspanne aus einem allmählichen Zusammenwachsen recht unterschiedlicher Formen entwickelt und ist wohl lange eine «Spezies im Wartestand» gewesen. Währenddessen forderten Klimaveränderungen ihren Tribut von den kleinen, weit verstreuten Gruppen verschiedenartiger Sippen. Durch lange Zeitabschnitte mit ariden Bedingungen (korrespondierend mit den Eiszeiten in Europa) wurden die Verbindungen zwischen Bevölkerungsgruppen unterbrochen, sodass jede sich in ihrer eigenen Weise entwickelte. Kurze, warme Zwischenzeiten boten hingegen möglicherweise Erholungsphasen und ermöglichten es den Gruppen, sich wieder zu treffen.[86]

Die Beziehungen moderner Menschen zu älteren Entwicklungslinien innerhalb Afrikas liegen im Dunkeln. Sagt uns beispielsweise die alte Hominineninie, vertreten von *Homo rhodesiensis*, der vor rund 300 000 Jahren lebte,[87] irgendetwas über die Ursprünge des Menschen? Die Fossilien sind stumm, daher müssen wir ihre Geschichte erzählen. Aber welche Geschichte sollte das sein? Wir haben, wie gewöhnlich, nur wenige und schwer zu deutende Hinweise, doch sie sprechen dafür, dass die Vielfalt menschlicher Formen in Afrika einst größer war als heute.

Vor rund 20 000 Jahren, als die jüngste Eiszeit in Europa und Nordamerika ihren Höhepunkt gerade überschritten hatte, lebte eine Gemeinschaft von Fischern an einem Ort, der heute Ishango heißt und in der Demokratischen Republik Kongo liegt.[88] Auch wenn dies aus geologischer Sicht nur ein Wimpernschlag ist, waren die Leute von Ishango nach modernen Standards ungewöhnlich: Sie besaßen massige, schwer gebaute Schädel, die stärker an die weitaus älteren Formen aus der Levante erinnerten, beispielsweise die frühen *Homo-sapiens*-Überreste aus Skhul und Qafzeh. Etwa um dieselbe Zeit lebte eine Gruppe von Leuten im heutigen Lukenya Hill in Kenia; ihre Schädel erinnerten in ihrer Form, Dicke und der Präsenz von stark ausgeprägten Überaugenwülsten an eine viel frühere Periode der Frühgeschichte.[89] Auf 35 000 bis 40 000 Jahren vor heute datiert, also etwas älter, ist das Skelett eines jungen Arbeiters, das in Ägypten gefunden wurde: Es war bei einer ehemaligen Feuersteinmine begraben. Auch dieser junge Mann – er verrichtete schwere körperliche Arbeit und war stämmig und robust gebaut – wies die ausgeprägten Überaugenwülste einer früheren Epoche auf.[90] Und in noch jüngerer Zeit, vor vielleicht 14 000 Jahren, wurde eine Person in Iho Eleru im Südwesten von Nigeria begraben, rund 200 Kilometer östlich der Stelle, wo eines Tages die Megacity von Lagos entstehen sollte.[91] Diese Person hatte einen länglichen, niedrigen Schädel und erinnerte damit stärker an die frühen *Homo-sapiens*-Schädel von Skhul und Qafzeh – oder an die Schädel der Fischer von Ishango – als an jemanden, der, geologisch gesehen, an der Schwelle zu modernen Zeiten lebte. Offenbar tauchten in ganz Afrika immer wieder Menschen auf, die in ihrer Formen stark von dem abwichen, was wir als modern ansehen würden. Das zeigt entweder, dass die Spannbreite menschlicher Formen in Afrika früher größer war als heute, oder dass in Afrika bis vor relativ kurzer Zeit stammesgeschichtlich alte Menschenformen lebten.

Offenbar enthält die DNA moderner Afrikaner eine kleine Beimischung (rund 2 Prozent) einer ansonsten unbekannten Homininen-Art, die sich vor etwa 700 000 Jahren von der Ahnenreihe des modernen Menschen trennte – ganz ähnlich, wie die DNA moderner Nicht-Afrikaner ein wenig Neandertaler- und Denisova-DNA enthält. Diese oben erwähnte DNA gelangte vor rund 35 000 Jahren in das Genom der Vorfahren moderner Afrikaner[92] – das ergibt angesichts der archaischen Form und des relativ geringen Alters menschlicher Überreste aus Iho Eleru, Ishango und anderswo durchaus Sinn.

Die vielfältigste Menschengruppe unserer modernen Welt bilden die Khoisan im südlichen Afrika. Untersuchungen alter DNA (aDNA) sprechen dafür, dass die als Jäger und Sammler lebenden Khoisan einstmals viel weiter verbreitet waren und nach und nach von Hirtenvölkern aus ihrem früheren Streifgebiet größtenteils verdrängt wurden. Allerdings gibt es in Westafrika eine Spur einer phylogenetisch alten Entwicklungslinie,[93] die von späteren Populationen fast völlig ausgelöscht wurde. Offenbar bewahrt Afrika eine tiefe und komplexe Struktur der *Homo-sapiens*-Linien; die winzige Population, die zwischen 60 000 und 40 000 Jahren vor heute aufbrach, um den Rest der Welt zu erobern, stellte nur einen schmalen Ausschnitt dieser genetischen Vielfalt dar. Jenseits von Afrika tilgten die Auswanderer mit der Zeit fast alle Spuren der diversen Homininengruppen, die einst dort lebten. Heute ist die menschliche Vielfalt in Afrika nirgendwo mehr auch nur annähernd so groß, wie sie noch vor 20 000 Jahren war. Auch dort fand die Homogenisierung von *Homo sapiens* statt. Und so war *Homo sapiens* vor rund 50 000 Jahren – abgesehen von einigen wenigen, zusehends verschwindenden Ausreißern – der Letzte der Homininen, der *letzte Überlebende*.

4
Der letzte Überlebende

> Commodus tötete einen Kamelopard, eine Giraffe, das größte, sanfteste und nutzloseste Tier unter den großen Vierfüßlern. Dieses merkwürdige, nur im Innern Afrikas vorkommende Tier ist in Europa seit dem Wiederaufleben der Wissenschaft nicht mehr gesehen worden, und wenn Buffon (*Histoire naturelle*) sich auch bemüht hat, die Giraffe zu beschreiben, so hat er doch nicht gewagt, sie zu zeichnen.
>
> EDWARD GIBBON
> *Verfall und Untergang des römischen Imperiums*

Fast seine gesamte Geschichte hindurch war *Homo sapiens* außerordentlich selten. Kleine, weit verstreute Gruppen führten ein karges Leben, immer knapp eine Mahlzeit vorm Verhungern entfernt, knapp zwei Mahlzeiten vor dem Aussterben.

Mangel hat – neben der Gefahr des Verlöschens – noch einen weiteren Nachteil, und das ist der Mangel an Hirnschmalz. Es braucht ein ganzes Dorf, um ein Kind großzuziehen, heißt es, doch es braucht eine Bevölkerung von Millionen, um eine belesene, technisch hoch entwickelte Zivilisation zu schaffen. Isaac Newton entwickelte seine Theorie der Schwerkraft, als er einer von 500 Millionen Erdenbürgern war. Als Albert Einstein seine Spezielle Relativitätstheorie veröffentlichte, umfasste die Weltbevölkerung mehr als 1,6 Milliarden Menschen. Rund 96 Prozent seiner Existenz hat *Homo sapiens* mit Steinzeittechnologie mehr schlecht als recht überlebt. Derartige

Technologien erlauben stets nur kleinen Gruppen das Überleben – Populationen, denen jederzeit die Auslöschung droht. Größere Populationen ermöglichen eine gewisse Kontinuität, sodass Erfindungen und Traditionen von einer Generation an die nächste und die übernächste weitergegeben werden können, also nicht mit der Gruppe verschwinden und von Grund auf neu erfunden werden müssen. Größere Populationen bedeuten auch mehr Grips, mehr Unterhaltungen und Diskussionen, mehr Ideenaustausch, mehr Erfindungen. Als Newton meinte, er können nur deshalb weiter sehen, weil er auf den Schultern von Riesen stehe, war diese Metapher tiefsinniger, als er selbst wusste.

Erst nach Einführung von Ackerbau und Viehzucht und der damit verbundenen Sesshaftigkeit konnten die Populationen so stark wachsen, dass ein derartiger Austausch von Ideen möglich wurde. Plötzlich tauchten Dinge auf, die in der ganzen Vorgeschichte selten gewesen waren oder ganz gefehlt hatten – Metallarbeiten, Töpferwaren und das geschriebene Wort. Natürlich brachte die Sesshaftigkeit auch Probleme mit sich (Infektionskrankheiten, große kriegerische Auseinandersetzungen). Ohne sie und das Bevölkerungswachstum, die sie ermöglichte, wäre *Homo sapiens* jedoch auf ewig ein Jäger und Sammler geblieben, der in kleinen Gruppen lebte, in denen der Zuwachs an neuen Ideen quälend langsam verlief.

✷

Schauplatz ist eine Höhle am Strand der äußersten Südspitze von Afrika: Mit einem roten Ockerstift malt ein Mensch ein Muster aus gekreuzten Linien auf ein Felsfragment. Das ist die erste bekannte Zeichnung in der Geschichte, und sie ist 73 000 Jahre alt.[94] Damit ist sie 30 000 Jahre älter als alles, was wir an späteren Felszeichnungen – Höhlenmalereien in Europa und Indonesien – kennen. Das bemalte Felsfragment stammt aus der Blombos-Höhle und ist kein Einzelfall, sondern Teil des «Still Bay Technocomplex»; so bezeichnen Archäologen eine blühende prähistorische Kultur ganz im Süden von Südafrika, die vor 77 000 bis 73 000 Jahren existierte. Nicht weit entfernt, am sogenannten Pinnacle Point, stellten Menschen etwa um dieselbe Zeit aus hitzebehandelten Steinen offenbar kleine Pfeilspitzen her.[95] Die Nutzung von Pigmenten, Schmuck (wie Perlen aus Muschelschalen), raffinierten Werkzeugen aus Knochen und Distanzwaffen wie Pfeil und Bogen sind allesamt Entwicklungen, die Archäologen als Zeichen für Modernität ansehen.

Diese frühen Hinweise auf ein solch modernes Verhalten waren jedoch nicht die ersten.

In der Blombos-Höhle finden sich Anzeichen für Modernität in Schichten, die 30 000 Jahre *früher* als die Ockerzeichnungen datieren – also 100 000 Jahre vor heute. Dazu zählen geritzten Ockerstücke wie auch Abalone-Schalen, in denen Künstler ihre Ockerfarben mischten.[96] In den Schichten in der Blombos-Höhle zwischen der Pigmentwerkstatt und dem Still Bay Technocomplex finden sich jedoch keinerlei Anzeichen für geritzte Ockerstücke. Es wirkt so, als sei die Technik 30 000 Jahre lang – ein Zeitraum, sechs Mal so lang wie die Dauer der aufgezeichneten Weltgeschichte – verschwunden gewesen und habe dann neu erfunden werden müssen.

Möglicherweise wurde diese moderne Tradition nicht in der Blombos-Höhle, aber an anderen Orten weitergeführt und überliefert, doch entweder wurden diese bislang noch nicht entdeckt oder sie haben keine Spuren hinterlassen, die wir finden könnten. Man muss sich jedoch fragen, warum die frühe Modernität in Blombos offenbar völlig verschwand, statt weitergeführt zu werden. Möglicherweise starben die Menschen dort aus oder zogen in den dazwischenliegenden Jahrtausenden weiter. Da es hier um riesige Zeitspannen geht, ist eher ein lokales Aussterben zu vermuten, denn die Wahrscheinlichkeit, dass kleine, isolierte Populationen derart lange überdauern, ist äußerst gering.

Angesichts der langen Zeitspanne kann man sich zudem fragen, warum die Kultur – selbst, wenn sie tatsächlich unbemerkt zwischen 100 000 und 70 000 Jahren vor heute überdauerte – keine wesentlichen Fortschritte machte. 300 000 Jahre lang passierte gar nichts. Es ist sehr lehrreich, diese alten Kulturen mit der modernen Zeit zu vergleichen. Hier zum Beispiel eine persönliche Anekdote. Mein Onkel Henry[97] wurde 1904 in Potsdam, im Deutschen Kaiserreich, geboren, ein Jahr, nachdem die Gebrüder Wright an der Küste von Carolina ihren ersten Motorflug mit einem Kastendrachen durchführten. Als die ersten Menschen auf dem Mond landeten (Apollo 11, 1969), war mein Onkel erst 65 Jahre alt. Die Zeitspanne zwischen der Ockerwerkstatt in Blombos und dem Still Bay Technocomplex betrug fast das Fünfhundertfache, doch der Fortschritt zwischen beiden Eckdaten ist kaum messbar. Das heißt keineswegs, dass die Menschen der Steinzeit nicht intelligent waren. Ihre Gehirnkapazität war genauso groß wie die der heutigen Menschen. Was hielt sie also zurück?

Und wieder lautet die Antwort: die geringe Populationsgröße. Die Populationen waren zu klein, zu weit verstreut, und die Wahrscheinlichkeit, dass sie sang- und klanglos wieder verschwanden, war einfach zu groß, als dass sich neue Technologien hätten entwickeln und halten können. Neue Ideen, neue Erfindungen gingen verloren, bevor sie sich durchsetzen konnten, und mussten immer wieder neu entwickelt werden, bevor sie Wurzeln schlagen konnten. Die Weitergabe technischer Fertigkeiten vom Lehrenden zum Lernenden über Generationen erfordert ein Minimum an Menschen, die genügend eng beisammen wohnen, damit die jeweilige Fertigkeit Fuß fasst. Und je anspruchsvoller die betreffende Technik, desto größer die erforderliche Bevölkerungszahl und Bevölkerungsdichte.[98] Um Ocker zu mischen und Farben herzustellen, braucht man vielleicht einige Dutzend Fachkräfte und lernwilliger Lehrlinge. Für Raketentechnik braucht es hingegen eine Zivilisation mit Milliarden Menschen. Niemand weiß, wann der entscheidende Moment eintrat, an dem die Technologieentwicklung Schwung aufnahm. Dieser Moment kam genau dann, als die Populationen so groß oder so gut miteinander vernetzt waren, dass Traditionen aufrechterhalten und sogar weiterentwickelt werden konnten. Doch selbst dann war der Fortschritt nach heutigem Maßstab quälend langsam.

Er war jedoch immerhin so groß, dass *Homo sapiens* endlich aus Afrika auswandern konnte.

✶

Natürlich hatten unsere Vorfahren weder eine Vorstellung von einem Kontinent namens Afrika noch davon, dass sie im Begriff waren, ihn zu verlassen. Sie folgten lediglich dem Wild, auf das sie Jagd machten, oder suchten nach den Pflanzen, von denen sie sich ernährten, und schlugen ihr Lager dort auf, wo es ihnen gefiel. *Homo sapiens* begann seine Laufbahn als Bewohner von tropischen Savannen und Gehölzen in Wassernähe. *Homo sapiens* mied in der Regel Orte, die zu trocken (heiße Wüstengebiete) oder zu feucht (tropische Regenwälder) waren. Wie Robin Dennell in *From Arabia to the Pacific: How Our Species Colonised Asia* (etwa: «Von Arabien zum Pazifik: Wie unsere Art Asien besiedelte») schrieb, ist es eine Ironie der Geschichte, dass die Menschen, die am stärksten von den Eiszeiten der letzten Millionen Jahren beeinflusst wurden, niemals eine Eisscholle sahen oder eine Schneeflocke auf der Haut spürten. *Homo sapiens* entwickelte sich im offenen Grasland, das während eines Großteils der Eiszeit weite Teile von Afrika und Eurasien bedeckte. Es gab ein paar Ausnahmen: Als die Eisdecke im fernen Norden ihre größte Ausdehnung erreichte, trockneten die Savannen zu Wüsten aus: In den kürzeren Zwischeneiszeiten (Interglazialen) schmolz das Eis, der Meeresspiegel stieg, und selbst die Sahara und Arabien waren grün und wasserreich.[99] Was Klima und Habitat anging, bildete Afrika ein Kontinuum mit der Arabischen Halbinsel, der Levante und Südwestasien, das ostwärts bis in die Wüste Thar im Nordwesten von Indien reichte. Die ersten Menschen, die in diese Regionen einwanderten, ließen laut Dennell Afrika weniger hinter sich, als dass sie Afrika mitnahmen.

Auch wenn *Homo sapiens* im weiteren Sinne in Afrika seinen Ursprung nahm und sich recht schnell über den ganzen Kontinent (wie auch über dessen arabische und asiatische Erweiterungen) verbreitete, ist vielleicht überraschend, dass dies nicht schon viel früher geschah. Zur Debatte stand eine Art Klima-Achterbahn. In den kältesten Phasen des Eiszeitalters sank der Meeresspiegel um bis zu 120 Meter, sodass Menschen zuvor unzugängliche Inseln über Landbrücken erreichen konnten, die zuvor unter dem Meeresspiegel gelegen hatten, oder einstmals ausgedehnte Flussmündungen trockenen Fußes zu durchqueren. Die Menschen konnten die Levante stets über die Sinai-Halbinsel erreichen, doch es gab noch eine zweite Möglichkeit: Man konnte die schmale Meeresstraße von Bab el-Mandeb zwischen Afrika und der arabischen Halbinsel am Südende des Roten Meeres überqueren. An der schmalsten Stelle war die Meerenge damals wohl keine vier Kilometer breit und die Küste auf der anderen Seite für einen hochgewachsenen Menschen deutlich sichtbar. Aber zu diesen günstigen Zeiten war das Klima in Afrika heiß und trocken, und Wüsten wie die Sahara hätten eine Migration behindert. Als die Sahara und die arabische Halbinsel üppig grün waren, war der Meeresspiegel hingegen höher als heute, und einstmals leicht zu bewältigende Migrationsrouten lagen unter Wasser. Die Menschen mussten daher zur Auswanderung aus Afrika den optimalen Zeitpunkt finden – das Klima durfte weder so heiß sein, dass sich Wüsten bildeten, noch so feucht, dass die Wanderrouten überflutet waren.

Es gab noch ein weiteres Migrationshindernis, zumindest zunächst – die Zielregionen waren bereits besiedelt. Daher scheiterten die ersten Versuche, die Welt zu erobern. Wie bereits erwähnt, erreichten kleine *Homo-sapiens*-Gruppen vor rund 210 000 Jahren Griechenland und vor 90 000 Jahren Israel – Klima und Habitat dort ähnelten den damaligen afrikanischen Verhältnissen –, konnten sich aber nicht auf Dauer halten und verschwanden höchstwahrscheinlich so rasch wie Schnee im Sommer. In jenen Tagen war Europa fest in der Hand der Neandertaler. Klima und Geografie begünstigten Wanderungen aus Afrika entlang der Küsten des Indischen Ozeans und nach Südwestasien, wo die Herrschaft der Neandertaler langsam zu Ende ging.[100] Aber da alle modernen Menschen, die nicht rein afrikanischer Herkunft sind, eine kleine Menge an Neandertaler-DNA in sich tragen, waren wohl nicht alle Begegnungen zwischen *Homo sapiens* und Neandertalern feindlicher Natur. Doch ähnlich wie die ersten englischen Kolonien in Virginia und in North und South Carolina, die wegen Mangel an Siedlern, Krankheiten und Versorgungsproblemen zugrunde gingen, trugen diese ersten Auswanderungsversuche von *Homo sapiens* aus Afrika kaum etwas oder gar nichts zum Genpool des modernen Menschen bei.

Die «Neandertaler-Barriere» in Europa könnte erklären, warum *Homo sapiens* von Afrika zunächst in Richtung Südasien zog, bevor er sich nach Europa wandte. Die Faktenlage ist jedoch dünn. Einiges spricht dafür, dass *Homo sapiens* vor mehr als 300 000 Jahren Indien erreichte – denn an einem Ort namens Attirampakkam ganz im Süden der Halbinsel fand man einen Satz Steinwerkzeuge in der Erde.[101] Diese Artefakte könnten jedoch auch von indigenen Homininen wie *Homo erectus* stammen, die bereits sehr viel früher aus Afrika ausgewandert waren. Allgemein wird angenommen, dass *Homo sapiens* erst etwas später rund um den Indischen Ozean wanderte.

Es ist wichtig, sich klarzumachen, dass nicht all diese Wanderungen aus einer einzigen Migrationswelle entstanden, als handele es sich um die Israeliten in der biblischen Geschichte, die das Rote Meer durchquerten. Zweifellos kam es viele Male zur Auswanderung aus Afrika nach ganz Südasien und auch zu bedeutenden Rückwanderungen. Vor rund 70 000 Jahren kam es in Sumatra zum Ausbruch des Toba; der Ausbruch dieses Supervulkans war der heftigste der letzten zwei Millionen Jahre und fiel mit einer Klimaverschlechterung zum Ende der jüngsten Zwischeneiszeit zusammen. Möglicherweise wurden die Menschen in Südasien dadurch über mehrere Zehntausend Jahre von ihren Artgenossen in Afrika getrennt.

Homo sapiens unterschied sich von früheren Homininen, die Afrika verließen – vor allem *Homo erectus* – insofern, als er bereit war, die Vorliebe seiner Ahnen für das Leben in offenen tropischen Graslandschaften aufzugeben. Sicher, die Neandertaler hatten sich seit Langem an die eisige Kälte in Nordeuropa angepasst, und Homininen hatten vor rund 800 000 Jahren in England gelebt, wo das Klima damals nicht weniger kalt war als heute. Ein besonders herausfordernder Lebensraum war jedoch der tropische Regenwald, den Homininen tunlichst gemieden hatten – bis *Homo sapiens* kam. Regenwälder weisen zwar eine reiche Biodiversität auf, doch ist es schwierig, dort sein Leben zu fristen. Für eine Art, die gewohnt ist, großes Wild über weite Strecken in offenem Gelände zu verfolgen, ist der Regenwald ein völlig ungeeigneter Lebensraum. Die meisten Regenwaldbewohner sind klein und schwer zu entdecken (all die Pflanzen verstellen die Sicht), leben an schwer zugänglichen Stellen wie Baumwipfeln und sind unter Umständen giftig. Und auch wenn im Regenwald Pflanzen in Hülle und Fülle wachsen, sind viele davon unbehandelt ungenießbar und können erst verzehrt werden, wenn man sie entgiftet, was oft langwierig und kompliziert ist. Und dennoch lebte *Homo sapiens* vor mehr als 40 000 Jahren in den Regenwäldern von Sri Lanka und der südostasiatischen Inselwelten – etwas, das keine Homininenart je zuvor geschafft hatte. Wie Robin Dennell betonte, ist *Homo sapiens* eine einzigartig invasive Art[102] und drang kühn dorthin vor (wie jemand einmal in einem anderen Zusammenhang sagte), wohin bislang noch niemand vorgedrungen war.

Verstärkt wurde solche Unternehmungslust durch die Erfindung von Wasserfahrzeugen, die unverzichtbar waren, um die östlichen Teile des heutigen Indonesiens und von Australien zu besiedeln. Denn selbst als der Meeresspiegel auf seinen niedrigsten Stand fiel, besaßen viele Inseln keine Verbindung zum Festland. Während solcher Niedrigwasser-Perioden waren Borneo, Sumatra und Java mit dem südostasiatischen Festland verbunden, und von Südchina über Malaysia bis nach Java erstreckte sich ein Graslandgürtel. Zur selben Zeit bildeten Australien, Neuguinea und Tasmanien gemeinsam eine einzige große Landmasse. Die vielen Inseln dazwischen – wie Sulawesi, Flores und die Molukken – blieben jedoch ohne Landverbindung. Als der Meeresspiegel aber wieder stieg, schrumpften die Landmassen drastisch, und *Homo sapiens* war gezwungen, viel stärker auf marine Ressourcen zurückzugreifen, als er gewohnt war. Das zeigen frühe Artefakte wie Angelhaken und die Knochen großer Meeresfische in den archäologischen Ablagerungen.

Sulawesi war stets eine Insel, doch vor rund 40 000 Jahren kam es dort zu einer bemerkenswerten kulturellen Blüte, darunter auch Höhlenmalereien – Ockerzeichnungen großer Tiere an Höhlenwänden.[103] Ähnliche Höhlenmalereien wurden in Borneo[104] entdeckt; sie waren wohl etwa zur gleichen Zeit angefertigt worden. Diese Kunstwerke sind vermutlich genauso alt oder etwas älter als die berühmten Höhlenmalereien von Lascaux in Frankreich oder Altamira in Spanien. Von

Blombos bis Borneo, von Still Bay bis Sulawesi – wohin auch immer *Homo sapiens* ging, hinterließ er seine Spuren.

Vor rund 40 000 Jahren hatte *Homo sapiens* also die Inselwelt von Südostasien besiedelt und sogar das australische Festland erreicht. Er hatte gelernt, im feindlichen Regenwald zu überleben, und begonnen, lange Strecken per Boot übers Meer zurückzulegen.

Zur gleichen Zeit waren andere *Homo-sapiens*-Gruppen ins Innere von Zentralasien vorgedrungen. Die Steppen im südlichen Russland, der Mongolei, Nordchina und Sibirien hatten zwar mehr mit der afrikanischen Urheimat gemein als der Regenwald – weite offene Räume mit vielen Wildtieren, die man jagen konnte –, doch sie brachten ihre eigenen Herausforderungen mit sich, vor allem extreme Kälte. Ohne Obdach, Feuer und warme Kleidung hätte *Homo sapiens* diese harschen Umweltbedingungen nicht überleben können.

Die Erfindung der Kleidung hinterließ ihre Spur in der Evolution, wenn auch nicht so sehr bei *Homo sapiens* als bei seinen Parasiten. Die Kopflaus (*Pediculus humanus capitis*) lebt ausschließlich auf der menschlichen Kopfhaut, während die Kleider- oder Körperlaus (*Pediculus humanus corporis*) die Behaarung tiefer gelegenen Regionen sowie die Kleidung als Wohnsitz bevorzugt. Die beiden Unterarten haben einen gemeinsamen Vorfahren, und ihre Wege trennten sich vor rund 70 000 Jahren. Das fällt just mit der Zeit zusammen, als *Homo sapiens* Afrika verließ, und passt ganz gut zu dem Zeitpunkt, an dem die Kleidung vermutlich erfunden wurde.[105] Dank dieser Bekleidung konnten Menschen bald bis zum Nördlichen Eismeer vordringen. Das verlockende Ziel war der Wollmammut – eine reiche Quelle an Fleisch und Fett (Talg), Leder und Knochen, die man für Werkzeuge und sogar zum Bau von Unterkünften verwenden konnte. Dieser Preis wog die Nachteile – extreme Kälte und winterliche Dunkelheit – offensichtlich auf. Trotz all ihrer Robustheit drangen die Neandertaler hingegen niemals weiter als bis 60° nördlicher Breite vor, blieben also deutlich südlich der Arktis.

Von der arabischen Halbinsel bis Japan, von Australien bis zur Arktis – *Homo sapiens* eliminierte alle indigenen Homininen, auf die er traf (*Homo floresiensis* in Flores, Indonesien; *Homo luzonensis* auf den Philippinen, vielleicht die letzten Nachkommen von *Homo erectus*) oder nahm sie *en passant* in seinen Genpool auf. Etwas länger dauerte es, bis *Homo sapiens* ins Kerngebiet der Neandertaler, nach Europa, vordrang, aber nach einer Reihe fehlgeschlagener Versuche gelang ihm auch dies. *Homo sapiens* hinterließ Artefakte, die kein Neandertaler jemals hätte schaffen können – raffinierte Knochenwerkzeuge, Nähnadeln, wunderbare Höhlenmalereien und kleine Kunstgegenstände, darunter immer wieder Skulpturen fettleibiger Frauen mit dicken Brüsten, geschnitzt aus Mammutelfenbein – Letztere dienten wohl Beschwörungen einer höheren Macht, um die Fruchtbarkeit zu fördern und Hungersnöte abzuwenden. *Homo sapiens* besiedelte Regionen, die kein anderer Hominine vor ihm jemals besetzt hatte – namentlich Australien, den amerikanischen Doppelkontinent (vor mindestens 20000 Jahren) und schließlich auch die weiter entfernten Ozeanischen Inseln.

Warum war *Homo sapiens* als Eindringling so erfolgreich und übertraf alle anderen Homininen in dieser Hinsicht bei Weitem? Niemand weiß es, doch wahrscheinlich kamen seine Vorteile erst ganz allmählich zum Tragen. Schließlich war *Homo sapiens* während 86 Prozent seiner Existenz – in der Zeitspanne von 315000 bis etwa 45000 Jahren vor heute – nicht mehr als eine x-beliebige weitere *Homo*-Art. Vor 45000 Jahren wurde dann auch nicht plötzlich ein Schalter umgelegt und es machte «klick». Vielmehr handelte es sich um eine allmähliche exponentielle Anhäufung von Veränderungen in Morphologie, Verhalten und Populationsgröße, die vor vielleicht 100 000 Jahren begann und einige Zehntausend Jahre später dazu führte, dass *Homo sapiens* die ganze Welt erobert hatte.

Es liegt in der Natur von exponentiellem Wachstum, dass es klein beginnt und sehr lange klein bleibt, bis die Kurve ganz plötzlich dramatisch ansteigt. Der Übergang von einem langsamen Kriechen zu einem plötzlichen Anstieg fand vor rund 45 000 Jahren statt; damals war das Verhalten von *Homo sapiens* bereits modern und die Bevölkerung so weit angewachsen, dass sich Technologien etablieren und weiterentwickeln konnten und alle anderen Homininen-Konkurrenten aus dem Feld geschlagen werden konnten.

Es lohnt sich, darüber nachzudenken, warum alle anderen Homininen, vor allem die Neandertaler, diesem Konkurrenzdruck nicht gewachsen waren. Schließlich lebten sie bereits so lange in Eurasien, wie *Homo sapiens* in Afrika gelebt hatte, und hatten sich so gut an ihr Leben angepasst, dass sie heute als prähistorische Höhlenbewohner *par excellence* angesehen werden. Den Neandertalern mangelte es nicht an Hirnschmalz; ihr Gehirn war ebenso groß oder sogar größer als das des modernen Menschen. Über viele Zehntausend Jahre war die auf Steinwerkzeugen basierende Technologie der Neandertaler im Wesentlichen die gleiche wie die von *Homo sapiens.*

Der Schlüssel ist einmal mehr die Populationsgröße. Höchstwahrscheinlich lebten moderne Menschen in Gemeinschaften mit einer etwas höheren Dichte, und diese Gemeinschaften waren über größere Entfernungen besser miteinander verbunden. Dadurch waren sie widerstandsfähiger gegenüber lokalen Ereignissen, wie einen zeitweiligen Mangel an jagdbarem Wild oder an essbaren Pflanzenprodukten, die sie sammelten. Vielleicht war *Homo sapiens* im Vergleich zum Neandertaler auch etwas erfolgreicher, was die Produktion von Nachwuchs anging, der es bis zur Geschlechtsreife schaffte.

Die Unterschiede waren möglicherweise sehr gering, könnten aber im Lauf vieler Generationen letztlich den Ausschlag gegeben haben.

Am Ende waren die Neandertaler-Populationen so klein, so weit verstreut und durch die immer größeren Gruppen moderner Menschen, die sich zwischen ihnen breitmachten, so sehr voneinander getrennt, dass sie nicht länger mithalten konnten, es sei denn durch Assimilation. Dasselbe galt offenbar für die Denisova-Menschen im östlichen Asien. Andere Homininen – *Homo floresiensis* und so weiter – wurden demnach in immer kleinere Rückzugsgebiete abgedrängt, bis auch sie ausstarben. Möglicherweise war ihr Schicksal auch brutaler – im Schulzeugnis von *Homo sapiens* hätte wohl gestanden «verträgt sich nicht gut mit anderen Kindern», wie es ein Kommentator einst ausdrückte.

Spätestens vor 40 000 Jahren war *Homo sapiens* der letzte Hominine auf Erden. In nur wenigen geologischen Wimpernschlägen hatte er nicht nur alle anderen Homininen eliminiert, sondern sich auch bis in jeden Winkel der Erde ausgebreitet.

Kurz, er hatte den Punkt in seiner Evolution erreicht, der mit der größten Ausdehnung des Römischen Reiches unter Trajan vergleichbar war, den Punkt, an dem Gibbon seine Geschichte vom *Verfall und Untergang des römischen Imperiums* beginnen ließ. Kurz nach Beginn des zweiten Jahrhunderts n. Chr. stellten die Römer fest, dass sie an ihre Grenzen gelangt waren und alle Versuche, diese auszudehnen, entweder nur kurzfristig erfolgreich waren (Mesopotamien, Germanien, Rumänien) oder unsäglich kostspielig (Perserreich).

Die natürliche Verbreitung von *Homo sapiens* umfasste schließlich die ganze Erde – das war keiner anderen Spezies zuvor jemals gelungen. Und wie die Helsinki-Forscher entdeckten: Wenn es einer Art gelingt, alle Konkurrenten auszuschalten, kann es für sie nur noch eine Richtung geben, nämlich bergab.

TEIL II

Fall

5
Landwirtschaft, das erste Übel

> Von den Linien, den Galeeren und der Brücke donnerte die osmanische Artillerie von allen Seiten und das Lager und die Stadt, die Griechen und die Türken waren in eine Rauchwolke eingehüllt, welche nur durch die endliche Befreiung oder Vernichtung des römischen Reiches zerstreut werden konnte.
>
> EDWARD GIBBON
> *Verfall und Untergang des römischen Imperiums*

Mein Freund Brian Clegg ist professioneller Schriftsteller. Er hat mehr Bücher geschrieben, als man zählen kann, und weiß das eine oder andere übers Schreiben. Das wichtigste Werkzeug eines Schriftstellers, meint er – wichtiger als Computer oder Drucker oder ein Stapel leeres Papier oder sogar ein Stift –, ist ein Hund.

Denn selbst Brian hängt manchmal irgendwo fest, und es gibt nichts Besseres als einen Hund, der einen vom Schreibtisch wegzieht, sodass man die nötige Bewegung bekommt und seinen Gedanken freien Lauf lassen kann. Und wenn man vom Spaziergang zurückkehrt, hat man das Problem gelöst, das einem noch eine Stunde zuvor unlösbar erschien.

Schreiben ist zudem eine sesshafte Tätigkeit, die oft im Sitzen ausgeübt wird (also schlecht für den Rücken ist). Vertreter der schreibenden Zunft müssen von Zeit zu Zeit vom Schreibtisch aufstehen und ihre Muskeln bewegen. Den Gang in die Muckibude kann man problemlos aufschieben, doch diesen bettelnden Hundeaugen und diesem wedelnden Schwanz, voller Erwartung auf aufregendes Balljagen und Herumtoben, kann man kaum widerstehen. Ich habe mir Brians Rat zu Herzen genommen, aber vielleicht etwas zu viel des Guten getan – ich habe nicht einen, sondern vier Hunde. Normalerweise gehe ich nicht mit mehr als dreien auf einmal Gassi, doch meine täglichen Spaziergänge sehen dennoch so aus, als ob ich vergeblich versuchen würde, ein Schlittenhundeteam zu erziehen. Aber es bringt mich weg vom Schreibtisch.

Menschen und Hunde sind schon vor langer Zeit zusammengekommen. Es ist so gut wie sicher, dass Hunde die erste der zahlreichen Tierarten waren, die vom Menschen domestiziert wurden. Niemand weiß genau, wann oder wo sich Hunde erstmals an Menschen anschlossen, aber wahrscheinlich geschah dies in Europa vor 20000 bis 40000 Jahren.[1] Hunde begannen als Wölfe, die um die Lagerplätze von Menschen herumstrichen, immer nur einen Steinwurf vom Lagerfeuer entfernt. Angelockt wurden sie durch Fleischabfälle, und sie revanchierten sich, indem sie den Lagerplatz frei von Ungeziefer hielten und die Kampierenden vor Feinden warnten, seien es sich nähernde Raubtiere oder fremde Menschen. Auffällig ist, dass Hunde während der kältesten Periode der letzten Eiszeit domestiziert wurden – möglicherweise taten sich Hunde und Menschen zusammen, um der Kälte gemeinsam zu trotzen: Menschen hätten auf diese Weise Begleiter erhalten, Hunde die Reste von Mahlzeiten, die zu proteinreich waren, um für Menschen noch verträglich zu sein.[2] Hunde und Menschen sind Rudeljäger, die sich von Frischfleisch und Aas ernähren und ein ähnliches Sozialleben haben; daher kann man sich durchaus vorstellen, dass Menschen und Hunde gemeinsam als Pack jagten. Wenn die Menschen ihr Lager abbrachen und weiterzogen, könnten ihnen die Wölfe, die im Lauf der Zeit vermutlich immer zahmer wurden und sich sozial immer besser anpassten – zunächst in gewisser Entfernung –, gefolgt sein. Das waren, wenn man so will, die ersten Hundespaziergänge – inzwischen für viele Millionen Hundebesitzer (wie mich) als Gassi-Gehen tägliche Routine.

In meiner Kindheit lebte ich in einem Haus ohne unmittelbare Nachbarschaft, umgeben von einem riesigen Waldgebiet – so erschien es mir damals zumindest. Wenn ich mit den Hunden nach draußen ging, lernte ich (natürlich!), wo welche Pilze wuchsen, welche genießbar waren und was der Wald zu bestimmten Jahreszeiten sonst noch an Essbarem bereithielt. August und September waren die richtige Zeit, um Brombeeren (*Rubus fruticosus*) zu pflücken, doch der Oktober war ein ganz besonderes Highlight, denn dann liefen meine Schwester und ich zu einem Kastanienwäldchen, wo es Esskastanien (*Castanea sativa*) gab. Wir ließen uns von den Stacheln nicht abhalten, sammelten eifrig und brachten die Kastanien nach Hause, wo mein Vater sie über dem Feuer röstete. Hätte ich mich für die Jagd begeistert (was nicht der Fall war), hätte ich sicher gewusst, wo sich die Rehe aufhielten, wo sich Kaninchenbaue befanden und wo Vogeleier zu finden waren.

Heute lebe ich in einer ganz anderen Umgebung, nämlich an der Küste. Ich weiß inzwischen, wo die Strände optimal für Austern (*Ostrea edulis*) oder «Schwertmuscheln» (*Ensis magnus*) sind. Meine Wahlheimat Cromer ist berühmt für ihre Taschenkrebse (*Carcinus pagurus*). Ich weiß, wo Seehunde an Land gehen, um ihre Jungen zu werfen. Und ich weiß, wo ich im Frühsommer in den Salzmarschen Queller (*Salicornia europaea*) sammeln kann – nur leider ist die Saison allzu kurz.

Jäger und Sammler streifen im Allgemeinen nicht planlos durch die Gegend. In der Regel folgen sie einer vorhersehbaren Route, um die natürlichen Nahrungsquellen im Wechsel der Jahreszeiten optimal zu nutzen. Sie wissen, dass Wildtierherden zu bestimmten Jahreszeiten an bestimmten Stellen zu finden sind. Ebenso suchen sie die richtigen Plätze im Wald auf, wenn die Früchte reif sind, die richtigen Seen und Flüsse, wenn die Fische anbeißen, und so weiter. Solche Traditionen bereiteten den Boden für die Landwirtschaft vor, für Ackerbau und Viehzucht.

✷

Der Fruchtbare Halbmond ist jener breite Landstreifen, der sich entlang der östlichen Mittelmeerküste vom Süden Israels bis in die Türkei zieht und dann landeinwärts nach Südosten über das Tal von Euphrat und Tigris verläuft. Dort begannen die Menschen vor mehr als 10 000 Jahren, sesshaft zu werden. Die Gewohnheiten der Jäger-und-Sammler-Gemeinschaften waren so eingefahren, dass einige – die sogenannten Natufier – anfingen, in kleinen Siedlungen zu leben und täglich zu ihren Jagd- und Sammelgründen zu pendeln. Und sie begannen, die «Objekte ihrer Begierde» zu verändern.

Die Ähren von Wildgräsern zerbrechen bei der Reife, sodass sich die Samen («Körner») ringsum aussäen. Frühe Sammler ernteten die Körner im Allgemeinen, wenn sie möglichst reif waren, aber bevor die Ähren zerbrochen waren, sodass sie die Ähren leichter nach Hause tragen, dreschen und die Körner zu Mehl malen konnten. Diese Sammler wählten die Halme mit den größten, nicht brüchigen Ähren aus und streuten vielleicht ein paar der Getreidekörner näher am Dorf aus – zunächst wohl eher versehentlich, später dann gezielt. Diese Leute wurden die ersten Landwirte.

So jedenfalls lautet die allgemein akzeptierte Story, doch die Anfänge der Landwirtschaft sind umstritten und komplex.[3] Die Hauptfrage ist, warum *Homo sapiens* nach Hunderttausenden von Jahren sesshaft wurde und sich auf die Landwirtschaft verlegte. Das geschah nämlich nicht nur im Fruchtbaren Halbmond (wo Menschen erstmals Weizen und Gerste domestizierten), sondern viele Male unabhängig voneinander. Innerhalb weniger Tausend Jahre entwickelte sich in den östlichen Vereinigten Staaten, in Mesoamerika, in den Anden, im Amazonasgebiet, im tropischen Westafrika, in Äthiopien, in China und im Hochland von Neuguinea eine Landwirtschaft. In geologischen Zeiträumen gesehen, wurde die Landwirtschaft weltweit und praktisch zur gleichen Zeit erfunden.

Die Antwort liegt möglicherweise im Zusammentreffen dreier Faktoren. Erstens taute die Welt gerade auf nach der kältesten Klimaphase seit vielen Hunderttausend Jahren. Vor 26 0000 Jahre bedeckten Gletscher den größten Teil von Europa und Nordamerika, und die Erholung von dieser Kaltzeit verlief keineswegs langsam und stetig. Bevor das Klima sich vor rund 10 000 Jahren stabilisierte und unsere gegenwärtige Warmphase einläutete, pendelten die Temperaturen so rasch zwischen Wärme- und Kälteeinbrüchen hin und her, dass dieser ständige Wechsel sogar innerhalb eines einzigen Menschenlebens zu spüren war. Die ständigen Klimaveränderungen wirkten sich katastrophal auf früher zuverlässige Nahrungsressourcen aus und zwangen die Menschen, nach verlässlicheren Ernährungsgrundlagen zu suchen.

Zweitens gab es mehr Menschen. Nach Millionen von Jahren, in denen Homininen nur eine Nebenrolle spielten, begann die menschliche Bevölkerung nun derart zu wachsen, dass eine Existenz als Jäger und Sammler möglicherweise nicht mehr nachhaltig war. Wie groß die Weltbevölkerung genau gewesen sein muss, um die «Tragfähigkeit» (sogenannte *carrying capacity*) zu erreichen, ist umstritten, und ich werde später noch darauf zurückkommen. Die Annahme ist jedoch plausibel, dass eine derart wachsende Weltbevölkerung den Planeten über kurz oder lang an seine Grenzen gebracht hätte, wenn er all diesen Menschen eine Lebensgrundlage als Jägern und Sammlern hätte bieten sollen. Auch auf andere Weise machte sich die menschliche Bevölkerung allmählich bemerkbar.

Drittens – und das folgt letztlich aus Punkt zwei – hatte die wachsende menschliche Bevölkerung den Bestand an Wildtieren (vor allem Großsäugern) stark dezimiert. Die Zeitspanne zwischen 26 000 und 10 000 Jahren vor heute war gekennzeichnet vom Aussterben der meisten Tierarten, die mehr als 40 Kilogramm wogen – das entspricht in etwa dem Gewicht eines großen Hundes.[4] Besonders auffällig war dies auf dem amerikanischen Doppelkontinent. Wann die ersten Menschen dort ankamen – vermutlich über eine Landbrücke zwischen Asien und Amerika im hohen Norden –, ist strittig. Immer mehr spricht jedoch dafür, dass sie Nordamerika um den Höhepunkt der letzten großen Vereisung erreichten, also vor rund 26 000 Jahren, möglicherweise auch früher.[5] Anschließend breiteten sie sich sehr rasch von Norden nach Süden über den ganzen Kontinent aus, und diese Wanderbewegungen fielen mit dem Aussterben der meisten Großsäuger zusammen, darunter Riesenfaultieren und Riesengürteltieren von der Größe eines Autos. In Australien war der Rückgang an Großsäugern fast ebenso ausgeprägt; dort starben in jener Zeit Riesenkängurus und Wombats, so groß wie Flusspferde, aus.

In Eurasien verschwanden so berühmte Arten wie Wollmammut (*Mammuthus primigenius*), Wollnashorn (*Coelodonta antiquitatis*) und Riesenhirsch (*Megaloceros giganteus*) – sein Kennzeichen ist ein besonders ausladendes Geweih. In diesen drei Fällen waren die Ursachen für das Aussterben komplexer. Der Klimawandel spielte eine Rolle, denn er veränderte die speziellen dortigen Ökosysteme. Vor allem die «Mammutsteppe», geprägt von einer großen Tier- und Pflanzenvielfalt, war betroffen. Diesen Lebensraum gibt es heute nirgendwo mehr. Der Einfluss des Menschen beschleunigte vermutlich ein Aussterben, das so gut wie unausweichlich war. Das änderte so oder so jedoch nichts am Ergebnis. Aufgrund von Klimaveränderungen oder menschlichen Aktivitäten musste die Jagd auf Großwild eingestellt werden, denn es gab einfach kein Großwild mehr, das man hätte jagen können.

Dennoch blieb der Speiseplan abwechslungsreich und enthielt verschiedene Tier- und Pflanzenarten, und die unmittelbaren Auswirkungen, die Menschen auf die Artenvielfalt (Wildtiere und -pflanzen) hatten, lassen sich leicht überbetonen. Eine andere, von Jared Diamond aufgeworfene Frage ist, warum es Menschen angesichts dieser Vielfalt nicht gelang, mehr Arten zu domestizieren.[6] Auch wenn die meisten landlebenden Großtiere verschwanden, blieben nicht weniger als 148 Großsäuger übrig, von denen Menschen nur 14 Arten zu Haustieren machten. Wir alle kennen Rinder, Schweine und Lamas, Ziegen und Schafe und möglicherweise auch den Asiatischen Elefanten, aber wo sind die domestizierten Zebras, Nashörner, Flusspferde und Giraffen? Und was Antilopen angeht, da bietet sich ein ganzes ABC von Kandidaten an, von Bongo über Dibatag, Elenantilope, Gnu, Hartebeest, Kob, Kudu, Nilgau, Oryx, Pudu und Topi – doch keine dieser Antilopen ist domestiziert worden. Von den 200 000 Blütenpflanzenarten sind nur rund 100 domestiziert worden, sodass sie als Kulturpflanzen eine große Zahl von Menschen ernähren können, und lediglich eine Handvoll spielen eine Schlüsselrolle – Weizen, Gerste, Reis, Sorghum- und Millethirse sowie ein paar weitere. Dass Menschen nur einen kleinen Bruchteil der verfügbaren Wildtiere und -pflanzen domestizierten, lag, wie Diamond anmerkt, nicht etwa daran, dass sie es nicht versucht hätten. Tatsächlich verweigern sich die meisten Arten einer Domestikation. Zebras sind notorisch bösartig. Bisons lassen sich nicht einsperren und können aus dem Stand 1,80 Meter hohe Zäune überspringen. Eine Eiche wird so viel älter als ein Mensch, dass dieser Faktor eine gezielte Züchtung ausschließt (selbst wenn ihre Eicheln durch eine Mutation genießbarer sein sollten).

Der wachsende Bevölkerungsdruck und die eintönige Ernährung hatten katastrophale Folgen für das menschliche Wohlergehen.[7] Die sesshafteren Lebensweise und die Beschränkung auf eine relativ kleine Anzahl stärkereicher pflanzlicher Nahrungsmittel führten zu einer dramatischen Verschlechterung des Gesundheitszustands: Die ersten Ackerbauern blieben kleiner als ihre Jäger-und-Sammler-Vorfahren, und diese Entwicklungsstörung zeigte sich am stärksten in der Kindheit und frühen Jugend. Mangelernährung war weit verbreitet. Die Abhängigkeit von nur wenigen Nutzpflanzen führte dazu, dass die Bevölkerung bei Missernten (aufgrund von schlechtem Wetter) hungern musste.[8] Wie Skelette aus frühen Ackerbaugemeinden zeigen, stieg die Häufigkeit (Inzidenz) von Zahnfäule (Karies) und Knochenmissbildungen deutlich an, denn es fehlten Spurenelementen wie Eisen und verschiedene andere Mineralstoffe – Mangelerscheinungen, die bei Jäger-und-Sammler-Populationen nicht auftraten. Die Skelette belegen zudem eine Zunahme von Infektionskrankheiten.

Aber auch die Jäger und Sammler litten natürlich unter Krankheiten. Wie Wildtiere plagten auch sie sich mit Parasiten wie Würmern, Flöhen und Läusen herum.[9] Doch sie litten im Allgemeinen nicht unter den Krankheiten, die von Mensch zu Mensch übertragen werden, weil es nicht so viele Menschen gab, diese weit voneinander entfernt lebten und durch natürliche Barrieren getrennt waren, was eine Ausbreitung von Infektionen behinderte. Und sie infizierten sich auch nicht mit Krankheiten, die von Tieren auf Menschen überspringen, weil sie sich nicht lange genug in nächster Nähe eines Tieres aufhielten, bevor es getötet, gebraten und verzehrt wurde.

Krankheiten, die von Tieren auf Menschen überspringen, gewannen erst an Bedeutung, als Menschen begannen, dauerhaft in kleinen, engen Behausungen zusammenzuleben, oft gemeinsam mit ihren Haustieren, wie Hühnern und Schweinen. Ohne sanitäre Einrichtungen führte eine solche Nähe zu einem vermehrten Befall mit Ungeziefer, das in menschlicher Gesellschaft gedeiht, und schuf einen idealen Brutplatz für ein ganz neues Spektrum von Infektionskrankheiten. Das Aufkommen von Krankheiten wie Tuberkulose (eine Rinderkrankheit), Pest (wird von Rattenflöhen übertragen) und Influenza (Hausgeflügel) war ein Produkt der Landwirtschaft. Dass sich Atemwegserkrankungen von Tieren auf Menschen ausbreiten, ist inzwischen allgemein bekannt – die SARS-CoV-2-Pandemie («Corona-Pandemie») ist in frischer Erinnerung. Zwar ist der Ursprung der Krankheit umstritten, doch die meisten Wissenschaftler stimmen darin überein, dass das Virus durch direkten Kontakt von Tieren auf Menschen übersprang, auch wenn es sich bei den betreffenden Tieren vermutlich um Wild- statt um Haustiere handelte.[10] Hausgeflügel ist jedoch die Quelle einer anderen Pandemie, die weniger im Licht der Öffentlichkeit steht – die Vogelgrippe, die sich weltweit durch Hausgeflügelbestände verbreitet und nun dabei ist, Rinder zu infizieren, wo das Virus durch die Milch weitergegeben wird.[11] Die Vogelgrippe weckt weniger mediale Aufmerksamkeit als SARS-CoV-2, weil sie nicht leicht auf Menschen übertragbar ist, doch wenn es dennoch dazu kommt, kann die Infektion tödlich sein.[12]

Seltsam ist, dass die Landwirtschaft trotz ihrer Folgen, Hungersnot und Seuchen, die menschliche Bevölkerung nicht etwa dezimierte, sondern sie weiter anwachsen ließ. Jäger-und-Sammler-Gemeinschaften haben im Allgemeinen in größeren Abständen Kinder als Sesshafte: Eine Frau wird erst dann wieder schwanger, wenn das vorherige Kind abgestillt ist. Die Landwirtschaft förderte in der Regel ein früheres Abstillen, sodass in kürzerer Zeit mehr Kinder geboren wurden, was sogar die höhere Kindersterblichkeit kompensierte.

Kleine Schnabeltassen, die an archäologischen Grabungsstätten aus der Bronze- und der Eisenzeit gefunden wurden, sprechen dafür, dass Kleinkinder mit der Milch von Wiederkäuern, wie Kühen oder Schafen, gefüttert wurden.[13] Als Kleinkinder begannen, Milch von Wiederkäuern zu trinken, folgten die Erwachsenen ihrem Beispiel. Und das ist seltsam, denn erwachsene Vertreter von *Homo sapiens* waren bis vor relativ kurzer Zeit nicht in der Lage, Milchzucker (Laktose) zu verdauen. Auch wenn viele heute lebende Erwachsene laktoseintolerant sind, verbreitete sich die Fähigkeit zur Laktoseverdauung nach Aufkommen der Landwirtschaft innerhalb der menschlichen Bevölkerung. Zunächst tranken die Menschen in Notzeiten Kuh- und Schafsmilch als Ersatznahrung.[14] Doch die Milchwirtschaft breitete sich bald aus, und nomadisch lebende Hirten molken ihre Herden (und sogar ihre Pferde) bereits von einem frühen Zeitpunkt an.[15] Die Tatsache, dass Menschen die Fähigkeit erwarben, noch im Erwachsenenalter Milch zu verdauen, zeigt, dass die Landwirtschaft ihnen nicht nur Mangelernährung und Infektionskrankheiten bescherte, sondern noch weitaus radikalere Folgen hatte: Sie hatte Einfluss auf die Evolution des Menschen.

✷

Diese Evolution zeigt sich auch in einer weiteren Plage, die scheinbar ein Produkt moderner Zeiten ist: die Fettleibigkeitsepidemie, die speziell mit der erhöhten Inzidenz von Typ-2-Diabetes einhergeht. Die Menschen in Jäger-und-Sammler-Gemeinschaften nehmen ein breites Spektrum von Nahrungsmitteln zu sich. Weil sie aber stets von Hunger bedroht sind und nie wissen, wann und woher die nächste Mahlzeit kommt, neigen sie bei den seltenen Gelegenheiten, an denen es Nahrung in Hülle und Fülle gibt, zur Völlerei – vor allem dann, wenn diese Nahrung einen hohen Kaloriengehalt hat. Obwohl sich unsere Nahrungssuche heute auf den Supermarkt beschränkt, wie Jared Diamond einmal bemerkte,[16] und wir an einen stets gut gefüllten Kühlschrank gewöhnt sind, verspüren wir noch immer den uralten Drang, uns vollzustopfen, wenn genug da ist. Wenn aber *immer* genug Nahrung da ist, vor allem stärke- und zuckerreiche Nahrung (was generell für konventionelle landwirtschaftliche Produkte im Vergleich zu Produkten aus ihren wilden Verwandten gilt), dann laufen wir Gefahr, ein sogenanntes «metabolisches Syndrom» zu entwickeln: Dabei kann eine verringerte Toleranz für hohe Glukosekonzentrationen im Blut zu einem Diabetes vom Typ 2 führen.[17] In modernen Gesellschaften ist Diabetes unter Menschen europäischer Abstammung jedoch weit seltener als beispielsweise unter Pazifikinsulanern. Diamond sieht darin ein Resultat der Evolution. Da Europäer bereits vor langer Zeit zu einer stärke- und zuckerreichen Ernährung übergingen, ist die Diabetesepidemie bei ihnen bereits wieder abgeebbt. Menschen mit einer genetischen Disposition zum Typ-2-Diabetes starben tendenziell ohne Nachwuchs, und mit ihnen verschwanden ihre Gene aus dem Genpool. Aber diese Epidemie ist noch immer unter uns und betrifft vor allem Ethnien, die erst vor relativ kurzer Zeit westliche Ernährungsgewohnheiten übernommen haben.

Und diese Evolution ist noch nicht abgeschlossen. Eine der weltweit höchsten Inzidenzen des metabolischen Syndroms findet man bei der Bevölkerung von Nauru, einem kleinen pazifischen Inselstaat. Einer Studie zufolge litt 1987 fast ein Viertel (24 %) der Bevölkerung von Nauru an Typ-2-Diabetes. Zu diesem Zeitpunkt war die Inzidenz der Glukoseintoleranz (einem Vorläuferstadium von Typ-2-Diabetes) jedoch bereits von ehemals 21,1 Prozent im Jahr 1975/76 auf 8,7 Prozent gefallen. Die Autoren der Studie[18] weisen darauf hin, dass Menschen mit Typ-2-Diabetes in der Regel eine höhere Sterblichkeit und eine geringere Fruchtbarkeit aufweisen als Menschen ohne Diabetes. Daher könnte es sein, dass diejenigen Nauru-Bewohner mit Diabetesneigung nach und nach aus dem Genpool eliminiert werden – wie es in Europa schon vor Jahrhunderten geschah. Doch selbst 10 000 Jahre später sind die Folgen einer Ernährungsumstellung auf kalorien- und zuckerreiche Kost noch immer erkennbar.

✶

Eine wachsende Bevölkerung und die Abhängigkeit von einer relativ kleinen Anzahl an Nahrungspflanzen erhöhen die Gefahr von Hungersnöten. Vor der industriellen Revolution kam es in Europa regelmäßig zu Hungersnöten, und zwar meist aufgrund von schlechtem Wetter. Am häufigsten waren Hungersnöte jedoch immer dann, wenn die Bevölkerungsdichte hoch war. In den beiden Jahrhunderten, die auf den «Schwarzen Tod», die Pestpandemie im 14. Jahrhundert, folgten, waren sie hingegen eher selten. Diese Pandemie tötete vermutlich so viele Menschen, dass die verschont Gebliebenen eine Periode relativen Überflusses erlebten.[19]

Nach der industriellen Revolution wurden Hungersnöte selten, zumindest in Europa, wenn sie auch nicht völlig verschwanden. Neuzeitliche Hungernöte werden in der Regel weniger von Naturereignissen als von Tyrannei oder Misswirtschaft verursacht oder zumindest verschlimmert; man denke nur an die Frühzeit der Sowjetunion oder an den «Großen Sprung nach vorn» in China. Ein besonders wichtiges Beispiel war die Große Hungernot in Irland (*Irish Potato Famine*) in den 1840er-Jahren, ausgelöst durch eine Infektion von Kartoffeln mit *Phytophthora infestans*, einem Schleimpilz, der die Kraut- und Knollenfäule hervorruft. Auch wenn diese Krankheit damals in ganz Europa wütete – und noch immer nicht verschwunden ist –, wurden ihre Auswirkungen in Irland verschärft durch schlechtes Wetter, die extrem starke Abhängigkeit einer großen Bevölkerung von einem einzigen Grundnahrungsmittel, ein grottenschlechtes bis nicht vorhandenes

Landmanagement der abwesenden britischen Grundbesitzer und schließlich durch Desinteresse und weitgehende Untätigkeit der Regierung in London. Millionen von Menschen starben an Hunger, weitere Millionen wanderten aus, vor allem in die Vereinigten Staaten, was zu einem dramatischen Rückgang der irischen Bevölkerung führte.

Daraus sollten wir unsere Lehren ziehen. Angesichts der Tatsache, dass große Bevölkerungsgruppen von wenigen Nahrungspflanzenarten abhängig sind, ist es eine Herausforderung, Ernährungssicherheit zu garantieren. Das gilt insbesondere in einer Welt, in der diese großen Bevölkerungsgruppen zunehmend stärker voneinander abhängig sind. Ich schreibe diese Zeilen während der russischen Invasion in der Ukraine, einer Nation, die einen beträchtlichen Teil der weltweiten Weizenmenge produziert. Der Krieg hat die Produktion und Verteilung des Getreides massiv beeinträchtigt, was weltweit zu dramatischen Preissteigerungen geführt hat.

Lehren aus der Geschichte werden jedoch niemals rasch umgesetzt. Nicht nur, dass Landwirte lediglich eine geringe Zahl unterschiedlicher Nutzpflanzenarten anbauen, sondern sie begrenzen diese Nutzpflanzen zudem auf Sorten, die bei intensiver Bewirtschaftung hohe Erträge bringen. Nehmen wir als Beispiel die Banane.[20] Diese Pflanze wurde vor rund 7000 Jahren in Südostasien in Kultur genommen, doch die Hälfte der gegenwärtigen Weltproduktion basiert auf einer einzigen Sorte namens Cavendish. Schlimmer noch, alle Cavendish-Bananenpflanzen sind Klone, das heißt, sie sind genetisch identisch. So etwas zieht Pflanzenschädlinge und Krankheiten magisch an und stellt eine große Bedrohung für die gesamte Bananenproduktion dar. Nun, die Welt könnte wahrscheinlich auch ohne Bananen auskommen. Doch die Lehre, die wir für alle Nahrungspflanzen daraus ziehen können, liegt auf der Hand.

Jäger-und-Sammler-Gemeinschaften sind stets von Unterernährung bedroht, doch sie leiden im Allgemeinen nicht unter der qualitativen Mangelernährung und anderen Gesundheitsproblemen, die nach der Erfindung der Landwirtschaft und der zusätzlichen Belastung durch steigende Bevölkerungsdichte, Krankheiten und Hungersnöte auftraten. Zudem ernähren sich die Jäger und Sammler von einer viel breiteren Palette an Nahrungsmitteln als Agrargesellschaften: Deren Mitglieder sind von einer relativ kleinen Anzahl wichtiger stärkereicher Nahrungspflanzen abhängig, was bei Missernten das Risiko von Hungersnöten steigen lässt.

Angesichts der offensichtlichen Vorteile von Ackerbau und Viehzucht finden Sie vielleicht, dass ich die negativen Seiten der Landwirtschaft allzu sehr betone. Sicher, Milliarden von Menschen haben noch immer keinen Zugang zu sauberem Wasser und ausgewogener Ernährung, aber wenn dem so ist, dann liegt dies häufiger an menschlichen Unzulänglichkeiten wie schlechter Staatsführung, Korruption und kriegerischen Auseinandersetzungen als an Missernten *per se*. Ganz allgemein kann man sagen, dass Menschen heute besser regiert werden, besser ernährt sind und weniger zu kriegerischen Auseinandersetzungen neigen als noch vor wenigen Jahrhunderten. Oder etwa doch nicht? Dem Internationalen Währungsfonds zufolge ist die Ernährungsunsicherheit seit 2018 (also bereits vor dem russischen Einmarsch in die Kornkammer Ukraine) gestiegen. Das ist eine Folge von immer mehr Klimakatastrophen wie Überschwemmungen, Stürmen und Dürren – die ihrerseits wiederum eine Folge des Klimawandels sind –, verschärft durch regionale Konflikte.[21] Im Jahr 2023 müssen ReliefWeb (der humanitäre Informationsdienst der Vereinten Nationen) zufolge rund 238 Millionen Menschen in 48 Ländern mit einem «hohen Maß an Ernährungsunsicherheit» leben – das sind 10 Prozent mehr als 2022.[22]

Hungersnöte sind eine große Bedrohung für uns, und ihre Häufigkeit nimmt immer rascher zu. Das geschieht zu einem ungünstigen Zeitpunkt, denn nie zuvor in unserer Geschichte sind so viele Menschen für ihre Ernährung auf so wenige Nutzpflanzenarten angewiesen. Und nicht nur die genetischen Ressourcen der Nutzpflanzen, die sie brauchen, um zunehmend unsichere Zeiten zu überstehen, sind erschöpft. Auch uns Menschen geht die genetische Widerstandskraft aus.

6
Geplagt von Pocken, Würmern, Läusen

> Die dreifache Geißel des Krieges, der Pest und der Hungersnot suchte die Unterthanen Justinians heim, und seine Regierung wird durch die sichtliche Abnahme des Menschheitsgeschlechtes, welches in einigen der schönsten Länder des Erdbodens nie wieder ersetzt worden ist, auf unheilvolle Weise bezeichnet.
>
> EDWARD GIBBON
> *Verfall und Untergang des römischen Imperiums*

Begeben Sie sich in Gedanken zurück ins Jahr 1652. Damals gründete die Niederländische Ostindien-Kompanie an der äußersten Südspitze von Afrika, am Kap der Guten Hoffnung, eine kleine Kolonie. Der Grund für die Einrichtung eines derart entlegenen Außenpostens war die Notwendigkeit, Schiffe, die um das Kap segelten, mit allem Nötigen für die lange Seereise nach Niederländisch-Ostindien zu versorgen, wie das heutige Indonesien damals hieß. Einige der Kolonisten verließen die Kompanie und begannen, auf eigene Faust Landwirtschaft zu betreiben. Wie so häufig in bäuerlichen Gemeinschaften gab es zu wenig Frauen: Den Männern fehlte es an Ehepartnerinnen. Um diesem Mangel abzuhelfen, schickte die Ostindien-Kompanie ihnen eine ganze Schiffsladung Waisenmädchen, in der Hoffnung, diese würden die Bauern heiraten.[23] Und so kam es, dass ein Bauer namens Gerrit Jansz van Deventer mit Adriaantje Adriaanse van Rotterdam den Bund der Ehe schloss.

Aber dieser Bund hatte einen Haken: Gerrit oder Adriaantje trug eine Genmutation, die ihn oder sie für eine Krankheit namens Porphyria variegata prädisponierte. Bei dieser Erkrankung gelingt es dem Körper nicht, überschüssiges Häm abzubauen – Häm ist das eisenhaltige Molekül, das Sauerstoff via Blutstrom durch den Körper transportiert und dem Blut seine rote Farbe verleiht. Die Symptome sind vielfältig, unter anderem eine Verfärbung der Haut, vor allem bei Kontakt mit Sonnenlicht (eine Beobachtung übrigens, die zu der kühnen Behauptung geführt hat, Porphyrie sei eine plausible Erklärung für die Aversion der mythischen Vampire gegen Tageslicht).

Jedes Elternteil steuert eine Kopie eines jeden Gens zum gemeinsamen Kind bei. Gewöhnlich kompensiert eine gesunde Kopie des jeweiligen Gens von einem Elternteil die mutierte Kopie des anderen Elternteils, und das Kind bleibt von der Krankheit verschont (auch wenn es die Prädisposition an seine eigenen Nachkommen weitergeben kann). Bei der Porphyrie liegt die Sache jedoch anders. Eine einzige mutierte Kopie des fehlerhaften Gens kann bereits zur Erkrankung eines Kindes führen. Die Krankheit befällt Mädchen und Jungen gleichermaßen, doch die Auswirkungen können stark variieren. Einige Betroffene zeigen kaum Symptome: Die Präsenz von Porphyrie in ihrer Familie hielt Adriaantje und Gerrit jedenfalls nicht davon ab, eine Dynastie zu gründen. Ein beträchtlicher Anteil der Afrikaaner (Südafrikaner mit niederländischen Wurzeln, Nachkommen der Buren) kann ihre Herkunft bis zu diesem Paar zurückverfolgen. Möglicherweise haben 40 000 der heute lebenden Südafrikaner diese Mutation geerbt, sodass von allen existierenden Porphyrietypen speziell Porphyria variegata mit Südafrika in Verbindung gebracht wird.

Die Inzidenz von Porphyria variegata in Südafrika ist viel höher als in der Weltbevölkerung allgemein. Und sie ist zweifellos viel höher als die Inzidenz in den Niederlanden, aus denen Adriaantje, Gerrit und ihre Vorfahren stammen. In der Kolonie sorgte das mutierte Gen für eine viel höhere Inzidenz der Krankheit als im Herkunftsland. Die verzerrte Verteilung von Porphyria variegata bei Afrikaanern ist nur *ein* Beispiel unter vielen für den sogenannten Gründereffekt.

Und der funktioniert so. Stellen Sie sich vor, Sie haben einen Sack mit hundert Gummibällen. Sie wissen, dass 99 blau und nur ein einziger rot ist. Daher beträgt der Anteil roter Bälle 1 von 100, also 1 Prozent. Nun stellen Sie sich vor, Sie ziehen nach dem Zufallsprinzip wiederholt 10 Bälle aus dem Sack. Meistens werden alle Bälle, die Sie ziehen, blau sein. Es besteht jedoch eine geringe Wahrscheinlichkeit, dass einer der 10 Bälle rot ist. Obwohl sich die Anzahl der roten Bälle insgesamt nicht verändert hat, ist ihr Anteil von 1:100 (im Sack) auf 1:10 (in der von Ihnen gezogenen Stichprobe) gestiegen. Das erklärt, wie eine Mutation (der eine rote Ball unter all den blauen Bällen), die in der niederländischen Bevölkerung selten war, in der kleinen Stichprobe der niederländischen Gründer der Kap-Kolonie zufällig aber so viel häufiger werden konnte.

In der Frühzeit der Kap-Kolonie hatten die niederländischen Kolonisten bei ihren Ehepartnern sehr wenig Auswahl, und der größte Teil des potenziellen Pools an heiratsfähigen Männern und Frauen war miteinander verwandt. Das führte und führt zu vermehrter Inzucht, und *ein* Effekt von Inzucht besteht darin, die Inzidenz von sonst seltenen Mutationen zu steigern. Die Porphyrie-Mutation, deren Häufigkeit durch den Gründereffekt bereits stark gestiegen war, breitete sich daher noch weiter aus. Der Gründereffekt mit anschließender Inzucht – bedingt durch stets kleine Gründerpopulationen – fällt bei allen kleinen Gruppen, bei denen eine Partnersuche außerhalb der eigenen Gruppe abgelehnt wird, stark ins Gewicht. Solche Gruppen sind oft anfällig für bestimmte Erkrankungen. Bipolare Störungen sind zum Beispiel unter den Amish in Pennsylvania weiter verbreitet als in der Allgemeinbevölkerung,[24] und Gleiches gilt für die Inzidenz von Morbus Crohn unter aschkenasischen Juden, also Juden, die primär aus Osteuropa kommen.[25] Wir haben bereits über die stark inzüchtige Habsburger-Dynastie im Europa der Frühen Neuzeit gesprochen – eine Gesellschaft innerhalb einer Gesellschaft – und den armen umnachteten Karl II. bemitleidet, den letzten Spross des spanischen Familienzweigs.

In manchen Fällen können genetisch bedingte Erkrankungen («Erbkrankheiten»), unter denen manche Populationen stärker leiden als andere, einen Vorteil haben – eine relativ harmlose Erbkrankheit kann vor etwas Schlimmerem schützen. Zusätzlich zu Morbus Crohn leiden aschkenasische Juden überproportional häufig an Morbus Gaucher, einer Erbkrankheit, die unter Umständen zum Anschwellen von inneren Organen, vor allem von Milz und Leber, und einer Neigung zu Knochenbrüchen führt. Die Symptome können stark variieren; manche Betroffene merken kaum etwas, andere leiden schwer unter den Auswirkungen der Krankheit. Einiges spricht jedoch dafür, dass Menschen mit dieser Erkrankung relativ immun gegen Tuberkulose sind. In den Zellen von Menschen mit Morbus Gaucher sammeln sich Substanzen an, die gegen *Mycobacterium tuberculosis* wirken, den Erreger der Tuberkulose. Im Mittelalter war die jüdische Bevölkerung in den Städten stets gezwungen, in überbevölkerten Ghettos zu leben, wo Infektionserkrankungen wie Tuberkulose an der Tagesordnung waren. Möglicherweise wurde die im Prinzip nachteilige Gaucher-Mutation von der natürlichen Selektion «toleriert», da sie einen gewissen Schutz vor Tuberkulose bot.[26]

Je genauer man hinschaut, desto häufiger stößt man bei menschlichen Populationen offenbar auf Gründereffekte, ob historisch alt oder modern, von den Finnen bis zu den Römern, von den Bewohnern Papua-Neuguineas bis zu den Französisch-Kanadiern. Wie Genom-Analysen zeigen, traten bei vielen modernen Bevölkerungsgruppen, von amerikanischen

Ureinwohnern bis zu Pazifikinsulanern, im Zuge ihrer Geschichte noch stärkere Gründungseffekte auf als bei den aschkenasischen Juden – sei es, dass eine moderne Population von einer sehr kleinen Gründergruppe abstammte oder irgendwann in ihrer Geschichte eine sehr geringe Populationsgröße aufwies.[27] Wie vielleicht nicht anders zu erwarten, ist der Gründereffekt auf Inseln, wo die Gruppengröße stets gering ist, besonders stark ausgeprägt. Das gilt für die Bewohner der Orkneys ebenso wie für diejenigen von Malta, Sardinien oder Island. Auch bei Jäger-und-Sammler-Gemeinschaften wie den Pygmäen, bei Nomaden wie den Beduinen sowie generell bei indigenen und tribal in Stämmen organisierten Gruppen stößt man auf ausgeprägte Gründereffekte. Angesichts der Tatsache, dass alle Menschen fast ihre gesamte Geschichte hindurch Jäger und Sammler waren, ist das ein wichtiger Punkt. *Homo sapiens* lebte praktisch während seiner gesamten Geschichte in sehr kleinen Gruppen, von denen sehr viele ausstarben oder nur überlebten, weil es ein paar zähe Typen gab, die sich ans Dasein klammerten und die nächste Generation zeugten.

Die Lehre aus dem Gründereffekt ist klar. Populationen, die von einer kleinen Anzahl Gründern abstammen, weisen nur eine geringe genetische Vielfalt auf. Die Gruppenmitglieder neigen alle zu denselben Beschwerden und sind anfällig für dieselben Krankheiten. Das galt und gilt vermutlich auch für die gesamte menschliche Spezies. Deutlich sichtbare Unterschiede zwischen Menschen aus verschiedenen Weltregionen bei Merkmalen wie der Hautfarbe sind rein oberflächlich – und reichen somit buchstäblich nicht unter die Haut. Wie bereits erwähnt, gibt es in einer kleinen Gruppe wild lebender Schimpansen mehr genetische Variation als in der gesamten menschlichen Bevölkerung. Und das gilt nicht nur für Schimpansen: Die Populationen von Gorillas und Orang-Utans mögen zwar klein und sogar in ihrem Bestand bedroht sein, weisen aber dennoch mehr genetische Variation auf als alle Menschen.[28] Das spricht dafür, dass die Menschheit durch einen sogenannten Flaschenhals gegangen ist. In einem solchen Fall stirbt der Großteil einer Population aus, sodass fast die gesamte genetische Variation verschwindet. Der Fortbestand der Spezies basiert dann auf einer kleinen und vielleicht zufälligen Stichprobe der Überlebenden – der Gründereffekt, jetzt aber für die gesamte Spezies.

Es wird immer deutlicher, dass die gesamte Menschheit außerhalb von Afrika von einer kleinen Gruppe abstammt, die den Kontinent irgendwann vor 100 000 bis 50 000 Jahren verließ. Das zeigt sich daran, dass die menschliche Vielfalt in Afrika größer ist als im Rest der Welt und eine länger zurückreichende Geschichte hat. Anders gesagt: Die Gesamtheit der nicht afrikanischen Menschheit stellt nur einen kleinen Zweig am großen, weit verzweigten afrikanischen Busch dar.

Aber es steckt noch mehr hinter der ganzen Sache. Die menschliche Vielfalt ist im Vergleich zu der genetischen Variation von Schimpansen, Gorillas und Orang-Utans selbst dann noch klein, wenn man die afrikanische Diversität von *Homo sapiens* miteinbezieht. Das heißt, dass der Gründereffekt, der für unseren relativen Mangel an genetischer Vielfalt verantwortlich ist, auf einen Flaschenhals, ein Nadelöhr, in der Zeit zurückgehen muss, *bevor* die Menschen Afrika verließen.

In meinem Buch *Eine (sehr) kurze Geschichte des Lebens* schildere ich das Beinahe-Aussterben von *Homo sapiens*, bevor unsere Spezies Afrika verließ. Unsere Art war niemals häufig, lebte in kleinen Gruppen, die erst hier, dann dort ausstarben, bis sich die gesamte Spezies auf eine Oase in der Kalahari beschränkte. Dort harrten die wenigen Überlebenden rund 70 000 Jahre aus, bis mildere Klimabedingungen ihnen erlaubten, aus diesen engen Grenzen auszubrechen und sich über Afrika und dann die ganze Welt auszubreiten. Wenn es jemals einen Garten Eden gab, dann war es diese Oase am einst großen und tiefen Makgadikgadisee. Heute ist er ausgetrocknet und zu einer unwirtlichen Salzpfanne geworden.[29]

Das ist eine gute Geschichte, doch sie fand in der wissenschaftlichen Gemeinschaft nicht viel Anklang. Gegenwärtig herrscht Konsens, dass an der afrikanischen Genese von *Homo sapiens* mehrere über ganz Afrika verstreute Populationen beteiligt waren, die sich über viele Zehntausende – wenn nicht gar Hunderttausende – von Jahren in lockeren Verbänden zusammenschlossen und wieder trennten.[30] Ich glaube jedoch, dass die Geschichte wahr ist – auch wenn nur im dichterischen Sinne. Ob der Makgadikgadisee nun der Geburtsort der Menschheit war oder nicht, die Genetik sagt uns, dass *Homo sapiens* in der Vergangenheit nur knapp dem Aussterben entging, und das nicht nur einmal, sondern möglicherweise mehrmals. Neueren Untersuchungen zufolge schrumpfte selbst die Anzahl der in Afrika lebenden Vorfahren des modernen Menschen in der weiter zurückliegenden menschlichen Frühgeschichte sehr stark: Ihre Population ging auf nicht mehr als 1280 fortpflanzungsfähige Individuen zurück und stand zwischen 930 000 und 813 000 Jahren vor heute, also mehr als Hunderttausende Jahre lang, kurz vor dem Aussterben.[31]

Da alle heute auf der Erde lebenden Menschen von einer kleinen Gruppe von Individuen abstammen, die vor langer Zeit in Afrika lebten, erstreckt sich der Gründereffekt auf unsere gesamte Art. Und genauso wie die Gründer der Kap-Kolonie ist *Homo sapiens* wohl aufgrund dieses Gründereffekts anfällig für eine sehr lange Liste von Krankheiten.

✷

Trotz ihrer enormen Vielfalt lassen sich Infektionskrankheiten in nur sechs Klassen einteilen.

Zunächst sind da die Würmer – Parasiten wie Fadenwürmer, Bandwürmer und Saugwürmer wie der Pärchenegel

(*Schistosoma*), der die Schistosomiasis oder Bilharziose auslöst, eine Geißel der Tropen.

Dann sind da die Protisten, kleine einzellige Organismen wie die Plasmodien, die Malaria auslösen, die Trypanosomen, die Erreger der Schlafkrankheit, sowie Amöben und Giardien, die zu Darmentzündungen (etwa der Ruhr) führen können.

Als Nächstes folgen die Bakterien – einzellige Organismen, die viel kleiner und einfacher gebaut sind als die Protisten, dafür aber viel zahlreicher sind. Zu bakteriellen Erkrankungen zählen so alte Seuchen wie die Pest (hervorgerufen von *Yersinia pestis*), Tuberkulose und Lepra, Geschlechtskrankheiten wie Gonorrhoe und Syphilis, Diphterie und Milzbrand (Anthrax), Typhus, Wundstarrkrampf (Tetanus) und Cholera. Vergessen wir nicht die virulenten Stämme von *Staphylococcus aureus* (ein häufiges, gewöhnlich harmloses Hauptbakterium, dessen pathogene Stämme in Krankenhäusern jedoch zu einem echten Problem werden können) sowie *Escherichia coli* (ein häufiges menschliches Darmbakterium, das gelegentlich über die Stränge schlägt).

Nun zu den Pilzen, einer eher unbedeutenden Quelle von Infektionen. Pilze können Fußpilz und Soor («Mundfäule») auslösen; einige Pilzinfektionen, wie die Aspergillose (die auftritt, wenn der Pilz *Aspergillus* in die Lunge gelangt), können allerdings ohne Behandlung unter Umständen tödlich enden.

Fünftens sind da die Viren, die Masern, Windpocken, Tollwut, Pocken, Mumps, Röteln, Poliomyelitis («Kinderlähmung»), Gelbfieber, Influenza («Grippe»), HIV-1, Ebola, SARS-CoV-2 und diese ewige Plage, Schnupfen, auslösen können. Viren sind im Allgemeinen sogar noch kleiner als Bakterien, winzige Partikel mit genetischem Material, die so lange «schlafen», bis sie Zugang zu Wirtszellen finden und diese so beeinflussen, dass sie sich in Virusfabriken verwandeln. Viren infizieren nicht nur Menschen und andere Tiere, sondern auch Pflanzen, Protisten, Bakterien und sogar andere Viren.

Eine sechste Kategorie umfasst eine kleine, aber mysteriöse und tödliche Klasse von Erregern, die Hirnkrankheiten auslösen; diese infektiösen Moleküle werden als Prionen bezeichnet. Dabei handelt es sich um falsch gefaltete Versionen normaler körpereigener Proteine, die ihre Missgestalt an normale Proteine weitergeben und damit eine katastrophale molekulare Kettenreaktion auslösen. Zu den von Prionen hervorgerufenen Krankheiten gehört die Creutzfeldt-Jakob-Krankheit; eine Variante davon wird mit der Bovinen spongiformen Enzephalopathie oder BSE («Rinderwahnsinn») in Verbindung gebracht.[32] Zum Glück sind Prionenkrankheiten selten. Allerdings gibt es auch immer wieder Fälle, wie das Auftauchen der Prionenkrankheit Kuru bei einer traditionellen Stammesgesellschaft in Neuguinea, wo es zu Kannibalismus im Rahmen von Begräbnisritualen kam.[33]

In seinem Buch *Plagues upon the Earth* stellt der Seuchenhistoriker Kyle Harper fest, dass unsere nächsten Verwandten, die Schimpansen, unter relativ wenigen Krankheiten leiden, obwohl sie rohes Fleisch von Tieraffen verzehren und sich, wie im Prolog erwähnt, insgesamt alles andere als hygienisch verhalten.[34] Wir Menschen haben hingegen mit einer enormen Vielzahl von Krankheiten zu kämpfen.

Dennoch leiden Schimpansen heutzutage viel stärker unter Infektionskrankheiten als wir Menschen, denn im Lauf der letzten Jahrhunderte haben wir Infektionskrankheiten als Hauptursache von Krankheit und Tod weitgehend eliminiert. Aufgrund unserer modernen Hygiene und medizinischer Fortschritte wie der Entdeckung von Antibiotika leiden Menschen heute eher unter Krankheiten, die mit einem höheren Alter (wie Alzheimer oder Parkinson), der Lebensweise (Krebs, Herz-Kreislauf-Erkrankungen, Schlaganfall) oder seltenen Gendefekten einhergehen. Trotz alledem ziehen wir Infektionskrankheiten noch immer an wie ein Hund die Flöhe. Kyle Harper listet 233 bekannte menschliche Infektionskrankheiten auf; die Liste der Erreger umfasst 85 Viren, 73 Bakterien, 21 Protisten, 7 Pilze und 47 Wurmarten (Prionen erwähnt er nicht).

Von Schimpansen wissen wir, dass sie rund 28 Virenarten beherbergen – deutlich weniger als *Homo sapiens* –, und einige davon stammen tatsächlich vom Menschen. 1999 starb fast einer von fünf Schimpansen im westafrikanischen Taï-Regenwald an einer Kombination von Krankheiten, die ursprünglich vom Menschen stammen. Zunächst steckten sich die Affen mit dem Humanen Respiratorischen Synzytial-Virus an (RSV, eine Hauptursache für Atemwegsinfektionen bei Kleinkindern), und dann starben sie an einer bakteriellen Lungenentzündung, die von *Streptococcus pneumoniae*, eigentlich einem Allerweltskeim, ausgelöst wurde.

Schimpansen leiden stärker unter Krankheiten, die von Würmern und Protisten ausgelöst werden, als unter bakteriellen und viralen Erkrankungen. Gleiches galt auch für unsere Homininenvorfahren. Nähere Bekanntschaft mit Würmern schlossen wir, als wir die Bäume verließen und begannen, im Boden zu wühlen (der notorisch voller Würmer ist, und nicht nur Regenwürmern), um Landwirtschaft zu betreiben. Und dann gewöhnten wir uns an, Nahrung und Wasser in der Nähe von Plätzen zu holen, an denen wir Abfälle wie auch tierische und menschliche Ausscheidungsprodukte entsorgten. Wir Menschen haben uns viele Infektionskrankheiten also aufgrund unserer speziellen Geschichte und Lebensweise eingehandelt: Viren und Bakterien gedeihen dort besonders gut, wo Menschen eng beieinander in großen, unhygienischen Gruppen leben. Städte, diese einzigartigen menschlichen Erfindungen, waren, historisch gesehen, Todesfallen. Sie konnten nur dort fortbestehen, wo es genügend Einwanderer gab, um die urbane Bevölkerung zu ersetzen, die Infektionskrankheiten zum Opfer fiel. Erst seit Einführung einer modernen Kanalisation und moderner Abwasserentsorgung konnten

Städte wachsen und einen Überschuss an Menschen produzieren, statt nur als stinkende Kloake des Todes zu fungieren.

Viele Krankheiten sind von Tieren auf Menschen übergesprungen: von Tieren, die wir Menschen domestiziert oder bejagt haben oder mit denen wir anderweitig in engen Kontakt gekommen sind. Solche sogenannten Zoonosen datieren bis in die Anfänge von Ackerbau und Viehzucht zurück. Von all den 233 menschlichen Infektionskrankheiten, die Kyle Harper auflistet, sind 100 Zoonosen. Die verschiedenen Influenzatypen (von Vögeln, Schweinen und Rindern), das Pestbakterium *Yersinia pestis* (von Rattenflöhen) und der Schweinebandwurm *Taenia solium* (durch den Verzehr von infiziertem, nicht ausreichend gegartem Schweinefleisch) sind nur einige Beispiele aus dieser tödlichen Hundertschaft.

Harpers Liste führt jedoch eher dazu, dass wir das Problem unterschätzen. Zwar können wir uns direkt bei Tieren mit all diesen hundert verschiedenen Krankheiten infizieren, doch einige Krankheiten, die *ausschließlich* beim Menschen vorkommen, sind eng mit Tierkrankheiten verwandt. Das spricht dafür, dass diese Krankheiten von Tieren stammen, die irgendwann in der menschlichen Geschichte in engen Kontakt mit uns gekommen sind. Das gilt zum Beispiel für die Tuberkulose (von Rindern) und in jüngerer Zeit für HIV-1, das eng mit Tieraffen- und Menschenaffen-Viren verwandt ist. Und natürlich gilt dies für SARS-CoV-2; ein ganz ähnliches Virus findet sich in Fledermäusen, die bekanntlich ein breites Virenspektrum aufweisen.[35] Je tiefer die wachsende Bevölkerung in zuvor ungestörte Lebensräume von Wildtieren vorstößt, desto größer ist die Wahrscheinlichkeit, dass ein bislang unbekanntes tierisches Pathogen seinen Weg in Humanpopulationen findet, wo es auf ungeschützte potenzielle Wirte in Hülle und Fülle trifft.

Viele Organismen, die Krankheiten übertragen können, haben sich mit uns entwickelt (Koevolution), und manche von ihnen haben sich sogar speziell an das Ökosystem Mensch angepasst. Das früheste bekannte Beispiel ist wohl die bereits erwähnte Kleider- oder Körperlaus.[36]

Zweifellos sind unsere veränderte Lebensweise, vor allem die Erfindung der Landwirtschaft, und die Gewohnheit, in großen sesshaften Gruppen zu leben, die Ursache für viele menschliche Krankheiten. Aber selbst dann erscheint die Krankheitsbelastung, unter der Menschen leiden, außerordentlich hoch. Vielleicht trägt die genetische Homogenität von *Homo sapiens* dazu bei, dass wir so anfällig für Krankheiten sind.

Genetische Variation ist eine lebenswichtige Absicherung gegen die Ausbreitung von Krankheiten. Vor mehr als zwei Milliarden Jahren entwickelten Lebewesen eine Methode, die genetische Karten zu mischen, um die genetische Variabilität aufrechtzuerhalten und Infektionskrankheiten einen Schritt voraus zu sein. Diese genetische Mischstrategie wird als «Sex» bezeichnet. Im Allgemeinen sind Organismen, die sich einfach dadurch vermehren, dass sie Kopien ihrer selbst herstellen, infektionsanfälliger als solche, die sich sexuell vermehren. Eines der Körpersysteme, das auf genetische Variation angewiesen ist, ist das Immunsystem. Die meisten Lebewesen verfügen über eine Art Grundimmunität gegen Infektionen – die sogenannte angeborene (unspezifische) Immunität.

Einige Tiere (darunter auch wir Menschen) besitzen über diese angeborene Immunität hinaus jedoch noch ein weiteres Immunsystem, das aus Erfahrung lernen kann. Wenn ein Organismus erkrankt und überlebt, erinnert sich sein Immunsystem an die durchgemachte Infektion, sodass es diesen Erreger beim nächsten Kontakt erfolgreicher bekämpfen kann. Diese «adaptive» oder «erworbene Immunität» bildet die Grundlage für Impfungen. Bei einer Impfung erhält der Impfling eine Dosis einer abgetöteten oder abgeschwächten Version des Infektionserregers, um das Immunsystem auf diese Weise zu trainieren, sodass es bei einem tatsächlichen Kontakt weiß, wie es zu reagieren hat. Gegenwärtig ist Impfung (Vakzination) die einzig wirklich sichere Methode, um Virenerkrankungen vorzubeugen.[37] Die Methode war so erfolgreich, dass es gelang, Pocken auszurotten und Kinderlähmung (Poliomyelitis) zumindest stark zurückzudrängen. In meiner Kindheit, die mehr als ein halbes Jahrhundert zurückliegt, waren Masern eine Krankheit, die Kleinkinder umbringen oder zu Behinderungen führen konnte. Aber das ist lange vorbei, und es gibt heute effektive Impfstoffe gegen Masern und andere Kinderkrankheiten wie Mumps und Röteln. Dass viele Leute offenbar vergessen haben, wie schrecklich Masern sein können, könnte zumindest zum Teil die traurige Tatsache erklären, dass die Impfraten aufgrund von Falschinformationen über die Sicherheit des Masernimpfstoffes mancherorts gesunken sind.

So viel zu wohlbekannte Krankheiten. Die größte Bedrohung für die menschliche Bevölkerung stellen allerdings Infektionskrankheiten dar, mit denen die Betroffenen keine Erfahrung haben – gewöhnlich ein Erreger, der von einem anderen tierischen Wirt auf uns überspringt. Neue auftretende (emergente) Krankheiten können besonders virulent sein. Das heißt, ihre Symptome sind sehr heftig, sogar lebensbedrohlich. Krankheiten, die virulent bleiben, fordern sehr viele Opfer, laufen sich aber gewöhnlich irgendwann zu Tode. Sobald sie alle potenziellen Wirte getötet haben, sind sie selbst zum Aussterben verurteilt.

Die Geschichtsschreibung ist voll von Berichten über virulente Krankheiten, die keinen modernen Widerpart haben. Das sogenannte Englische Schweißfieber, das 1485 zu Ende der Rosenkriege plötzlich in England auftrat und mit der Krönung von König Heinrich VII. zusammenfiel, konnte die Infizierten innerhalb weniger Stunden töten. Der letzte dokumentierte Ausbruch fand 1551 statt; anschließend verschwand das Fieber. Die Ursache für diese schreckliche Seuche ist bis heute unbekannt.[38]

Gewöhnlich erreichen Wirt und Erreger eine Art Waffenstillstand. Die Krankheit schwächt sich ab, sodass Infizierte zwar erkranken können, sich aber gewöhnlich wieder erholen – allerdings nicht, bevor sie den Erreger an andere weitergegeben haben. Zu diesem Zeitpunkt wird die Krankheit in der Population endemisch.

Vor dem Aufkommen des internationalen Luftverkehrs konnte es sein, dass Infektionskrankheiten in einigen Populationen endemisch, in anderen hingegen völlig unbekannt waren. Als die ersten Europäer gegen Ende des 15. Jahrhunderts in großer Zahl auf dem amerikanischen Doppelkontinent landeten, schleppten sie zahlreiche Krankheiten ein, darunter Pocken und Influenza. Diese dezimierten die indigene Bevölkerung weitaus wirksamer als konventionelle Waffen.[39] Das ging so weit, dass sich Seuchen wie eine Bugwelle sogar rascher ausbreiteten als die Invasoren selbst. Als die Europäer in viele einst dicht bevölkerte Gegenden von Amerika vorstießen, fanden sie große Teile fast verlassen vor. Möglicherweise brachten die Europäer auch die Syphilis mit, aber vielleicht wanderte diese Krankheit auch in umgekehrter Richtung – nämlich mit den heimkehrenden Konquistadoren nach Europa.

Vor dem Aufkommen der modernen Medizin fielen Menschen Seuchen und Plagen zum Opfer, die einen beträchtlichen Teil der Bevölkerung auslöschen konnten. Man denke nur an die Pestpandemie, die das Römische Reich zur Zeit von Kaiser Justinian ereilte, an den Schwarzen Tod in 14. Jahrhundert und an die sogenannte Spanische Grippe, die direkt nach dem Ersten Weltkrieg ausbrach. Und an SARS-CoV-2 sind nach einer Erhebung im April 2023 weltweit fast sieben Millionen Menschen gestorben,[40] wobei der internationale Flugverkehr für die rasche Verbreitung des Virus sorgte. Sieben Millionen mögen im Vergleich zur Weltbevölkerung wie ein kleiner Prozentsatz erscheinen (weniger als 1 Tod auf 1000 Personen). Doch ohne die unerschrockenen Bemühungen von Forscher- und Klinikteams, wirksame Impfstoffe zu entwickeln, hätte die Pandemie wohl noch weitaus mehr Opfer gefordert.

Noch immer geht der Kampf weiter, und man muss sich berechtigte Sorgen um die Auswirkungen der nächsten Pandemie machen. Sie könnte wie das Englische Schweißfieber aus dem Nichts kommen und einen plötzlichen und schrecklichen Tribut fordern. Ständig tauchen neue Infektionskrankheiten auf. Ebola,[41] Legionellose («Legionärskrankheit»),[42] Zikafieber,[43] Chikungunyafieber[44] und das West-Nil-Fieber[45] sind nur die ersten fünf, die mir spontan eingefallen sind; sie alle traten erstmals im 20. Jahrhundert auf und bereiten uns seitdem Sorgen. Wie die rezente Covid-19-Pandemie gezeigt hat, sind die Regierungen nicht immer so gut auf den Ernstfall vorbereitet, wie es vielleicht sein sollte.[46]

Denn die Tatsache bleibt bestehen, dass Menschen als Spezies auffallend stark von Pocken, Würmern und Läusen geplagt werden – zumindest teilweise eine Folge der mangelnden genetischen Variation, die ihrerseits auf zahlreiche Gründereffekte in der menschlichen Geschichte zurückzuführen ist.[47]

In der Rückschau scheint es möglich, dass menschliche Populationen zum Teil *aufgrund* von Infektionen klein blieben. Infektionskrankheiten, die *Homo sapiens* im Lauf seiner Geschichte durchgemacht hat, haben unauslöschliche Spuren im Genom aller heute lebenden Menschen hinterlassen;[48] sie sind ein Zeichen von wiederholten Massenaussterben in der Vergangenheit.

Die menschliche Bevölkerung ist gegenwärtig größer, als sie jemals war. Dabei lebt ein wachsender Anteil der Menschen auf engem Raum in Städten, und diese Städte locken einen wachsenden Anteil von Menschen an, die aufgrund von kriegerischen Konflikten oder Klimawandel aus ihrer Heimat flüchten. Gleichzeitig dringen die Menschen in die wenigen verbliebenen Habitate von Wildtieren vor, was sie neuen Krankheiten aussetzt, die zuvor nur bei Wildtieren zu finden waren. Es sind genau diese Bedingungen, unter denen Infektionskrankheiten um sich greifen können.

7

Am Abgrund

Zweiundzwanzig anerkannte Konkubinen und eine zweiundsechzigtausend Bände umfassende Bibliothek bezeugten die Vielzahl seiner Neigungen, und wie seine Hervorbringungen beweisen, dienten beide Sammlungen mehr dem Gebrauch als zur Prahlerei.

EDWARD GIBBON
Verfall und Untergang des römischen Imperiums

Trotz – und faktisch wegen – der Landwirtschaft, trotz genetischer Defizite und trotz Krankheiten wuchs die menschliche Bevölkerung unaufhaltsam weiter an. Fast seine ganze Geschichte hindurch sicherte sich *Homo sapiens* mit dem, was die Wildnis ihm bot, einen kärglichen Lebensunterhalt. Bei einer solchen Lebensweise kann die ganze Erde nicht mehr als etwa zehn Millionen Menschen ernähren.[49] Die Entwicklung der Landwirtschaft steigerte dann die «Tragfähigkeit» (*carrying capacity*) der Erde beträchtlich, was Populationsgröße und -dichte der Menschheit angeht. Weder genetische Defizite noch die Anfälligkeit für Krankheiten konnten das Bevölkerungswachstum seitdem bremsen. Man kann sich in der Tat fragen, wie viel mehr Menschen die Erde heute unterhalten müsste, wenn Menschen genetisch variabler wären.

Bei einem jungen Biologen von der Stanford University, der 1966 nachts mit dem Taxi durch die Straßen der indischen Stadt Delhi fuhr, hinterließ das überbordende Menschengewimmel einen starken Eindruck.

> Die Straßen waren voll von Menschen. Menschen, die aßen, sich wuschen, schliefen. Menschen, die schwatzten, stritten und kreischten. Die ihre Hände durch das Taxifenster streckten und bettelten. Die urinierten und ihren Darm entleerten. Die sich an Busse klammerten und Vieh trieben. Menschen, Menschen, Menschen, Menschen.

Der Biologe hieß Paul R. Ehrlich, das Zitat steht auf den ersten Seiten seines 1968 erschienenen Buches *The Population Bomb* (auf Deutsch erschienen 1971 als *Die Bevölkerungsbombe*).[50] Seine Erfahrungen aus den Slums von Delhi extrapolierte Ehrlich teils sehr polemisch in eine erschreckende Zukunftsvision der gesamten Menschheit. Darin klagt er das wissenschaftliche Establishment der Vereinigten Staaten, vor allem die Biomedizin, an, mehr an der Senkung der Sterblichkeitsraten interessiert sei als an einer Kontrolle der Geburtsraten.

> Die etablierten amerikanischen Biologen sind in erster Linie Sterblichkeitsbekämpfer: Das Eingreifen in demographische Prozesse interessiert sie nur im Rahmen einer Reduzierung der Sterbeziffern. Es fehlen ihnen die Voraussetzungen und die Bereitschaft, das Problem zu begreifen.[51]

Ehrlich verbindet seine Kritik mit anscheinend drakonischen Lösungen:

> Ein häufig genannter Plan sieht die Beimischung von Sterilisationsmitteln zum Trinkwasser oder zu den Grundnahrungsmitteln vor. Das Gegenmittel müsste von der Regierung in sorgfältig bemessenen Dosen verteilt werden, um die gewünschte Bevölkerungsgröße zu erhalten. Wer von diesem Vorschlag entsetzt ist,

braucht sich keine Sorgen zu machen. Dank der schon kriminellen Unzulänglichkeit der biomedizinischen Forschung auf diesem Gebiet ist vorläufig an diesen Ausweg nicht zu denken. Wenn wir nur die Wahl zwischen solchen Zusätzen und der Katastrophe haben, wird letztere eintreten.[52]

Seine geopolitischen Lösungen zur Priorisierung internationaler Hilfe – zu der die Zerstückelung von sogenannten Entwicklungsländern gehört – erscheinen uns heute als hart, paternalistisch und sogar naiv.

Vielleicht sollten wir separatistische Bewegungen in den Entwicklungsländern unterstützen, wenn die Separatisten auf einer höheren Entwicklungsstufe stehen als die bisher existierende politische Einheit. Vielleicht hätten wir besser Katanga und Biafra unterstützt, nicht den Kongo und Nigeria. Westpakistan könnte möglicherweise Hilfe gewährt werden, Ostpakistan [d. h. Bangladesch] nicht. Besonders aus wirtschaftlichen Gründen wäre eine weitere Aufteilung oder sogar eine Neuordnung mancher Entwicklungsländer zu begrüßen.[53]

Man kann die erwähnten Bürgerkriege nachschlagen – die Sezessionsbewegungen, um die Provinz Katanga von der heutigen Demokratischen Republik Kongo abzuspalten (1960–1963), die Region Biafra von Nigeria (1967–1970) und Bangladesch (Ostpakistan) von Pakistan (1970). Und man kann sich über Ehrlichs Schönfärbung der menschlichen Kosten dieser blutigen Auseinandersetzungen wundern, die angeblich einem übergeordneten Wohl dienen sollten.[54]

Das heißt nicht, dass einige von Ehrlichs realistischeren Rezepten nicht verwirklicht worden wären:

> Wir brauchen ein Bundesgesetz, das *jeder* Frau das Recht auf Schwangerschaftsunterbrechung zugesteht, wenn das Einverständnis eines Arztes vorliegt.[55]

Im Vereinigten Königreich erlaubte der Abortion Act von 1967 unter gewissen Umständen eine Abtreibung. Doch in den USA kam es 1973 – fünf Jahre nach dem Erscheinen von *The Population Bomb* – zur Entscheidung im Fall *Roe v. Wade*: Darin garantierte der Supreme Court das Recht auf Schwangerschaftsabbruch – eine Garantie, die kürzlich zurückgezogen wurde, zumindest als Bundesgesetz.

Die Bevölkerungsbombe schließt mit einem verzweifelten, wenn nicht gar sarkastischen Kommentar:

> Glücklicherweise lassen sich Menschen leicht in großen Mengen von Ungelernten produzieren, die Spaß an ihrer Arbeit haben. Die richtige Geburtenförderung vorausgesetzt, kann die Bevölkerungsdichte in rund 500 Jahren 1000 Menschen pro Quadratmeter (zu Land und zu Wasser) betragen. Dabei sollte sich auch der Einsamste wohlfühlen.[56]

Die Bevölkerungsbombe hatte damals eine elektrisierende Wirkung auf Menschen, die sich um die Auswirkung von Überbevölkerung auf die Umwelt sorgten (Rachel Carsons Buch *Der stumme Frühling* war bereits 1962 erschienen; Ehrlichs Buch war also in gewisser Weise ein Nachzügler auf der Party). Wie Charles C. Mann 2018 im *Smithsonian Magazine* ein halbes Jahrhundert später in einer Rückschau auf die Ereignisse von 1968 schrieb, trug *Die Bevölkerungsbombe* direkt oder indirekt zu Programmen bei, die zur Senkung der Fruchtbarkeit in armen Regionen gedacht waren und an offiziell sanktionierte Grausamkeit grenzen:

> Einige Programme zur Bevölkerungskontrolle drängten Frauen, nur bestimmte, offiziell empfohlene Verhütungsmittel zu benutzen. In Ägypten, Tunesien, Pakistan, Südkorea und Taiwan war das Gehalt des Gesundheitspersonals an die Zahl der Intrauterinpessare [mechanische Verhütungsmittel, die in die Gebärmutter eingesetzt werden] gekoppelt, die sie Frauen einpflanzten – ein System, das zum Missbrauch einlud. In den Philippinen wurden Antibabypillen über abgelegenen Dörfern buchstäblich aus dem Helikopter geworfen. In Mexiko, Bolivien, Peru, Indonesien und Bangladesch wurden Millionen Menschen sterilisiert – oft zwangsweise, manchmal illegal, häufig unter unhygienischen Bedingungen.[57]

Darüber hinaus denkt man an die Ein-Kind-Politik in China und an die Bemühungen der indischen Regierung unter Indira Gandhi, Menschen zur Sterilisation zu zwingen.

Abgesehen von China und Indien, die Zwangsmaßnahmen zur Geburtenkontrolle selbstständig in die Wege leiteten, kann man sich des Gefühls nicht erwehren, dass westliche Nationen den sogenannten Entwicklungsländern, wie sie gönnerhaft genannt wurden, ihre eigenen Prinzipien zur Geburtenkontrolle überstülpten, ob diese Länder wollten oder nicht. Im selben Artikel verweist Mann darauf, dass Delhi zum Zeitpunkt von Ehrlichs schicksalhafter Taxifahrt 2,8 Millionen Einwohner hatte.

> Zum Vergleich: 1966 lebten Paris rund 8 Millionen Menschen. Ganz gleich, wie gründlich man in den Archiven sucht, scheint es niemanden alarmiert zu haben, dass die Champs-Élysées «voll von Menschen» waren. Vielmehr galt Paris 1966 als Symbol für Eleganz und Raffinesse.[58]

Auch wenn sich die Weltbevölkerung seit Erscheinen der *Bevölkerungsbombe* mehr als verdoppelt hat (knapp über acht Milliarden zum Zeitpunkt, zu dem ich diese Zeilen schreibe), sind Ehrlichs düstere Voraussagen einer weltweiten Katastrophe zum Glück nicht eingetroffen. Im Großen und Ganzen führen die Menschen rund um die Welt ein längeres, gesünderes und sichereres Leben als 1968, auch ohne dass man ihr Trinkwasser mit Empfängnisverhütungsmitteln versetzt oder Ehrlichs drastischere geopolitische Lösungen umgesetzt hätte. Sie sind auch besser ausgebildet – und dieser Bildung, insbesondere der Bildung von Frauen, verdanken wir all die anderen positiven Entwicklungen. Weltweit stieg der Anteil der Menschen mit Ende zwanzig, die mindestens sechs Jahre lang die Schulbank gedrückt hatten, von knapp über 50 Prozent im Jahr 1970 auf mehr als 80 Prozent 2018, und dieser Anteil wird 2030 voraussichtlich nahe bei 90 Prozent liegen – auch wenn Fortschritte in der höheren Schulbildung (weiterführende Schulen, Universitätsausbildung) mehr Zeit brauchen.[59]

Man sieht Ehrlichs Buch am besten als Produkt seiner Zeit an. 1968 war ein fiebriges Jahr. In diesem Jahr brachte die NASA die Apollo-7- und die Apollo-8-Mission auf den Weg zum Mond, der erste kurze Flirt der Menschheit mit der bemannten Erforschung des Weltraums. Es war das Jahr der Studentenrevolutionen. Es war überdies das Jahr des Prager Frühlings – der politischen Liberalisierung in der Tschechoslowakei, die von der Sowjetunion brutal niedergeschlagen wurde.[60] Es war das Jahr der Proteste gegen den Vietnamkrieg. Es war das Jahr, in dem Martin Luther King Jr. und Senator Robert Kennedy ermordet wurden.

Ein Ereignis in den sogenannten Swinging Sixties bleibt dabei in der Regel unerwähnt. In den 1960er-Jahren erreichte die Zuwachsrate der menschlichen Bevölkerung, die seit prähistorischen Zeiten tendenziell stets gestiegen war, ihren Gipfel. Daten der Vereinten Nationen zufolge kletterte die

Rate des Bevölkerungswachstums 1964 bei einer Weltbevölkerung von 3,267 Milliarden mit jährlich 2,24 Prozent auf ihren Höchststand.[61] Kein Wunder, dass Ehrlich seinen «Brandbrief» verfasste. Seitdem ist die Wachstumsrate auf 0,88 Prozent gesunken und wird Extrapolationen zufolge im Jahr 2086 bei einer Weltbevölkerung von rund 10,431 Milliarden negativ werden, das heißt, sie wird anfangen zu schrumpfen.

Diese Verlangsamung der Wachstumsrate ist wohl das wichtigste Ereignis der 1960er-Jahre. Man kann argumentieren – und genau das tue ich hier –, dass dieses Ereignis für die Menschheitsgeschichte genauso wichtig ist wie die Erfindung der Landwirtschaft. Seit dem Aufkommen der Landwirtschaft hat es – abgesehen von Weltkriegen und Pandemien – keinen Zeitpunkt in der Laufbahn des Menschen gegeben, zu dem die Wachstumsrate der gesamten Spezies begonnen hätte sich zu verlangsamen. Dieses Ereignis ist in der gesamten Evolution des Menschen einzigartig. Demzufolge würde die Wachstumsrate also bald auf null fallen (also Geburten und Todesfälle einander ausgleichen) und die Bevölkerung anschließend anfangen zu schrumpfen. Wie es aussieht, wird dies aus eigenem Antrieb geschehen, weder erzwungen durch geopolitische Basteleien, Zwangssterilisation oder aus der Luft herabregnende Verhütungsmittel noch aufgrund von Pandemien, Weltkriegen, Klimawandel, amoklaufenden intelligenten Killerrobotern, bösartigen Invasoren aus dem All oder anderen äußeren Kräften, auch wenn solche Dinge den Rückgang beschleunigen könnten.[62] Und wahrscheinlich setzt dieser Rückgang schon bald ein.

Vorhersagen sind notorisch schwierig, vor allem, wenn sie die Zukunft betreffen.[63] Oder wie Christopher J. L. Murray vom Institute for Health Metrics and Evaluation an der University of Washington in Seattle und seine Kollegen meinen:

> Ganz unabhängig von der Modellierungsstrategie ist ein grundsätzliches Problem beim Erstellen von langfristigen Vorhersagen die Existenz potenzieller Veränderungen bei weit in der Zukunft liegenden Trends, die sich nicht vorhersehen lassen.[64]

Das heißt nicht, dass sie's nicht trotzdem versuchen, und zwar ziemlich gut. In einer durchdachten und detaillierten Analyse von Bevölkerungstrends kommen Murray und seine Kollegen zu dem Schluss, dass der Kipppunkt des Bevölkerungswachstums bereits deutlich zeitiger, nämlich 2064 – zwei Jahrzehnte früher als in der UN-Projektion – bei einem Stand von 9,73 Milliarden Menschen erfolgen könnte, gefolgt von einem Rückgang auf 8,79 Milliarden bis 2100. Falls die Ziele für nachhaltige Entwicklung (*Sustainable Development Goals*, SDGs) der UN für Bildung und Verhütung erreicht werden, könnte die Weltbevölkerung 2100 sogar bei nur 6,29 Milliarden liegen – deutlich unter dem heutigen Stand. Es sollte nicht unerwähnt bleiben, dass diese Zahlen einen großen Unsicherheitsfaktor aufweisen und Murray und Kollegen bezweifeln, dass alle SDGs erreicht werden.[65] Doch die Botschaft ist klar – zum ersten Mal in der Geschichte befindet sich die Weltbevölkerung auf dem Weg zu einem ausgeprägten Abwärtstrend.

Es lohnt sich, die Studie von Murray und Kollegen genauer anzusehen, denn sie steckt voller interessanter Details (außerdem ist sie für jedermann frei zugänglich – ich empfehle Ihnen, sie zu lesen). Und nicht nur das, sondern es handelt sich überdies um eine wichtige Analyse eines wichtigen Moments in der menschlichen Evolution. Es geht um den Zeitpunkt, an dem das Wachstum der Weltbevölkerung dabei ist, sich in dramatischer Weise umzukehren.

Eines der Schlüsselgedanken der Studie ist ein Konzept, das Demografen – Fachleute, die Bevölkerungstrends untersuchen – als Gesamtfertilitätsrate (*total fertility rate*, TFR). Beim klassischen Plot «Junge trifft Mädchen» bleiben die beiden zusammen, haben zwei Kinder und tun damit nichts anderes, als sich selbst in der Bevölkerung zu ersetzen. Zwei Elternteile, zwei Kinder. Haben sie mehr als zwei Kinder, so wächst die Bevölkerung. Haben sie weniger, dann schrumpft sie. Die TFR wird gewöhnlich als die Durchschnittszahl an Kindern ausgedrückt, die eine Frau im Lauf ihres Lebens zur Welt bringt. Um die Population stabil zu halten, muss die TFR einen Wert von 2,0 haben. Tatsächlich muss sie sogar leicht darüber liegen – eher bei 2,1 –, um verschiedene Faktoren auszugleichen, beispielsweise Kinder, die bereits im Kindesalter sterben, und die Tatsache, dass in der Regel etwas mehr Jungen als Mädchen geboren werden.[66] Ein TFR-Wert von rund 2,1 wird als Bestandserhaltungsniveau bezeichnet. Die TFR ist eng mit Bildung und, kaum überraschend, mit dem Zugang zu Verhütungsmitteln verknüpft. Je besser Frauen gebildet sind und je leichter sie Zugang zu Verhütungsmitteln haben, desto niedriger ist die TFR.

In diesem Kontext sind die wichtigsten Ergebnisse der Studie von Murray und Kollegen eine faszinierende Lektüre. Von den 195 untersuchten Ländern und Hoheitsgebieten werden 151 der Prognose nach bis 2050 eine TFR unter dem Ersatzniveau erreichen, und bis Ende des Jahrhunderts wird dies für 32 weitere Länder gelten. Zudem wird die Gesamtfertilitätsrate 2034 weltweit unter das Ersatzniveau fallen.

In einigen Ländern ist das Problem bereits akut. Laut Vorhersagen werden 23 Länder bis 2100 mehr als die Hälfte ihrer Bevölkerung verlieren. Kaum überraschend gehört Japan dazu, ein Land mit einer bekanntlich rasch alternden Bevölkerung, einer niedrigen Geburtenrate und kaum Netto-Einwanderung. Überraschender ist vielleicht, dass Länder wie Spanien und Thailand auch schon zu dieser auserwählten Gruppe gehören. Zwar kann man in diesen Länder Anzeichen für eine alternde Bevölkerung und eine sinkende Geburtenrate finden, doch dass sich ihre Bevölkerung in weniger als einem Jahrhundert halbieren wird, ist ein Schock. Gerade noch jenseits des Rückgang-um-die-Hälfte-Klubs liegt der Koloss, der sich Volksrepublik China nennt; hier liegt der vorhergesagte Netto-Bevölkerungsverlust bei 48 Prozent bis 2100. Bei einer TFR von 1,53 sollte Chinas Bevölkerung von 1,412 Milliarden (im Jahr 2017) laut Prognosen ihren Gipfel bereits 2024 mit 1,432 Milliarden Menschen erreichen und bis 2100 auf 732 Millionen sinken. Da Vorhersagen sprichwörtlich schwierig sind, ist die potenzielle Fehlermarge dieser Zahlen hoch. Die chinesische Bevölkerung könnte im Jahr 2100 auch bei 1,499 Milliarden liegen (also höher als heute) oder auch bei nur 456 Millionen. Aber es lässt aufmerken, dass bereits 2022 offiziellen Berichten zufolge mehr Menschen in China starben (10,41 Millionen) als geboren wurden (9,56 Millionen) – zum ersten Mal seit der schrecklichen Hungersnot, die in den 1960er-Jahren durch Maos «Großen Sprung nach vorn» ausgelöst wurde.[67]

Zu der Handvoll Länder, deren Gesamtfertilitätsrate 2100 noch immer das Ersatzniveau übersteigen wird, gehören afrikanische Nationen wie der Tschad (prognostiziertes TFR 2,19 für das Jahr 2100), Somalia (2,57), Südsudan (2,46) und Simbabwe (2,22), zwei zentralasiatische Nationen, Kirgisistan und Tadschikistan (beide 2,25), sowie eine Reihe kleiner pazifischer Inselstaaten, darunter Amerikanisch-Samoa (2,13), Guam (2,26), Kiribati (2,32), Samoa (4,47) und Tonga (2,62). In den meisten Gebieten werden 2100 weniger Menschen leben als heute – nur in Subsahara-Afrika, Nordafrika und im Nahen Osten werden es mehr sein.

Um diese Zahlen in einen Kontext zu stellen: Im Jahr 2017 lebten in den Vereinigten Staaten 324,84 Millionen Menschen. Die Einwohnerzahl wird 2062 mit 363,75 Million einen Gipfel erreichen und bis 2100 auf 335,8 Millionen zurückgehen. Die TFR lag 2017 bei 1,81 – deutlich unter dem Ersatzniveau – und wird bis 2100 weiter bis auf 1,53 sinken. Die Bevölkerung

Deutschlands zählte 2017 83,29 Millionen und wird bereits im Jahr 2035 (zum Vergleich: die Vereinigten Staaten erreichen ihren Höchststand 2062) mit 85,03 Millionen ihren Höchstwert erreichen, bevor sie 2100 auf 66,42 Millionen abfällt. Die TFR lag 2017 bei 1,39 und wird bis 2100 auf 1,35 zurückgehen.

Eine Überraschung ist die kleine, aber außerordentlich fruchtbare Nation Israel mit einer prognostizierten TFR von 2,36 im Jahr 2100, abgesunken von 2,9 im Jahr 2017. Das heißt, dass dieses kleine Land mit seinen 8,95 Millionen Einwohnern (2017) auf erstaunliche 24,07 Millionen im Jahr 2100 anwachsen wird, bevor die Bevölkerungszahl wieder zurückgeht. Das liegt an einer hohen Einwanderungsquote und dem beträchtlichen Kinderreichtum einer bestimmten und wachsenden Bevölkerungsgruppe, den ultraorthodoxen oder charedischen Juden. Als ich 1985 während meiner Studentenzeit Israel zum ersten Mal besuchte, war der Anblick der Ultraorthodoxen in ihrer auffälligen Tracht eher eine Seltenheit. Bei einem zweiten Besuch 2017, also 32 Jahre später, war dieser Anblick völlig normal.

Vielleicht überraschender ist, dass die Reproduktionsrate in fast allen Ländern südlich der Sahara Prognosen zufolge bis Ende des Jahrhunderts unter das Ersatzniveau fallen wird. Denn momentan liegen die meisten Länder in der Welt, in denen die TFR das Ersatzniveau deutlich übersteigt, genau in diesem Teil Afrikas. Der Grund ist, dass die Bevölkerung in diesen Ländern noch jünger ist als der Durchschnitt der Weltbevölkerung und sich folglich ein größerer Teil der Einwohner noch im Fortpflanzungsalter befindet. Murray und Kollegen sagen voraus, dass die Fruchtbarkeit in Subsahara-Afrika nicht vor 2063 unter das Ersatzniveau fallen wird, fast 30 Jahre später (mehr als eine ganze Generation) als die Welt im Allgemeinen. Irgendwann wird die Bevölkerung jedoch selbst in Subsahara-Afrika ihren höchsten Stand erreichen und beginnen zurückzugehen. Die bevölkerungsreichste Nation Afrikas ist Nigeria.

Dort leben bereits heute mehr als 200 Millionen Menschen, und im letzten Jahr des 21. Jahrhunderts werden es 791 Millionen Menschen sein, bevor auch dort ein Rückgang einsetzt. 2017 betrug die TFR in Nigeria 5,11 – bis zum Ende des Jahrhunderts wird sie vermutlich auf 1,69 fallen. Dennoch wird Nigeria im Jahr 2100 unter den bevölkerungsreichsten Ländern der Welt den zweiten Platz belegen.

Doch bis dahin wächst die Weltbevölkerung weiter. Da die Wachstumsrate ungleichmäßig ist und da es eine gewisse Zeit dauern wird, bis das Absinken der TFR in Ländern südlich der Sahara Wirkung zeigt, wird sich die ethnische Zusammensetzung der Weltbevölkerung verändern. Im Lauf der kommenden Jahrzehnte wird die Weltbevölkerung afrikanischer werden. Dieser Effekt wird durch Veränderungen der jeweiligen Lebenserwartung bei der Geburt in gewisser Weise abgeschwächt. Was ihren Anteil an der menschlichen Spezies angeht, werden die meisten Neugeborenen zwar Afrikaner sein, doch ihre Lebenserwartung wird nach wie vor unter derjenigen von Neugeborenen in anderen Weltregionen liegen.

Insgesamt ist die Lebenserwartung aufgrund von besserer Gesundheitsfürsorge, Bildung, Lebensqualität und Sicherheit weltweit mit Riesenschritten gestiegen. All diese Verbesserungen wurzeln im Grunde im Empowerment von Frauen, in ihren besseren Mitwirkungsmöglichkeiten in der Gesellschaft. Doch nach wie vor bestehen große Ungleichheiten in der Machtverteilung, und das wird am Ende des Jahrhunderts noch genauso sein wie heute. Der Analyse von Murray und Kollegen zufolge wird die Lebenserwartung auch im Jahr 2100 noch immer stark variieren. Je nachdem, wo jemand lebt, wird die durchschnittliche Lebenserwartung zwischen 69,4 und 88,9 Jahren liegen. Und von zehn Ländern, für die eine durchschnittliche Lebenserwartung von weniger als 75 Jahren prognostiziert wird, werden sieben in Subsahara-Afrika sein. Allerdings wird sich die Diskrepanz laut Vorhersage verringern.

Von der Lebenserwartung einmal abgesehen, ist eine weitere Konsequenz der zurückgehenden Fruchtbarkeit, dass die Weltbevölkerung ergraut. 2017 betrug das weltweite Durchschnittsalter 36,2 Jahre. 2100 wird es bei 46,2 Jahren liegen; das ist ein ganzes Jahrzehnt mehr. Heutzutage leben weltweit 1,7 Milliarden Menschen, die älter als 65 Jahre sind. Bis 2100 wird ihre Zahl auf 2,37 Milliarden steigen. Der Anstieg bei den über Achtzigjährigen ist noch eindrucksvoller: von 141 Millionen auf 866 Millionen. Im gleichen Zeitraum wird die Zahl der Kinder unter fünf Jahren von 681 Millionen auf 401 Millionen sinken.

Es ist sehr aufschlussreich, die Anzahl der Geburten mit der Anzahl der Menschen zu vergleichen, die ihren Achtzigsten feiern. Im Jahr 1950 kamen auf jede Person, die 80 wurde, 25 Geburten. 2017 war diese Zahl auf 7 gesunden. Im Jahr 2100 wird es zu einem Gleichstand kommen – nur eine einzige Geburt für jede Person, die 80 Kerzen auf ihrem Geburtstagskuchen auspusten kann.

Die Hochs und Tiefs (und vor allem die Tiefs) der Weltbevölkerung bilden einen erschreckenden Lesestoff, und das bereits, bevor man über die ökonomischen Konsequenzen nachdenkt. Zusammen mit den verringerten Geburtenraten bringt eine alternde Bevölkerung mit sich, dass in allen Ländern weniger Menschen leben und ein geringerer Prozentsatz der Gesamtbevölkerung arbeitet[68] – also für Wohlstand sorgt und Steuern zahlt, um öffentliche Dienstleistungen zu finanzieren, wie Kinderbetreuung und Rentenbezüge (und Pflege) für die Älteren. Laut Prognose werden im Jahr 2100 die Länder mit dem größten Pool an potenziellen Arbeitskräften in absteigender Reihenfolge Indien, Nigeria, China und die Vereinigten Staaten sein. Die Zahl der Arbeitskräfte in Indien und China wird jedoch abrupt zurückgehen. Murray und Kollegen nutzen die enge statistische Beziehung zwischen der Bevölkerung im arbeitsfähigen Alter und dem Bruttoinlandsprodukt (BIP), um zu zeigen, dass China die Vereinigten Staaten als weltgrößte Volkswirtschaft bis 2050 überholen wird, doch beide Länder werden bis 2100 wieder die Plätze tauschen, weil die Zahl der Arbeitskräfte in China sinkt. Indien war, gestützt auf seine riesige (wenn auch sinkende) Zahl von Arbeitskräften, 2017 zur siebtgrößten Volkswirtschaft aufgestiegen und wird 2100 hinter den Vereinigten Staaten und China, aber vor Japan und Deutschland (Platz 5) den dritten Platz belegen. Und die wachsende Bevölkerung von Nigeria wird miterleben, dass ihr Land in der BIP-Hitliste vom 28. Platz im Jahr 2017 auf Platz 21 im Jahr 2030, Platz 17 im Jahr 2050 und Platz 9 im Jahr 2100 steigt.

Einer der Schlüsselfaktoren, die das BIP hoch halten, ist Einwanderung. So wird die Einwanderung in Australien dazu führen, dass das Land in den BIP-Charts stetig höher klettert, von Platz 12 heute auf Platz 8 im Jahr 2100, einen Platz vor Nigeria. Dank seiner wachsenden Bevölkerung wird Israel, getragen von einer hohen TFR und einer starken Immigration, laut Prognosen von Platz 35 im Jahr 2050 in die Top-20 aufsteigen und 2100 auf Platz 16 liegen. Einwanderung ist eine rasche und relativ einfache Weise, um das BIP zu stützen; daher sollten Regierungen von Ländern mit fallenden Geburtenraten überlegen, ob sie die Regeln für Einwanderung nicht lockern sollten.

Japan wird sich dem Trend allerdings widersetzen. Trotz eines massiven Bevölkerungsrückgangs (mehr als eine Halbierung von 128,36 Millionen (2017) auf 59,72 Millionen (2100)) und sehr geringer Einwanderungsquoten wird sein BIP lediglich vom 3. Platz im Jahr 2017 auf den 4. Platz im Jahr 2100 fallen. Japan wird seine Position zum Teil deshalb behalten, weil die älteren Leute länger arbeiten werden. Denn eine höhere

Lebenserwartung geht für die Glücklichen mit einer besseren Gesundheit, mehr Wohlbefinden und längerer Arbeitsfähigkeit einher. Andere Länder, wie das Vereinigte Königreich – und Frankreich (dort allerdings unter heftigen Kontroversen) – haben bereits versucht, das Renteneintrittsalter anzuheben.

Einige Länder haben nach Wegen gesucht, um das Absinken der TFR durch Anreize fürs Kinderkriegen umzukehren. Dazu zählen großzügige Elternzeiten und Kinderbetreuungsangebote, die in der Regel jedoch nur mäßigen Erfolg haben. In Schweden, beispielsweise, wo die Regierung eine solche Politik aktiv betreibt, stieg die TFR von 1,5 am Ende der 1990er-Jahre auf 1,9 im Jahr 2019 – zweifellos eine Zunahme, aber noch immer unter dem Ersatzniveau. Andere Länder haben restriktive Maßnahmen ergriffen, zum Beispiel den Zugang zu Schwangerschaftsabbrüchen eingeschränkt. Solche «geburtenfördernden» (pronatalistischen) Maßnahmen sind jedoch nicht effektiv, denn selbst wenn sie aufrechterhalten werden, dauert es mindestens eine Generation, bis sie von der Bevölkerung als soziale Norm angesehen werden. Nach Chinas Abkehr von seiner Ein-Kind-Politik (sie bestand zwei Jahrzehnte lang) dürfen viele junge Paare – beide Partner selbst Einzelkinder – inzwischen zwei Kinder haben, doch häufig entscheiden sie sich dagegen. Zudem führt eine sinkende TFR oft dazu, soziale Normen für die Zukunft festzulegen. Wenn sich die TFR einmal im Sinkflug befindet, ist es schwierig, den Trend umzukehren.[69]

Auf jeden Fall dauert es 15 bis 20 Jahre, bis aus einem Neugeborenen ein steuerzahlendes Mitglied der arbeitenden Bevölkerung eines Landes wird. Einwanderung ist schneller. Länder, die die Vorteile von Immigration nicht rasch genug erkennen, müssen vielleicht bald feststellen, dass sie ihre Chance verpasst haben. In weniger als einem Menschenalter, wenn es in fast allen Ländern zur TFR-Abnahme und zum Bevölkerungsrückgang kommt, könnte es passieren, dass die

Regierungen von Ländern, die ihren Bevölkerungsüberschuss zuvor exportiert haben, darauf dringen, dass ihre Bürger zu Hause bleiben. Wie Murray und Kollegen betonen, ist *eine* Konsequenz eines Bevölkerungsrückgangs auch eine Verkleinerung des Pools an Erfindern, der die Wirtschaft voranbringt. Man braucht ein ganzes Dorf, um ein Kind zu großzuziehen, doch es bedarf einer Zivilisation von Millionen, wenn nicht gar Milliarden Menschen, um einen Darwin oder einen Pasteur, einen Gates oder einen Jobs, einen Bezos oder einen Musk, einen Newton oder einen Einstein hervorzubringen.

✷

Die Frage, die Murray und seine Kollegen nicht (oder nur indirekt) ansprechen, ist die Frage, die für meine gegenwärtigen Zwecke besonders wichtig ist. Sie lautet: Warum gerade *jetzt*? Angesichts der Tatsache, dass die menschliche Bevölkerung in den letzten 10 000 Jahren exponentiell gewachsen ist, ohne dass es einen Hinweis auf eine Änderung des Trends gegeben hätte, kann man Paul Ehrlichs Pessimismus vielleicht verstehen. Aber die Dinge haben sich verändert. Man kann durchaus fragen, warum die menschliche Bevölkerung – einzigartig in der menschlichen Historie – kurz vor einer steilen Talfahrt steht.

Murray und Kollegen benennen in ihrer detaillierten Analyse als Haupttriebfeder beim Rückgang der TFR das Empowerment der Frauen, und zwar bei reproduktiver Selbstbestimmung und besserer Bildung. Ein Mehr an höherer Schulbildung für Mädchen und ein leichterer Zugang zu Verhütungsmittel für junge Frauen sind laut Murrays Prognose die entscheidenden Faktoren. Bis zur vollständigen Gleichberechtigung von Frauen ist es aber noch ein weiter Weg. An manchen Orten kommt es auch immer wieder zu alarmierenden Rückschlägen. Dabei sollten wir jedoch nicht vergessen, dass die Emanzipation von Frauen, in welcher Art auch immer, erst seit dem vergangenen Jahrhundert – nicht einmal ein Wimperschlag der menschlichen Geschichte – als etwas Natürliches und Normales angesehen wird, und selbst das nicht überall. Wir sollten uns auch klarmachen, dass eine so neue Entwicklung genauso rasch wieder zunichte gemacht werden kann. Beispiele sind die Unterdrückung von Frauenrechten in Ländern wie Afghanistan oder an die Abschaffung des verfassungsmäßig garantierten Rechts auf Schwangerschaftsabbruch in den Vereinigten Staaten. Und nicht zu vergessen: Was den einen völlig richtig, gut und normal erscheint, kann für die anderen ein Gräuel sein. Betrachten wir das wachsende Empowerment von Frauen allerdings im Licht der Geschichte, dann scheint es jetzt überall gleichzeitig stattzufinden, in allen Ländern, ob arm oder reich, ganz unabhängig vom ethnischen, religiösen oder sozialen Hintergrund oder dem jeweiligen Regierungssystem. Der Rückgang der TFR hat trotz aller Launen der Obrigkeit stattgefunden. Dieser Rückgang hält seit einem halben Jahrhundert an und kommt von unten. Was treibt ihn an?

✷

Der erste Faktor, den man in Betracht ziehen muss, ist die persönliche Entscheidung. Viele Paare wünschen sich Kinder, doch wenn sie die Wahl haben, verschieben viele die Familiengründung, bis sie das Gefühl haben, sich eine Familie wirtschaftlich leisten zu können. Diese Entscheidung hat hauptsächlich ökonomische Gründe, und angesichts des globalen Rückgangs der TFR muss man sich mit den ökonomischen Zukunftsperspektiven beschäftigen. Die Covid-19-Pandemie Anfang der 2020er-Jahre bremste den Welthandel, genauso wie die Finanzkrise 2008; einiges spricht jedoch dafür, dass sich diese Krisen vor dem Hintergrund einer bereits grundlegend pessimistischen Stimmung abspielten. Die Weltwirtschaft ist seit der Jahrtausendwende instabil; dabei wirken möglicherweise mehrere Faktoren zusammen. Wie das Institute of Chartered Accountants of England and Wales (ein in Großbritannien ansässiger Rechnungslegungsverband) berichtet, profitierte der Welthandel in den letzten Jahrzehnten vor allem von der umfangreichen Verschiebung von Einzelteilen für die jeweiligen Endprodukte.[70] Die einzelnen Komponenten werden bei dieser Just-in-time-Produktion unter Umständen mehrmals über Ländergrenzen transportiert, bevor die Ware schließlich verkaufsfertig ist. Endprodukte werden genau dann hergestellt, wenn es die entsprechende Nachfrage gibt; sie werden nicht mehr vorher gefertigt und gelagert. Wegen dieser Just-in-time-Produktion reagiert der Welthandel außerordentlich empfindlich auf Schocks wie die Covid-Pandemie und die Finanzkrise. Das gilt auch für den Krieg in der Ukraine, ein im Wesentlichen lokaler Konflikt, der dennoch Schockwellen durch die globalen Energiemärkte gesandt und Sorgen um die weltweite Ernährungssicherheit geweckt hat. Zusammen mit einem zunehmenden Protektionismus – der seinerseits von wirtschaftlichen Ängsten angefacht wird – machen solche Faktoren die Weltwirtschaft angreifbar. Der internationale Währungsfonds gab 2022 eine düstere Prognose heraus, um es vorsichtig auszudrücken: Demnach wird es weltweit bei einem Drittel aller Länder eine negative Entwicklung geben, zudem schätzt der IWF das Risiko, dass das globale Wachstum unter ein historisches Tief von 2 Prozent fällt, vielleicht sogar auf 1,1 Prozent, auf 1:4.[71] Angesichts von Wirtschaftskrise und Unsicherheit hat die Weltbank vor einem wirtschaftlichen Abschwung gewarnt. Ein schwaches Wirtschaftswachstum und eine mögliche Rezession bedrohen 95 Prozent der Industrieländer und fast 70 Prozent der Schwellenländer. Infolgedessen wird die Armut in manchen Gebieten steigen.[72] Subsahara-Afrika – wo zurzeit ein Großteil des gegenwärtigen Wachstums der Weltbevölkerung stattfindet – ist besonders gefährdet. Welche Konsequenzen die zunehmende Armut vor allem in Subsahara-Afrika haben wird, lässt sich nur schwer beurteilen. Werden Frauen noch in der Lage sein, sich frei zu entscheiden und die Familiengröße einzuschränken – oder wird die wirtschaftliche Notlage die Emanzipation der Frauen zurückwerfen, sodass die Familiengröße wieder steigt?

Ich vermute, dass die gegenwärtige wirtschaftliche Unsicherheit einen viel tieferen Langzeittrend widerspiegelt, und das ist der schwindende Zugang zu Ressourcen. *Homo sapiens* dominiert inzwischen die natürliche Ökonomie der Erde und hat ihr so viel Naturkapital entnommen, dass die «leichte Beute» abgeerntet ist und neue Ressourcen rar sind. Das könnte sich schließlich in einem globalen Rückgang der Fertilität manifestiert haben. Es ist bemerkenswert, dass zu Beginn des 20. Jahrhunderts selbst Haushalte mit bescheidenem Einkommen (zumindest in Großbritannien) in der Regel Dienstboten hatten. Die «Babyboomer»-Generation, die in den 1960er-Jahren aufwuchs, als die Wachstumsrate der Weltbevölkerung ihren Gipfel erreichte, hatte zwar Zugang zu viel mehr Ressourcen, konnte aber seltener eigenes Personal anstellen. Die nachfolgende Generation hat bereits Mühe, sich ein eigenes Haus zu leisten, ganz zu schweigen von einem Zimmermädchen oder einem Gärtner. Dem Weltwirtschaftsforum zufolge werden die Millennials (geboren zwischen 1981 und 2000) die erste Generation sein, die wahrscheinlich weniger verdienen wird als ihre Eltern, und das vermutlich über viele Jahrzehnte.[73] Während ich dies schreibe, ist Wohnen in den Metropolen der Welt so schwindelerregend teuer, dass sich junge Leute selbst bei gutem Verdienst nicht leisten können, dort eine Wohnung zu mieten, geschweige denn zu kaufen.[74] Während die Bevölkerungszahlen ein Maximum erreichen, gibt es weniger Ressourcen für alle. Das wiederum wirft die Frage auf, ob es wünschenswert oder auch nur sachdienlich ist, die wirtschaftliche Gesundheit allein anhand des BIP-Wachstums zu beschreiben und damit die wirtschaftliche Gesundheit mit dem Konsum gleichzusetzen.[75]

Es gehören immer zwei dazu, und hinter der sinkenden Fruchtbarkeit steckt mehr als nur die weibliche Familienplanung. Ein Faktor, über den seltener berichtet wird, ist ein drastischer Rückgang der Fortpflanzungsgesundheit bei Männern im Verlauf der letzten Jahrzehnte. Aus bisher ungeklärten Gründen ist die menschliche Spermienzahl in neuerer Zeit deutlich gesunken. Erstmals fiel Medizinern diese Tatsache vor mehr als einem halben Jahrhundert auf, doch die Ursachen sind heute noch immer so rätselhaft wie damals.

Vor 30 Jahren analysierten Elisabeth Carlsen und Kollegen von der Universitätsklinik Kopenhagen Daten, die 50 Jahre zurückreichten und zeigten, dass die durchschnittliche Spermienzahl zwischen 1940 und 1990 nicht etwa nur leicht gesunken war, sondern sich tatsächlich *halbiert* hatte.[76] Eine weitaus umfangreichere Studie, die 2022 von Hagai Levine und Kollegen von der Hebrew University Jerusalem veröffentlicht wurde, zeigte weltweit einen merklichen Rückgang der Spermienkonzentration zwischen 1973 und 2018 bei ansonsten gesunden Männern.[77] Die Wissenschaftler riefen zum Handeln auf und forderten, «die Bedeutung der männlichen Fortpflanzungsgesundheit für das *Überleben der menschlichen Art (und anderer) Arten* zu erkennen» (Kursivsetzung von mir).

Levines Studie von 2022 war wichtig, denn sie schloss eine Lücke in der früheren Analyse der Autoren, die sich auf Nordamerika, Europa, Australien und Neuseeland beschränkt hatte.[78] Nun wurden auch Daten aus Süd- und Mittelamerika, Asien und Afrika berücksichtigt. Damit antworteten die Forscher auf Kritik, dass sich der Rückgang der Spermienzahl möglicherweise nur auf «westliche» oder sogenannte «Industrienationen» beziehe statt auf die menschliche Art im Allgemeinen.

Selbst in China, bis 2022 das bevölkerungsreichste Land der Erde, sinken die Spermienzahlen – das ergab eine Studie mit mehr als 300 000 gesunden chinesischen Männern zwischen 1981 und 2019.[79] Die Autoren warnten daraufhin vor einem «ernsten Problem bei der Fortpflanzungsgesundheit».

Was ist der Grund für diesen jähen, globalen Rückgang? Manche sehen eine Verbindung mit einem Absinken des männlichen Geschlechtshormons Testosteron wie auch mit einer Zunahme von Genitalanomalien und Hodenkrebs. Niels Skakkebæk von der Universitätsklinik Kopenhagen (Koautor der Carlsen-Studie von 1992) und Kollegen vermuten, dass eine zunehmende Exposition gegenüber Schadstoffen aus der Verbrennung fossiler Energieträger einer der Gründe sein könnte.[80] Ein weiterer Einflussfaktor könnte sein, dass Menschen erst in weiter fortgeschrittenem Alter an die Gründung einer Familie denken. Falls ältere Männer weniger Spermien als jüngere haben, könnte dies die Studien verzerren. Die Studien beziehen das Alter jedoch mit ein – demnach ist der Rückgang der Spermienzahl nicht vom Alter abhängig. Gleichzeitig nehmen immer mehr Menschen assistierte Reproduktion (wie In-vitro-Fertilisation, IVF) in Anspruch. Seit der Geburt von Louise Brown, dem gefeierten ersten «Retortenbaby» im Jahr 1978, sind mehr als acht Millionen Babys auf diese Weise gezeugt worden. Aber das ist nicht mehr nur als ein Tropfen auf den heißen Stein: Selbst heutzutage wird nur eins von einer Million Babys anders als auf natürlichem Wege gezeugt.

Wenn die Spermienzahl bei ansonsten gesunden Männern allen Alters weltweit zurückgeht, muss die Ursache etwas sein, das weniger definierbar oder leicht fassbar ist, dafür jedoch allgegenwärtig. Eine konstante geringfügige Exposition gegenüber Derivaten von fossilen Brennstoffen könnte in diese Kategorie fallen. Einige Studien haben das Augenmerk auf Schadstoffe gelenkt, die einen feminisierenden Effekt auf Wildtiere haben. Es ist unvorstellbar, dass sich solche Substanzen nicht auch auf Menschen auswirken sollten, vielleicht dadurch, dass sie die Produktion von Testosteron stören.

Auch der Klimawandel könnte eine Rolle spielen. Es ist wohlbekannt, dass die Spermienproduktion bei Säugetieren eine Temperatur erfordert, die niedriger ist als im Körperinneren. Darum senken sich die Hoden bereits im Mutterleib und hängen beim Neugeborenen im Hodensack, außerhalb der gemütlich warmen Bauchhöhle. Auch unsere Lebensweise könnte einen Einfluss haben. In ihre Studie über die Situation in China fanden Mo-Qi Lv und seine Kollegen von der Xi'an-Jiaotong-Universität, dass der Rückgang der Spermienqualität in Südchina weniger ausgeprägt war als in Nordchina; dort haben insbesondere Teenager tendenziell einen höhere Body-Mass-Index, das heißt, sie sind dicker.

Wie bereits erwähnt, erwarten wir den größten Bevölkerungszuwachs im kommenden Jahrhundert in Afrika, da dieser Kontinent die jüngste Bevölkerung hat. Daten über Spermienqualität in Afrika sind jedoch dünn gesät. Aber es gibt sie, und sie liefern Belege für einen starken Rückgang der Spermienqualität und -konzentration. Eine Studie wies auf einen hohen Body-Mass-Index als möglichen Grund für eine geringe Spermienzahl hin.[81] Eine andere Studie, die sich vorwiegend auf Daten aus Nigeria stützt, fand einen Rückgang der Spermienkonzentration um 72,6 Prozent im Verlauf der letzten 50 Jahre.[82] Die Studie diskutiert eine ganze Litanei möglicher Gründe, von Fettleibigkeit, Tabak- bzw. Alkoholkonsum bis zur Exposition gegenüber Pestiziden, die in anderen Ländern verboten sind. Besorgniserregend ist, dass die mittlere Spermienkonzentration in Afrika (knapp über 20 Millionen Spermien pro Milliliter) nahe an dem von der Weltgesundheitsorganisation WHO als «Cut-off-Wert» (15 Millionen pro Milliliter) betrachteten Minimalwert liegt, unterhalb dessen Unfruchtbarkeit droht. Wenn sich diese Ergebnisse bestätigen sollten, dann könnte die in Afrika erwartete Bevölkerungsexplosion deutlich schwächer ausfallen als angenommen.

Ein weiterer möglicher Grund ist der Stress, den das Leben in enger Nachbarschaft zu anderen Menschen mit sich bringt. *Homo sapiens* hat über den größten Teil seiner Existenz in kleinen, weit verstreuten Gruppen gelebt. Erst seit jüngerer Zeit versammelt sich unsere Spezies in Dörfern, Kleinstädten und inzwischen auch Mega-Citys. Rund 55 Prozent der Bevölkerung leben inzwischen in Städten, und dieser Prozentsatz wird Prognosen zufolge bis 2050 auf 68 Prozent – mehr als zwei Drittel – steigen.[83] Und dieser Trend wird wahrscheinlich nur in *eine* Richtung gehen, wenn Dürren, Überschwemmungen, Missernten und andere Auswirkungen des Klimawandels die ländliche Bevölkerung in die Städte treibt. Eng aufeinander zu hocken (wie in Wohnblocks) und tägliche Aktivitäten in so engem Kontakt mit anderen Menschen auszuüben wie in der Straßenszene, die Paul Ehrlich in Delhi so schockierte, ist für *Homo sapiens* eine relativ neue Erfahrung. Ein so enges Zusammenleben ist nicht natürlich für uns. Das könnte zu einer allgemeinen Zunahme des Stressniveaus führen und damit zumindest *einer* Studie zufolge zu einem Rückgang der Spermienzahl.[84]

Überbevölkerung zieht Umweltzerstörung nach sich, die ihrerseits einen Ressourcenmangel mit sich bringt. All das könnte die Weltwirtschaft schwächen, den allgemeinen Lebensstandard senken, den Kinderwunsch von Frauen verringern und die Spermienzahl von Männern vermindern, die

Vater werden möchten. Hinter all diesen Entwicklungen lauert der schon sprichwörtliche Elefant im Raum – der Klimawandel. Darum geht es im nächsten Kapitel.

8

Über die Klippe

Einige gescheite Autoren haben vermutet, dass Europa ehedem viel kälter gewesen sei als gegenwärtig; und die ältesten Beschreibungen von Germaniens Klima sind außerordentlich dazu angetan, ihre Theorie zu stützen.

EDWARD GIBBON
Verfall und Untergang des römischen Imperiums

Der Klimawandel beginnt vor der eigenen Haustür.

Ich lebe in der malerischen Küstenstadt Cromer in der englischen Grafschaft Norfolk. Cromer lag nicht immer an der Küste. Es wird im *Domesday Book* (dem Grundbuch von England aus dem 11. Jahrhundert) nicht als Siedlung erwähnt. Stattdessen gab es ein Fischerdorf namens Shipden – oder, um es bei seinem vollen Namen zu nennen, Shipden-juxta-Crowmere – «mere» bedeutet «See», also Shipden am Krähensee. Das moderne Cromer verdankt diesem möglicherweise auf Vermutungen beruhenden, im Binnenland liegenden topografischen Merkmal seinen Namen. Auch das Wappen der Stadt, das drei Krähen auf beiden Seiten eines Gewässers zeigt, erinnert noch immer daran. Aber was geschah mit Shipden? Das lässt sich mit einem einzigen Wort beantworten: Erosion. Shipden ist schon vor langer Zeit im Meer versunken. Allerdings nicht so tief, dass die Überreste des Dorfes keine Gefahr für die Schifffahrt darstellen würden: Im Jahr 1888 musste die Spitze des versunkenen Kirchturms gesprengt werden, nachdem ein Ausflugsboot aus dem nahe gelegenen Great Yarmouth bei Ebbe darauf aufgelaufen war. Shipden ist nicht das einzige Dorf in dieser Region, das im Meer versank.[85] Wenn sich das Klima erwärmt, der Meeresspiegel steigt und extreme Wetterereignisse wie Stürme häufiger und heftiger werden, verstärkt dies die Erosion.

Wir haben bereits Happisburgh besucht; das Dorf liegt ein paar Kilometer östlich von Cromer an der Küste von Norfolk. Dort hinterließen frühe Verwandte von *Homo sapiens* – möglicherweise *Homo antecessor* – Fußspuren und einen Satz höchst raffiniert bearbeiteter Steinwerkzeuge. Diese Touristen der Vorgeschichte ließen ihren Müll wahrscheinlich aber nicht an einem Sandstrand direkt am Meer zurück, sondern im Binnenland, am sandigen Ufer eines alten Themse-Nebenflusses. Seitdem ist das Meer unaufhaltsam näher gerückt. Einst lag zwischen Happisburgh und dem Meer ein Dorf namens Whimpwell. Inzwischen ist Whimpwell wie Shipden in den Fluten der Nordsee verschwunden. Diese hat sich zwischen 1600 und 1850 rund 250 Meter tief ins Land hineingefressen, im Durchschnitt um einen Meter pro Jahr. Bis heute nagt das Meer an Happisburgh und spült Existenzgrundlagen – Ackerland und Häuser –, und damit die Heimat fort.[86] Im Lauf der letzten 20 Jahre sind in Happisburgh 34 Eigenheime verschwunden.[87] Die Hausbesitzer mussten weiter ins Binnenland ziehen – sie sind Flüchtlinge, vertrieben vom Klimawandel, und das nur ein paar Kilometer von meiner Haustür entfernt.

Happisburgh ist keineswegs ein Einzelfall. Die Bewohner eines südöstlich gelegenen Küstenabschnitts wurden 2008 durch einen Bericht – eigentlich nicht mehr als ein Notfallplan – aufgeschreckt. Er spielte einen geordneten Rückzug vor der Nordsee durch, bei dem sechs Dörfer, Hunderte von Eigenheimen und 65 Quadratkilometer Land aufgegeben werden sollten. Der Plan ist offenbar wieder in der Schublade verschwunden. Das Problem jedoch nicht.[88]

Die Erosion an der Küste von Norfolk ist nur ein Ausdruck einer sich verändernden Welt. Diese Veränderung läuft seit dem Ende der letzten Eiszeit. Im Fall der Norfolkküste liegt es daran, dass ihre Kliffs aus (weichem) Lehm und Sand bestehen und nicht aus (hartem) Felsgestein. Dazu kommt die Tatsache, dass die gesamte Landmasse von Großbritannien im Begriff ist zu kippen. In der Eiszeit lag Schottland unter einer dicken Eisdecke. Als das Eis schmolz, fiel diese Last fort, und das Land entspannte sich. Das führte zu einer langsamen Hebung des Nordwestens von Großbritannien, der einst unter den Eismassen gelegen hatte, ein Phänomen, das man als postglaziale Landhebung oder isostatische Bodenhebung bezeichnet.[89] Infolgedessen kippt die Landmasse von Großbritannien, sodass die südöstliche Ecke langsam absinkt, während der Nordwesten sich im Gegenzug hebt.

Auf solche Ereignisse kann man sich vorbereiten und entsprechend planen. Besorgniserregend ist, dass die Erosion sich beschleunigt. Und Extremwetterlagen werden häufiger.

Das wohl schlimmste Extremwetter seit Menschengedenken traf Norfolk in der Nacht des 31. Januar 1953; damals löste ein gewaltiger Orkan mit Sturmflut die folgenschwerste Naturkatastrophe aus, die diesen Landstrich jemals getroffen hat.[90] Der Orkan kam aus Nordwest, raste über die südliche Nordsee und drückte eine bereits ausgeprägte Springflut noch höher gegen die Küste – 2,4 Meter höher als vorhergesagt in Norfolk und 4,3 Meter höher als erwartet auf der anderen Seite der Nordsee, in den Niederlanden. In der Nachbarstadt Sheringham, einige Kilometer westlich von Cromer, überflutete das vom Sturm hochgepeitschte Wasser die Strandhotels, und Hausbesitzer mussten zu ihrem Schrecken erleben, wie das Wasser in Strömen durch ihre Kamine ins Haus floss. Mehr als 30 Meter der Ufermauer wurden einfach weggerissen. Im Dorf Mundesley – zwischen Cromer und Happisburgh – berichteten Bewohner von 24 Meter hohen Wellen, die ganze Gebäude ins Meer spülten. Weiter östlich musste ein Zug, der vom Badeort Hunstanton zur nahe gelegenen Hafenstadt King's Lynn unterwegs war, stoppen, weil das Meer die Gleise überflutet hatte. Nur wenige Augenblicke später wurde der Zug von einem Bungalow getroffen, der durch die Sturmflut aus seinem Fundament gerissen und ins Meer gespült wurde. In King's Lynn war die Lage nicht besser: Neun Menschen ertranken, und mehr als 3000 Häuser wurden in dieser Nacht überflutet. In Norfolk verloren 100 Menschen ihr Leben, in Ostengland waren es mehr als 300. Die Niederlande hatten mehr als 1800 Todesopfer zu beklagen.

Zum Glück ist seit dieser Katastrophe nichts Ähnliches mehr geschehen – und falls doch, würde die moderne Wettervorhersage die Menschen hoffentlich rechtzeitig warnen, damit sie sich in Sicherheit bringen können. Es gibt keinerlei Anzeichen dafür, dass die Flutkatastrophe von 1953 das direkte Resultat des modernen Klimawandels gewesen wäre, der auf menschliche Aktivitäten zurückgeht. Da das sich wandelnde Klima das Wetter jedoch unberechenbarer macht, könnte der Spuk von 1953 zurückkehren und diese ruhige, ländliche Ecke von England erneut heimsuchen.

Ein Bericht des UK Climate Change Committee stellte 2018 fest, dass mehr als eine halbe Million Immobilien in Großbritannien, darunter 370 000 Eigenheime, in Küstengebieten liegen, die von Überschwemmungen bedroht sind. Bereits heute übersteigen Schäden aus Hochwasserereignissen pro Jahr die Summe von 260 Millionen Pfund. Und es wird noch schlimmer werden – in den 2080er-Jahren sind rund 1,2 Millionen Eigenheime durch Hochwasser gefährdet, bei 100 000 von ihnen drohen Schäden durch Küstenerosion. Dabei geht es nicht nur um Häuser. Bis 2100 könnte Hochwasser oder Erosion an den Küsten 1600 Kilometer Straßen, 650 Kilometer Schienenwege, 92 Bahnhöfe und 55 alte Mülldeponien wegspülen, was große Schäden an der Infrastruktur anrichten und zu einer massiven Umweltverschmutzung führen würde. Der Bericht betont, dass die Öffentlichkeit nicht ausreichend über diese Risiken informiert ist. Ein großes Problem ist, dass ein Wust von Organisationen mit unterschiedlichen Verantwortungsbereichen für das Küstenmanagement zuständig ist, sodass niemand einen Überblick über das große Ganze hat. Und den meisten Menschen ist auch nicht klar, dass der Erosions- und Hochwasserschutz der englischen Küsten, die durch den Klimawandel gefährdet sind, bis zu 30 Milliarden Pfund kosten wird.[91]

Diese Fakten sollten all jenen zu denken geben, die annehmen, Klimawandel sei etwas, das andere bedrohe, Menschen, die weit entfernt von Englands beschaulichen, aber zunehmend unruhigen Stränden leben. Menschen, die beispielsweise im tief gelegenen Ganges-Delta von Bengalen oder auf entlegenen Korallenatollen im Pazifik zu Hause sind. Wie die Hochwasserkatastrophe von 1953 zeigt, könnte nichts ferner der Wahrheit sein. Der Klimawandel findet überall statt, und er findet jetzt statt. Wegen des Klimawandels werden sich Menschen überall auf der Welt auf Wanderschaft begeben. Auch Sie selbst könnten bald zu ihnen zählen.[92]

Es sind nicht nur idyllische Küstenstädtchen, die zunehmend von Überschwemmungen betroffen sind, wenn der Meeresspiegel steigt und Wetterextreme häufiger werden. Bis zu 200 Millionen Menschen (3 Prozent der Weltbevölkerung) leben in Küstenstädten, die bis 2100 unterhalb des mittleren Tidenhochwassers liegen werden. Selbst wenn der globale Temperaturanstieg auf 2 °C über dem vorindustriellen Niveau beschränkt bleibt, wird der Meeresspiegel auf lange Sicht noch immer um 4,7 Meter ansteigen und Land bedrohen, auf dem heute 10 Prozent der Weltbevölkerung leben – rund 800 Millionen Menschen. Sollte die Temperatur um 4 °C über das vorindustrielle Niveau ansteigen, müssten eine Milliarde Menschen den Fluten weichen.[93]

Großstädte wie New York könnten Ende des Jahrhunderts zwei Meter unter Wasser liegen. Auch das UN-Gebäude würde möglicherweise überflutet. Zwar könnten die oberen Stockwerke noch genutzt werden, doch die UN wäre eine Insel, umgeben von einem «Burggraben», abgeschnitten vom Rest der Stadt, nur per Boot zu erreichen oder per Flugzeug. Aber selbst das wäre schwierig, da auch die Flughäfen LaGuardia und John F. Kennedy ebenfalls überflutet wären. New York hat bereits einen Vorgeschmack auf die Zukunft bekommen. Am 30. Oktober 2012, als der Hurrikan Sandy die Stadt traf, fiel eine Sturmflut von 2,7 Metern mit einer Springflut zusammen, sodass mehrere U-Bahnen überflutet wurden, was Schäden von 5 Milliarden US-Dollar verursachte.[94] Seit 1970 wurde New York von mehr als 30 Tropenstürmen und Zyklonen getroffen,[95] und diese Stürme werden wahrscheinlich an Häufigkeit und Heftigkeit zunehmen.

New York ist die am dichtesten bevölkerte Stadt der Vereinigten Staaten. Da die Stadt auf einer Reihe von Halbinseln und Inseln erbaut wurde, die in einer Küstenebene liegen, ist sie durch derartige Katastrophen besonders gefährdet. Noch größer ist die Gefahr für New Orleans, das Ende August 2005 vom Hurrikan Katrina verwüstet wurde. Ein Großteil von New Orleans lag bereits damals unter dem Meeresspiegel, geschützt durch eine Reihe von Deichen und Dämmen, die dem Sturm jedoch nicht standhielten. Der Hurrikan führte dazu, dass 80 Prozent der Stadt unter Wasser standen. Aufgrund des Sturms mussten 1,5 Millionen Menschen aus den Bundesstaaten Alabama, Mississippi und Louisiana ihre Häuser verlassen. Rund 40 Prozent, die meisten aus Louisiana, konnten später nicht mehr nach Hause zurückkehren und mussten sich an anderen Orten niederlassen, manchmal mehr als 1300 Kilometer entfernt. Der Exodus aus New Orleans war die größte wetterbedingte Abwanderung und Umsiedlung von Menschen seit den Staubstürmen des Dust Bowl in den 1930er-Jahren in den Vereinigten Staaten. Hurrikan Katrina ist ein weiteres Beispiel für eine Vielzahl von Menschen in den USA, die aufgrund von extremen Klimaereignissen zu Binnenwanderungen gezwungen sind, und die Liste wird immer länger.[96]

Das globale Bild ist dramatisch. Das Risiko- und Strategieberatungsunternehmen Maplecroft schätzt, dass 414 Großstädte in aller Welt (mit insgesamt 1,4 Milliarden Einwohnern) durch Umweltverschmutzung, Wassermangel und Naturkatastrophen infolge des Klimawandels stark bis sehr stark gefährdet sind.[97] Dazu gehören Metropolen wie Los Angeles, Mexico City und Lima, in Europa zählen Neapel, Athen und Rom dazu. 99 der Top 100 liegen in Asien, darunter Wuhan, Tokio, Manila, Lahore, Karatschi und Delhi.

Den ersten Platz in dieser Hitliste der drohenden Katastrophen belegt Jakarta, die Hauptstadt des bevölkerungsreichen Inselstaates Indonesien. Zusätzlich zu einer starken Verkehrsbelastung, Luftverschmutzung, übermäßigen Grundwasserentnahme und all den anderen Problemen, die die Mega-Citys dieser Welt plagen, versinkt Jakarta allmählich – verantwortlich dafür sind der klimabedingte Anstieg des Meeresspiegels sowie die seismischen Aktivitäten. Die nördlichen Teile von Jakarta an der Küste der Javasee wurden bereits aufgegeben und dem Meer überlassen, und bis 2050 könnte ein Drittel der Stadt unter Wasser liegen. Man überlegt bereits, ob der Regierungssitz nicht an einen höheren Ort auf der Insel Borneo verlegt werden sollte.[98]

Obwohl Großstädte in Afrika Naturgefahren weniger ausgesetzt sind als Städte auf anderen Kontinenten, sind Mega-Citys wie Lagos, Kinshasa und Nairobi aufgrund ihrer relativ schlechten Infrastruktur besonders stark durch den Klimawandel gefährdet. Hier wird Hitze zum Killer. Einige dieser tropischen Mega-Citys werden in relativ naher Zukunft unbewohnbar werden.

✷

Manchmal ist es schön, wenn man's ein bisschen warm hat.

Im Sommer 2003 verbrachten meine Familie und ich idyllische Ferien am Meer in Wales; zwei ganze Wochen lang war es warm, sonnig und trocken. Für jemanden, der Wales kennt, ist eine solch lange, ununterbrochene Periode guten Wetters wirklich bemerkenswert. Das Klima von Wales am Westrand von Großbritannien ist sprichwörtlich feucht und mild, selbst im Sommer. Damals wussten wir noch nicht, dass die Hitzewelle von 2003 die ausgeprägteste in ganz Europa seit 500 Jahren war. Laut dem meteorologischen Dienst des Vereinigten Königreichs fielen der Hitzewelle 20000 Menschen in ganz Europa zum Opfer, 15000 davon in Frankreich. Dort ging irgendwann der Platz in den Leichenhallen aus, um die Toten zu lagern – ab 2050 ist die Wahrscheinlichkeit groß, dass wir jedes zweite Jahr einen so heißen Sommer haben könnten.[99]

✷

Die Sommer sind wärmer geworden. Briten eines gewissen Alters (wie ich) erinnern sich noch gut an den bemerkenswert heißen Sommer von 1976, eben weil er so eine Ausnahme war. Aber solch warme Sommer wie 1976 sind inzwischen häufiger geworden; auch 1995, 1997, 2003, 2006 und 2022 waren warme Sommer. In Großstädten sind Hitzewellen wegen des «Wärmeinsel»-Effekts besonders stark ausgeprägt, denn Gebäude und Straßen reflektieren mehr Wärme als Felder und Wälder. Das kann tödlich sein. Die Einwohner von Chicago erinnern sich vielleicht an den Juli 1995, als eine Hitzewelle innerhalb von nur fünf Tagen rund 700 Menschenleben forderte.[100]

Und die Welt heizt sich immer noch weiter auf. Am 7. Mai 2023, fast 20 Jahre nach dem Strandurlaub unserer Familie, maß man in Vietnam die höchste jemals dort registrierte Temperatur, knapp über 44 °C. Das Thermometer in Thailand brachte es unterdessen auf 44,6 °C; in einer Stadt im östlichen Myanmar wurde eine Temperatur von 43,8 Grad gemessen, die höchste Temperatur seit einem Jahrzehnt.[101] Es ist normal, dass es in Südostasien kurz vor Beginn der Monsunzeit sehr heiß wird, doch noch niemals zuvor hatte man dort eine derart intensive Hitze erlebt. Indien und Bangladesch berichteten im April und Mai 2023 ebenfalls von ungewöhnlich hohen Temperaturen. Im Mai und im Juni 2024 standen mehrere Hundert Millionen Menschen Schlange, um bei der indischen Parlamentswahl ihre Stimme abzugeben; dabei starben Dutzende (darunter auch Wahlhelfer), weil die Temperatur auf 49,9 °C kletterte, die höchsten Temperatur, die jemals im Land gemessen wurde.[102]

Europa bildet da keine Ausnahme. Im Jahr 2023 berichtete Spanien über die höchste jemals im April gemessene Temperatur: In Cordoba, im Süden des Landes, wurde ein Spitzenwert von 38,8 °C erreicht.[103] Der Sommer stellte das Frühjahr noch in den Schatten, und die Mittelmeerregion ächzte unter brütender Hitze. In Verbindung mit einer langen Dürreperiode führte diese Hitzewelle zu ausgedehnten Waldbränden, die zahlreiche Häuser zerstörten und auch die Tourismusindustrie zusammenbrechen ließen, von der viele Menschen in der Region abhängig sind. Das Kalenderjahr 2023 war das heißeste seit Beginn der Aufzeichnungen im Jahr 1850.[104] Die Temperaturen steigen weiter an, und es werden immer wieder Hitzerekorde gebrochen, sodass zu dem Zeitpunkt, zu dem Sie diese Zeilen lesen, selbst diese extremen Temperaturen vielleicht schon Schnee von gestern sein werden.

Extreme Hitze kann lebensgefährlich sein, vor allem für die sehr Alten und die sehr Jungen, die ihre Körpertemperatur nicht so gut regulieren können wie die meisten anderen Menschen.

Dazu kommt unter Umständen eine hohe Luftfeuchtigkeit. Die Evolution der Menschen fand in den heißen und trockenen Savannen Afrikas statt, und Menschen besitzen eine natürliche Methode zur Kühlung – den Schweiß. Um das Wasser, das im Schweiß auf der Haut enthalten ist, in Wasserdampf zu verwandeln, ist Energie erforderlich. Diese Wärmeenergie wird der Haut entzogen, daher führt die Wasserverdunstung zu einer Abkühlung des Körpers. Aber das funktioniert nur dann, wenn die Luft über dem Körper trocken und nicht bereits mit Wasserdampf gesättigt ist. Bei 100 Prozent Luftfeuchtigkeit kann das Wasser nicht verdunsten, weil es nirgendwo hinkann, und der Kühlungseffekt bleibt aus. Ein Maß für die Wirkung von Wärme und Feuchtigkeit in Kombination ist die sogenannte Feuchttemperatur; das ist die Temperatur, die wir bei 100 Prozent Luftfeuchtigkeit empfinden, wenn eine Kühlung durch Verdunstung nicht länger möglich ist. Wenn wir ausreichend hydriert sind, können wir mittels Schwitzen bei trockener Hitze eine Weile lang Temperaturen von über 40 °C ertragen. Sind Menschen jedoch länger als sechs Stunden Temperaturen von mehr als 35 °C bei 100 Prozent Luftfeuchte ausgesetzt, so ist die Gefahr groß, dass selbst gesunde, fitte Erwachsene nicht überleben.[105] Unter den gegenwärtigen Klimabedingungen steigen die Feuchttemperaturen überall auf der Erde selten über 31 °C. Aber das könnte sich ändern.

Der Persische Golf ist ein seichter, fast völlig von Land eingeschlossener Meeresarm des Indischen Ozeans, der die Arabische Halbinsel vom übrigen südwestlichen Asien trennt. Die rundum liegenden Nationen fördern einen Großteil des Erdöls weltweit. Die Großstädte am Golf wie Doha in Katar und Dubai in den Vereinigten Emiraten sind rege internationale

Handels- und Tourismuszentren. Sie liegen in einem notorisch heißen Teil der Welt, doch aufgrund der Nähe zum seichten Persischen Golf mit seinem sich rasch erwärmenden und schnell verdunstenden Wasser kommt noch eine hohe Luftfeuchtigkeit hinzu. Eine Studie, in der es um die Prognose von Wärme- und Feuchtigkeitsentwicklung in den Golfstaaten für die letzten drei Jahrzehnte des Jahrhunderts (2071–2100) geht, kommt zu dem Schluss, dass die Feuchttemperaturen in Dubai, Doha, Abu Dhabi und anderen Golfregionen mehrmals im Jahr 35 °C übersteigen könnten.[106] Was in der Golfregion heute als brütend heißer und feuchter Sommer gilt, wäre dann ganz normal. Um es deutlich zu sagen: Wenn das eintritt, wäre die Golfregion ohne besondere Schutzmaßnahmen, wie dem Bau unterirdischer Städte, für Menschen unbewohnbar. Schon heute kommen in den Städten der Region nur diejenigen einigermaßen zurecht, die das Glück haben, sich eine Klimaanlage leisten zu können. Für Menschen, die in Armut leben oder viel Zeit im Freien verbringen müssen, sieht die Sache ganz anders aus.

In Mekka (Saudi-Arabien) könnten die Temperaturen bis Ende des Jahrhunderts auf mehr als 55 °C bei einer Feuchttemperatur von 32 °C steigen. Überhitzung ist bereits heute ein Problem für Pilger auf dem Haddsch, die verpflichtet sind, während der Tagesstunden in der Nähe von Mekka im Freien zu beten. Inbrunst, Aufregung und die drangvolle Enge des Haddsch haben in der Vergangenheit immer wieder zu Todesfällen geführt, doch steigende Temperaturen in einem bereits heißen Land haben die Lage in den letzten Jahren verschlimmert. 2024 starben bei mehr als 50 °C Hunderte von Pilgern; in der Großen Moschee betrug die Temperatur 51,8 °C.[107]

Im relativ armen Jemen könnte die Feuchttemperatur um das Jahr 2070 rund um die Stadt Aden 33 °C erreichen, was für ältere Menschen und Kinder Lebensgefahr bedeutet. Elfatih Eltahir und Jeremy Pal vom Massachusetts Institute of Technology schrieben in ihrem Artikel, der 2016 in der Fachzeitschrift *Nature Climate Change* erschien: «Eine plausible Analogie für das zukünftige Klima vieler Standorte in Südwest-Asien ist das gegenwärtige Klima der Wüste im nördlichen Afar auf der afrikanischen Seite des Roten Meeres [gegenüber dem Jemen], aufgrund des extremen Klimas eine Region ohne permanente menschliche Besiedlung.»[108] Extreme Hitze könnte große Gebiete des Nahen Ostens entvölkern, und die Menschen, die heute dort leben, müssten auswandern oder sterben.

Der Persische Golf ist kein Einzelfall. Auf den ersten Blick gibt es kaum einen größeren Kontrast als den eben beschriebenen Persischen Golf und die nordchinesische Ebene, eine der am dichtesten besiedelten Regionen der Welt, in der 400 Millionen Menschen leben. Während der Golf rundum von heißen, trockenen Wüstengebieten umgeben ist, herrscht in Nordchina an Wasser kein Mangel, und das Land wird stark bewässert. Die Ausbreitung der künstlichen Bewässerung in der Region sorgt für eine hohe Luftfeuchtigkeit über dem Boden – und genau das ist das Problem. Eine Prognose zu den Folgen des Klimawandels im nördlichen China geht von höheren Feuchttemperaturen aus, als für Menschen tolerabel ist, die im Freien arbeiten, wie in der Landwirtschaft.[109] Eine ähnliche Geschichte wiederholt sich in Indien, Pakistan und Bangladesch, wo rund ein Fünftel der Weltbevölkerung leben. Viele dieser Menschen arbeiten im Freien und betreiben in den fruchtbaren Tälern von Indus und Ganges Ackerbau und Viehzucht. Südasien erlebt bereits jetzt extreme Hitzewellen. Die feuchte Warmluft des Golfs von Bengalen und des Arabischen Meeres wird ins Landesinnere transportiert und stößt dort auf feuchte Luft aus Tieflandgebieten, wo die Felder landwirtschaftlich intensiv genutzt und künstlich bewässerten werden. So bildet sich ein schwülwarmes Gebräu aus wassergesättigter Luft. Bis Ende dieses Jahrhunderts werden die Ebenen in Nordindien regelmäßig Feuchttemperaturen von mehr als

35 °C erleben – bei solchen Extremtemperaturen kann menschliches Leben im Grunde nicht mehr existieren.[110]

Weltweit gesehen, ist fast ein Drittel der Bevölkerung mehr als 20 Tage pro Jahr potenziell tödlichen Hitzewellen ausgesetzt. Bis 2100 könnte dieser Anteil auf fast die Hälfte der Bevölkerung steigen. Das gilt selbst bei einer rigorosen Kontrolle der Treibhausgasemissionen – gehen diese Emissionen jedoch unkontrolliert weiter, dann werden es sogar drei Viertel sein.[111] Aber nicht nur in der Golfregion und in Teilen von Indien und China, sondern auch im Südosten der Vereinigten Staaten und in den Küstenregionen von Westafrika müssen sich Menschen immer häufiger auf potenziell tödliche Feuchttemperaturen gefasst machen.[112]

In Westafrika ist die Lage besonders besorgniserregend. In den Küstenregionen von Ländern wie Nigeria wird eine wachsende Bevölkerung im Lauf der nächsten Jahrzehnte der feuchtwarmen Hitze immer stärker ausgesetzt sein, und diesen Menschen fehlen weitgehend die Mittel, die Hitze abzumildern oder sich vor ihr zu schützen. Und all das in einem Teil der Welt, der unter Umweltzerstörung, dem Vordringen von Wüsten im Landesinneren und relativ instabilen Regierungen leidet, die nicht selten mit bewaffneten Rebellen im Streit liegen. Auch Hitze kann zu Konflikten führen – Menschen werden schneller aggressiv, wenn ihnen zu warm ist. Die Verbindung zwischen Klimawandel und der Häufigkeit von bewaffneten Auseinandersetzungen ist höchst umstritten. Eine aktuelle Studie spricht jedoch dafür, dass der Einfluss des Klimawandels auf Konflikte «sowohl substanziell als auch statistisch hoch signifikant» ist.[113]

Klimawandel, rasches Bevölkerungswachstum und schlechte Aussichten im Heimatland aufgrund wirtschaftlicher und politischer Unsicherheit – all das sind Faktoren, die die Migration antreiben. In ihrem Buch *Das nomadische Jahrhundert* geht Gaia Vince davon aus, dass die Migration von Menschen aus dem sengend heißen Globalen Süden in kühlere nördliche Klimazonen im Lauf der kommenden Jahrzehnte unausweichlich wird.[114] Mit der richtigen Einstellung sollte und werden die Einwanderer im Globalen Norden auch willkommen sein, vor allem, weil die einheimische Bevölkerung in vielen Ländern rasch zurückgeht.

Tatsächlich ist Wandern der natürliche Bewegungszustand der Menschheit. Vor der Erfindung von Ackerbau und Viehzucht, also vor Beginn der Sesshaftigkeit, ließen sich *Homo-sapiens*-Gruppen nirgendwo für längere Zeit nieder, sondern sind immer dorthin weitergezogen, wo ihnen das Gras grüner erschien. Dasselbe galt für ihre Vorfahren – allerdings umfasst diese Zeitspanne vor dem Sesshaft-Werden nur rund 3 Prozent unserer Stammesgeschichte.

Auch wenn Vertreter der menschlichen Familie schon immer ruhelos waren, gibt es zwei wichtige Migrationen, die herausstechen. Die erste ereignete sich vor rund zwei Millionen Jahren, als *Homo erectus* Afrika zum ersten Mal verließ, sich in Eurasien ausbreitete und in zahlreiche verschiedene Arten aufspaltete, von den höhlenbewohnenden Neandertalern in Europa und den Hobbits in Südostasien bis zu *Homo antecessor* und *Homo heidelbergensis*.

Die zweite Migration fand – vermutlich in mehreren Wellen – zwischen ca. 125 000 und 50 000 Jahren vor heute statt. Damals breitete sich *Homo sapiens*, eine bislang auf Afrika beschränkte Art, nach Eurasien aus und verdrängte schließlich all die anderen Vertreter der menschlichen Familie.

Wir stehen an der Schwelle zu einer dritten Migration von Afrika nach Eurasien. Diese Menschen, die vor einem zunehmend feindlichen Klima flüchten, werden sich auf den Weg nach Norden machen. Weder Gesetze noch Patrouillenboote, ob auf dem Mittelmeer oder der Nordsee, werden sie aufhalten können.

Aber nicht alle Menschen werden sich zur Auswanderung entschließen. Wer in den zunehmend heißen, feuchten und gelegentlich überfluteten Teilen der Welt lebt, wird im Allgemeinen versuchen, in seiner Heimat zu bleiben. Doch das wird Milliarden Menschenleben fordern und damit den weltweiten Rückgang der Weltbevölkerung verschärfen, der gegen Ende dieses Jahrhunderts stattfindet. Wer überleben will, wird sich anpassen müssen und versuchen, Städte zu bauen, die sie zunehmend vor der feindlichen Umgebung da draußen abschirmen. Die Immigranten, die den Norden erreichen, werden, so zahlreich sie auch scheinen mögen, in der Minderheit bleiben.

In den letzten beiden Kapiteln habe ich versucht, die Herausforderungen aufzuzeigen, denen die Menschheit heute gegenübersteht. In Kapitel 7 habe ich mich mit der Verlangsamung des Bevölkerungswachstums beschäftigt. Die menschliche Bevölkerung wird in diesem Jahrhundert ihr Maximum erreichen und dann anfangen zu schrumpfen. Einige Vorhersagen sprechen dafür, dass es 2100 weniger Menschen geben wird als heute. Es lohnt sich, darüber einen Moment nachzudenken. Seit dem Aufkommen der Landwirtschaft vor rund 10 000 Jahren ist die menschliche Bevölkerung stets gewachsen, niemals geschrumpft. Soweit wir wissen, gab es keine signifikanten Rückschläge, vielleicht mit Ausnahme weltweiter Pandemien wie der Justinianischen Pest im 6. Jahrhundert oder dem Schwarzen Tod im 14. Jahrhundert.

Die gegenwärtige Umkehrung dieses Trends lässt sich nicht auf eine erkennbare Einzelursache zurückführen. Vielmehr gibt es mehrere Ursachen, doch die zwischen ihnen herrschenden Beziehungen sind bislang unklar. Auf der positiven Seite steht, dass die Emanzipation der Frau im Lauf des vergangenen Jahrhunderts in vielen Teilen der Welt zu mehr Bildung, besserer Gesundheit, mehr Wohlbefinden und längerem Leben beigetragen hat. All das ist mit wissenschaftlichen und medizinischen Fortschritten in den vergangenen zwei oder drei Jahrhunderten verknüpft. Dazu kommt ein Phänomen, das Demografen als «demografischen Wandel» bezeichnen: der Übergang von Familien mit zahlreichen Kindern, von denen viele schon in der Kindheit an heute leicht zu verhindernden Krankheiten starben, zu weniger Kindern, von denen die meisten dank besserer Hygiene, Gesundheitsfürsorge und Impfungen das Erwachsenenalter erreichen.

Der Rückgang der durchschnittlichen Kinderzahl pro Familie hat in vielen Ländern dazu geführt, dass die Menschen fast gar keine Kinder mehr haben und die Bevölkerung altert. Gegenwärtig nimmt die Weltbevölkerung noch zu, und das wird auch noch mehrere Jahrzehnte so bleiben (was eigene Zwänge mit sich bringt). Sobald das turbulente, überfüllte 20. und 21. Jahrhundert vom 22. Jahrhundert abgelöst wird, wird die Weltbevölkerung allerdings aller Voraussicht nach schrumpfen. Zu den Konsequenzen einer in der Zwischenzeit weiter wachsenden Bevölkerung gehören neben Klimawandel und Habitatzerstörung auch eine Reaktion der Bevölkerung selbst auf diese Überbevölkerung (die sich in einer wachsenden Migration manifestiert) und ungeklärte Phänomene wie der weltweite Rückgang der Spermienzahl bei Männern.

In mancher Hinsicht ist eine wachsende Bevölkerung eine gute Sache, denn sie treibt Wirtschaft und Innovation voran. Wissenschaftliche und industrielle Produktivität basieren auf einem großen und wachsenden Nachschub an schlauen Köpfen. Das BIP, das gegenwärtig als allgemeines Maß für wirtschaftliche Gesundheit herangezogen wird, basiert auf der

Annahme von Wachstum. Doch man kann auch des Guten zu viel haben.

Meiner Ansicht nach ist der Grund für ein zukünftiges Schrumpfen der Weltbevölkerung, dass die für ein weiteres Wirtschaftswachstum nötigen Ressourcen selten werden und es immer teurer wird, sie zu finden, zu verbreiten und zu verteilen – ohne dass die daraus resultierenden negativen Auswirkungen auf die allgemeine Gesundheit und Umwelt den Nutzen überwiegen. In den letzten Jahrzehnten haben sich die Hochs und Tiefs der Weltwirtschaft vor einem Hintergrund allgemeiner Stagnation abgespielt: Möglicherweise ist das BIP inzwischen kein geeignetes Maß mehr für die wirtschaftliche Gesundheit eines Staates, da es von ständig wachsendem Reichtum und Wohlstand ausgeht. Eine Studie spricht dafür, dass die Erde sieben Milliarden Menschen ein Existenzminimum garantieren kann – doch diese Zahl ist bereits überschritten, und gegenwärtige Forderungen nach einer guten Lebensqualität für alle würden die Kapazität unserer Ressourcenbasis um das Zwei- bis Sechsfache überschreiten.[115] Meines Erachtens lassen sich alle in Kapitel 7 diskutierten Trends – von der Stagnation der Weltwirtschaft über die verringerten finanziellen Erwartungen der Millennials im Vergleich zu ihren Eltern bis zum Rückgang der Spermienzahl – letztlich auf diesen einen Faktor zurückführen.

Was ich in Kapitel 7 nicht diskutiert habe, in diesem Kapitel aber angesprochen habe, ist die Bedrohung, die der Klimawandel für das menschliche Wohlergehen darstellt. Dieser verläuft rasch und dramatisch, und ob durch Hitze, Dürre, Überschwemmungen oder dadurch ausgelöste Kriege stellt der Klimawandel eine existenzielle Bedrohung für *Homo sapiens* dar. Keine der Projektionen, die den zukünftigen Rückgang der Weltbevölkerung abbilden, bezieht die Auswirkungen des Klimawandels explizit in ihre Vorhersagen ein.

Möglicherweise spiegelt sich in der schwindenden menschlichen Fruchtbarkeitsrate eine inhärente Einsicht wider, dass der Klimawandel eine Bedrohung für uns darstellt. Angesichts der gegenwärtigen Beweislage lässt sich kaum sagen, ob hinter dieser Einsicht bewusste Entscheidungen aufgrund wirtschaftlicher Erwägungen oder Karrierebestrebungen stehen, die eine Familiengründung verzögern, oder ob es physiologischen Gründe gibt, wie den Rückgang der Spermienzahl als Reaktion auf Überbevölkerung, Stress oder irgendeinen anderen Faktor. Höchstwahrscheinlich handelt es sich um eine Mischung aus all dem.

Natürlich basiert viel von dem Diskutierten auf Prognosen – sowohl im Hinblick auf Bevölkerungstrends als auch auf den Klimawandel. Und wir wissen bereits, dass das Erstellen von Vorhersagen keine exakte Wissenschaft ist. Daher ist es möglich – immerhin *möglich* –, dass keines der Untergangs- oder Doomsday-Szenarien, die ich diskutiert habe, eintreten wird. Nach und nach fließt jedoch immer besseres und umfangreicheres Datenmaterial in die Vorhersagemodelle ein, und es sieht so aus, als werde das Bild eher schlimmer als besser.

Als Paul Ehrlich *Die Bevölkerungsbombe* schrieb, lag die Weltbevölkerung deutlich unter dem gegenwärtigen Niveau. Innovationen wie die Grüne Revolution in der Landwirtschaft (auf die ich später noch zurückkommen werde) und Trends (wie die stärkere weibliche Emanzipation und sich verändernde Normen über die Familiengröße), die sich damals noch nicht klar erkennen ließen, erlaubten der Weltbevölkerung, ohne die von Ehrlich vorhergesagten Hungersnöte und Katastrophen weiter zu wachsen. In gewissem Sinne hat *Homo sapiens* den Tag der Abrechnung allerdings nur hinausgeschoben: Auf der Welt leben heute mehr Menschen, als sie auf Dauer tragen kann, und die Bevölkerung wächst noch immer.

In wenigen Jahrzehnten wird die Bevölkerungskurve aber abflachen, und die Weltbevölkerung wird möglicherweise sehr schnell zurückgehen – das war in den 1960er-Jahren, als die Bevölkerung den höchsten Stand ihrer Wachstumsrate erreichte, noch nicht abzusehen. Der Rückgang der Weltbevölkerung würde selbst ohne Klimawandel dramatisch ausfallen. Wird dieser Klimawandel in das Szenario einbezogen, so wird die Schrumpfung der menschlichen Bevölkerung wahrscheinlich deutlich weniger komfortabel ablaufen, als es sein könnte oder müsste.

9
Im freien Fall – und danach

> Beim geringsten Hauch zerriss das Traumgespinst von Stolz und Macht. Der verdämmernde Senat leuchtete in einem plötzlichen Glanz, erstrahlte für einen Augenblick und erlosch dann für immer.
>
> EDWARD GIBBON
> *Verfall und Untergang des römischen Imperiums*

Vorherzusagen, wie der Stand der Weltbevölkerung Ende dieses Jahrhunderts sein wird, ist schon schwierig genug, auch ohne die zusätzlichen Unwägbarkeiten des Klimawandels einzubeziehen. Schließlich sind die meisten Menschen, die sich den Herausforderungen des 22. Jahrhunderts stellen müssen, noch gar nicht geboren. Mit einiger Sicherheit können wir annehmen, dass etwa genauso viele Menschen wie heute auf der Erde leben werden, und das in mehr oder minder großem Überfluss oder Elend. Zudem wird ein höherer Anteil dieser Menschen in Afrika geboren oder afrikanischen Ursprungs sein.

Noch weiter in die Zukunft zu blicken, ist noch riskanter. Es gibt aber Studien, die es tatsächlich wagen. In einer davon werden gegenwärtige Trends bei Fruchtbarkeit und Lebenserwartung bis ins Jahr 2300 extrapoliert, mit dem Ergebnis einer steil abfallenden Kurve.[116] Selbst wenn man eine großzügige TFR von 1,5 oder 1,75 annimmt, würde dies bis 2200 zu einem Rückgang der Weltbevölkerung auf 2,6 bis 5,6 Milliarden und bis 2300 auf 0,9 bis 3,2 Milliarden führen. Als die Weltbevölkerung das letzte Mal bei einer Milliarde lag, schrieben wir das Jahr 1804; es war die Zeit der Napoleonischen Kriege.[117]

Noch weiter in die Zukunft zu blicken, mag töricht erscheinen – doch es ist möglich. Ein kühnes Gedankenexperiment des in Princeton tätigen Astrophysikers J. Richard Gott schaut noch weiter voraus und beschäftigt sich mit der Frage, wann unsere Spezies aussterben wird.[118] Gott extrapoliert keine Fertilitäts- oder Mortalitätstrends und macht auch keine Prognosen über die Auswirkungen des Klimawandels. Vielmehr baut er seine Argumentation auf Wahrscheinlichkeiten auf.

Vor langer Zeit nahm man allgemein an, die Erde stehe im Zentrum des Universums, umkreist von der Sonne und den Planeten. Der polnische Astronom Nikolaus Kopernikus (1473–1543) wies hingegen nach, dass sich die Erde um die Sonne dreht. Das war der erste Schritt, der klarstellte, dass die Erde keine privilegierte Position im Universum einnimmt. Im Lauf der Zeit wurde deutlich, dass auch die Sonne nicht im Mittelpunkt des Universums steht, sondern ein ganz gewöhnlicher Stern unter Milliarden anderer Sterne ist, am Rande einer gewöhnlichen Galaxie unter Billionen anderer Galaxien, ohne Anspruch auf irgendeine Sonderstellung. Im Lauf der letzten ca. 30 Jahre hat sich herausgestellt, dass viele Sterne – vielleicht sogar die meisten – Planetensysteme haben, daher ist das Sonnensystem in keiner Weise einzigartig.[119] Kurz gesagt, die Erde nimmt keine Sonderstellung im Universum ein, und wir damit auch nicht.

Gott hatte die Idee, dieses sogenannte Kopernikanische Prinzip statt auf den Raum auf die Zeit anzuwenden. Er argumentierte, dass kein intelligenter Beobachter (wie Sie, beispielsweise) an irgendeinem ganz speziellen Moment der Menschheitsgeschichte lebt.

Ausgangspunkt für Gotts Überlegungen war sein Besuch der Berliner Mauer[120] im Jahr 1969. Das Kopernikanische Prinzip anwendend, kam er zu dem Schluss, dass es höchst unwahrscheinlich wäre, die Mauer in zeitlicher Nähe zu ihrem Bau 1961 oder ihrem Abriss zu besuchen. Er nahm an, dass sein Besuch weder am Anfang ihrer Existenz (2,5 Prozent Wahrscheinlichkeit) noch am Ende ihrer Existenz (ebenfalls 2,5 Prozent Wahrscheinlichkeit) stattfand. Es war wahrscheinlicher, dass er irgendeinen Moment in der umfangreichen mittleren Zeitspanne ihrer Existenz (95 Prozent Wahrscheinlichkeit) erwischt hatte.[121] Doch wann würde die Mauer abgerissen werden? Eine einfache Berechnung, die auf seinem einzigen zufälligen Besuch basierte, ergab ein Abrissdatum zwischen 0,2 und 312 Jahren nach seinem Besuch. Dabei legte er eine Schätzung zugrunde, die Statistiker als 95-Prozent-Konfidenzintervall bezeichnen. Wie sich herausgestellt hat, fiel die Mauer 20 Jahre später, 1989, also zu einem Zeitpunkt, der eindeutig innerhalb von Gotts zugegebenermaßen breiten Grenzen liegt.

Anschließend wandte Gott dieselbe Logik auf die gesamte Menschheitsgeschichte an. Stellen Sie sich die menschliche Geschichte als Linie vor, vom frühesten bekannten Auftreten von *Homo sapiens* vor geschätzten 315 000 Jahren bis zu seinem Abtreten irgendwann in der Zukunft. Wir leben eindeutig irgendwo dazwischen. Aber wo? Wir haben zumindest zunächst keine Ahnung, ob wir in einer Zeit kurz nach Beginn der menschlichen Existenz leben (in welchem Fall die menschliche Geschichte vielleicht viel länger sein wird, als wir annehmen) oder in einer Zeit, in der wir uns dem Abtreten des Menschen nähern (in welchen Fall unser weiteres Verweilen auf Erden viel kürzer bemessen ist). Wir befinden uns irgendwo in der Mitte.

Wie im Beispiel mit der Berliner Mauer wollen wir annehmen, dass wir in den 95 Prozent der Menschheitsgeschichte leben, die sich dazwischen, in der Mitte, befindet – wir leben in einer Zeit, die vermutlich mehr als 2,5 Prozent der Menschheitsgeschichte von der Geburt wie auch vom Tod unserer

Spezies entfernt ist. In einer Zeit nahe dem einen oder dem anderen dieser beiden entscheidenden Momente zu leben, würde uns eine Sonderstellung verleihen, die wir uns weder wünschen noch (statistisch gesehen) verdienen. Geht man von dieser Voraussetzung aus, so lässt sich leicht errechnen, dass unsere Spezies irgendwann in 8077 bis 12 285 000 Jahren aussterben wird.[122]

Unbestreitbar hat *Homo sapiens* auf sämtlichen Gebieten, nicht zuletzt in Bezug auf seine Populationsgröße, die Leistungen all seiner Vorfahren weit in den Schatten gestellt. Dennoch erscheint es recht großzügig, das Aussterben den Menschen in mehr als 12 Millionen Jahren ab heute anzusetzen. Keine andere Spezies der menschlichen Familie hielt auch nur annähernd so lange durch.[123] Beispielsweise stammen die ersten Nachweise des Neandertalers – des nächsten Verwandten von *Homo sapiens* – von Fossilien in der Sierra de Atapuerca in Spanien, die mehr als 300 000 Jahre zurückdatieren.[124] Der Neandertaler starb jedoch bald nach dem Zusammentreffen mit *Homo sapiens* vor 40 000 Jahren aus,[125] das heißt, dass er schätzungsweise eine Viertelmillion Jahre auf der Erde weilte. Man kann allerdings argumentieren, dass die Neandertaler vielleicht länger überlebt hätten, wenn sie nicht das Pech gehabt hätten, auf unsere Art zu stoßen.

Homo erectus – letztlich der Vorfahr beider Arten – hielt sich länger. Er tauchte vor rund zwei Millionen Jahren auf und trat sehr groben Schätzungen zufolge vor 10 000 Jahren wieder ab.[126] Diese Zeitspanne ist deutlich länger als die des Neandertalers, aber weit kürzer als eine Viele-Millionen-Jahre-Spanne. Im Allgemeinen haben Säugerarten (zu denen *Homo erectus*, die Neandertaler und wir selbst gehören) eine Existenzspanne von nicht mehr als ca. 1–2 Millionen Jahren, bis sie aussterben oder sich vielleicht in etwas erkennbar anderes verwandeln.

Was ist mit der «Gefahrenzone» – mit der Vorhersage, dass die Menschheit bereits in etwa 8000 Jahren aussterben könnte? Das ist lehrreich, denn es zwingt uns zu der Frage, ob wir vielleicht doch eine Sonderstellung in der Geschichte haben. Denn wir leben genau zu dem Zeitpunkt, an dem sich – einzigartig in der ganzen Menschheitsgeschichte – das Bevölkerungswachstum abschwächt und schließlich rückläufig werden wird. Daher würde ich argumentieren, dass wir dem Ende der menschlichen Geschichte viel näher sind als dem Anfang, und ich riskiere die Vorhersage – mit einem netten «Tschüss, *Homo sapiens*» –, dass unsere Spezies innerhalb der nächsten 10 000 Jahre oder so von der Erde abtreten wird.

Tatsächlich habe ich noch einen weiteren Grund für meinen Pessimismus, und der stammt aus einer unwahrscheinlichen Quelle. Im Jahr 1994 veröffentlichte *Nature* einen kurzen Fachartikel eines kleinen Teams von Evolutionsbiologen. Er war nur zwei Seiten lang und prägte ein Konzept, das als «Aussterbeschuld» (*extinction debt*) bezeichnet wird.[127]

Eine wichtige Ursache für das Aussterben einer Art ist die Zerstörung des Habitats, das sie für ihr Überleben braucht. Eine Vogelart, die in hohen Bäumen brütet, kann nicht überleben, wenn alle Bäume gefällt und durch Grasland ersetzt werden. Habitate wie Wälder werden in der Regel nicht auf einen Schlag völlig abgeholzt, sondern *peu à peu* von Straßen zerschnitten, und die Bäume werden parzellenweise gefällt, sodass ein Netz kleinerer Waldstücke zurückbleibt, die voneinander getrennt sind wie Inseln im Meer. Was passiert mit den Arten, die in den immer kleineren Waldparzellen leben?

Arten, die schon immer selten waren, laufen Gefahr, durch unglückliche Zufälle auszusterben. Doch selbst Arten, die in jedem beliebigen Waldstück häufig sind, sind unausweichlich zum Aussterben bestimmt, wenn die Habitatzerstörung ein gewisses Ausmaß übersteigt. Das passiert sogar dann, wenn jener entscheidende Baum gefällt wird, während es der Art anscheinend noch gut geht und noch viele andere Brutbäume vorhanden sind. Solche häufigen Arten – die in jedem Habitat-Patch («Fleckchen Lebensraum») ausharren und sich behaupten und anscheinend nicht gefährdet sind – werden als konkurrenzüberlegen (*dominant competitors*) bezeichnet. Doch wie sich herausstellt, rettet ihre Dominanz sie nicht vor dem unausweichlichen Aussterben. Vielmehr gilt das Umgekehrte. Falls eine solche Art 10 Prozent eines unberührten Habitats besetzt und 10 Prozent ebendieses Habitats nach dem Zufallsprinzip zerstört werden, könnte man auf den ersten Blick erwarten, dass die verbleibenden 90 Prozent des Habitats die Sicherheit der betreffenden Art garantieren.

Aber das ist nicht der Fall.

«Überraschenderweise», schreiben die Forscher, «hat die Zerstörung von zufälligen Standorten letztendlich denselben Effekt wie die Zerstörung *genau* der Standorte, die von der konkurrenzüberlegenen Spezies besetzt werden» [meine Kursivsetzung].

Selbst wenn seit dieser einen, entscheidenden Episode der Habitatzerstörung weitere Generationen vergehen sollten, wird die Spezies schließlich aussterben und das abzahlen, was Ökologen als «Aussterbeschuld» bezeichnen. Sie weiß es vielleicht noch nicht, doch sie ist eine dem Untergang geweihte Art (*dead species walking*). Der Artikel schließt mit einem Absatz, der sich in der Rückschau und nach allem, was ich bislang gesagt habe, wie eine düstere Warnung an unsere eigene Art liest:

> Obgleich allgemein bekannt ist, dass Habitatzerstörung zu Aussterbeereignissen führt, sind unsere Ergebnisse eine Warnung, dass ein unvorhergesehener Effekt der Habitatzerstörung das selektive Aussterben der Wettbewerber sein kann. *Diese Arten nutzen Ressourcen häufig*

am effizientesten und spielen die wichtigste Rolle bei der Kontrolle von Ökosystemen [meine Kursivsetzung].

Wenn sich *Homo sapiens* überhaupt beschreiben lässt, dann als die Spezies, die in dem einzigen Habitat-Patch, den sie bewohnt – die Erde –, zur konkurrenzüberlegenen Art geworden ist. Tatsächlich ist er so überlegen, dass er alle Konkurrenten schon vor langer Zeit ausgerottet hat. Es ist wirklich atemberaubend, in welchem Ausmaß sich Menschen die Ressourcen der Erde zu eigen gemacht haben. Schätzungen zufolge beanspruchen die Menschen 25–40 Prozent aller Photosyntheseprodukte, die aus Landpflanzen stammen.[128] *Homo sapiens* und seine Haustiere machen 96 Prozent der Masse sämtlicher Säuger aus. Alle anderen Säuger, vom Ameisenbär bis zum Zebra, müssen sich, was die Biomasse angeht, die verbleibenden 4 Prozent teilen. Sieben von zehn Vögeln, die Ihnen zufällig über den Weg laufen, zählen zum Hausgeflügel.[129] Wie ich in Kapitel 8 gezeigt habe, macht *Homo sapiens* große Teile des Planeten zunehmend unbewohnbar, nicht nur für andere Arten, sondern auch für sich selbst. Niemand weiß, wann oder wo jener Regenwaldbaum gefällt wurde, dessen Abholzung die Menschheit endgültig angezählt hat. Vielleicht ist der Baum auch noch gar nicht gefallen, sondern steht unversehrt und intakt tief in den Regenwäldern von Borneo oder Amazonien. Wenn das so ist – bitte, Holzfäller, verschone diesen Baum!

Aber wie wissen wir, welches dieser entscheidende Baum ist? Ich vermute, dass er bereits vor einiger Zeit gefällt wurde und das Los der Menschheit bereits besiegelt ist.

Es ist nicht so, als wären wir nicht gewarnt worden.

Rapa Nui, die Osterinsel im östlichen Pazifik, ist einer der entlegensten bewohnbaren Orte auf der Erde. Der erste Europäer, der einen Fuß auf diese Insel setzte, war der niederländische Entdecker Jakob Roggeveen im Jahr 1722. Statt eines üppig grünen, mit Palmen bestandenen Fleckchens Erde, wie man sich Südseeinseln gemeinhin vorstellt, fand er ein baumloses Ödland vor.

Das war nicht immer so gewesen.

Als Roggeveen die Insel besuchte, war der einst produktive Lebensraum bereits von seinen Bewohnern zerstört worden.[130] Zwischen dem 11. und dem 17. Jahrhundert versuchten rivalisierende Clans auf der Insel, sich gegenseitig zu übertrumpfen, indem sie die gigantischen Steinstatuen oder *Moai* errichteten, für die die Insel heute berühmt ist. Damit brachten sie alle einheimischen Landvögel auf der Insel (mindestens sechs Arten) zum Aussterben. Einst brüteten 25 Seevogelarten auf Rapa Nui. Heute ist es nur noch eine.

Und die Bewohner fällten alle Bäume.

Heute gibt es nur 48 einheimische Pflanzenarten auf Rapa Nui; die größte davon ist ein kaum zwei Meter hoher Strauch. 22 weitere Arten sind verschwunden, darunter auch die Osterinsel-Palme, einstmals die höchste Palmenart der Welt. Sie überragte selbst die Chilenische Honigpalme, die mit einer Höhe von bis zu 20 Meter und einem Umfang von 1 Meter heute die größte Palmenart ist. Alle Osterinsel-Palmen wurden gefällt, auch die letzte. Nachdem die Bäume und Vögel verschwunden waren, fehlte den Insulanern das Holz, das sie zum Überleben benötigten – nämlich, um seetüchtige Kanus für die Delfinjagd zu bauen. Darüber hinaus fehlten ihnen Holz als Quelle für Fasern, um Seile herzustellen, Baumaterial, essbare Früchte und Feuerholz. Die Folgen waren massive Hungersnöte und ein drastischer Bevölkerungsrückgang; ein Bürgerkrieg brach aus, und es kam zu Kannibalismus. Da es keine Bäume mehr gab, die robust genug zum Bau von Unterkünften waren, begannen viele Inselbewohner, in Höhlen zu leben, deren Eingänge sie verbarrikadierten, um hungrige

Nachbarn fernzuhalten. 1774 beschrieb Captain James Cook die verbliebenen Bewohner der Osterinsel als «klein, mager, ängstlich und armselig». Es waren Menschen, die sich zwischen den Überresten der megalithischen Hybris ihrer Vorfahren mühsam als Subsistenzbauern durchschlugen.[131]

Man darf sich fragen, ob sich die Person, die den letzten Baum auf Rapa Nui fällte, der Endgültigkeit ihrer Handlung bewusst war. «Ich habe mich oft gefragt», schrieb Jared Diamond:[132]

> Was hat der Osterinsulaner, der den letzten Baum fällte, wohl gesagt, als er ihn fällte? «Es geht um Arbeitsplätze, nicht um Bäume?» Oder: «Die Technik wird unsere Probleme lösen, keine Sorge, wir werden Ersatz für Holz finden?» Oder: «Wir haben nicht genug Beweise, dass es nicht doch noch Bäume gibt, wir brauchen mehr Studien, der Ruf nach einem Rodungsverbot ist verfrüht und Panikmache»?

Nachdem die Bewohner der Osterinseln alle Bäume gefällt hatten, die groß genug waren, um seetüchtige Kanus aus ihnen zu bauen, hatten sie sich de facto vom Rest der Welt abgeschnitten. Sie waren allein, völlig isoliert und auf ihre eigenen schwindenden Ressourcen zurückgeworfen. Die Parallelen zwischen Rapa Nui und der Erde sind vielleicht zu offensichtlich, um ständig auf ihnen herumzureiten.

✷

In den nächsten paar Jahrtausenden wird die Weltbevölkerung auf ein Niveau zurückgehen, das letztlich nicht nachhaltig ist, und *Homo sapiens* wird irgendwann das Aussterben drohen. Ich kehre nun zum Karenina-Prinzip zurück, das ich im Prolog umrissen habe: Alle glücklichen, blühenden, individuenreichen Arten sind einander ähnlich, während alle Arten, die am Rand des Aussterbens stehen, auf ihre ganz eigene Art abtreten. Daher ist es außerordentlich schwierig zu sagen, wie oder wo den allerletzten Mensch sein Schicksal ereilen wird – sogar noch schwieriger, als den Zeitpunkt des endgültigen Abtretens von *Homo sapiens* abzuschätzen. Trotzdem ist es möglich, aus dem, was wir inzwischen über das Aussterben von Arten wissen, einige allgemeine Hinweise abzuleiten.

Sehen wir einmal vom Eintreten einer weltweiten Katastrophe ab, die Millionen oder Milliarden Menschen auf einen Schlag auslöscht (ein weltweiter Atomkrieg, der Einschlag eines Asteroiden, Amok laufende Roboter oder eine wirklich verheerende Pandemie). Lassen wir diese Dinge also außer Acht, dann kommt es bei denjenigen Gruppen von Tieren oder Pflanzen zum Aussterben, die zahlenmäßig so geschrumpft sind, dass die Population höchstens noch ein paar Hundert Individuen umfasst. Sehr kleine Populationen sind in einer Weise existenziell bedroht, wie es bei größeren Populationen niemals der Fall ist, denn in der Anzahl liegt Sicherheit. Kleine Populationen können beispielsweise durch eine für die Jahreszeit untypische Witterung oder den plötzlichen Ausfall einer essenziellen Ressource ausgelöscht werden. Man kann sich zum Beispiel leicht eine Orchideenart vorstellen, die so selten ist, dass sich ihr Vorkommen auf ein einziges Waldstück beschränkt, und deren Existenz dann durch ein neues Bauprojekt ausgelöscht wird. Möglicherweise war diese Orchidee einst weit verbreitet, doch durch eine Kombination von Faktoren wurde das vormals durchgehende Verbreitungsgebiet in eine Vielzahl von weit verstreuten Habitat-Patches zerteilt. Zuerst verschwindet der eine Orchideenstandort, dann ein anderer, bis schließlich nur noch ein einziger übrig ist. Und dann – keiner mehr.

Kleine Populationen sind aber nicht nur durch unglückliche Zufälle gefährdet, sondern auch in anderer Hinsicht. Bei ihnen besteht ein erhöhtes Risiko, dass sich schädliche Mutationen durchsetzen und innerhalb der kleinen Gruppe verbreiten. Wie bereits erwähnt, sind die genetischen Probleme, die eine geringe Populationsgröße mit sich bringt, *Homo sapiens* keineswegs fremd. Wenn schädliche Mutationen in einer Population häufiger werden, führt dies dazu, dass deren Fitness sinkt.

An dieser Stelle sollte ich kurz erläutern, was «Fitness» aus genetischer Sicht eigentlich bedeutet. In der Sprache der Evolution beschreibt «Fitness» die Fähigkeit von Individuen – beziehungsweise Individuenpaaren –, Nachkommen zu zeugen, die bis zur Geschlechtsreife überleben und daher in der Lage sind, sich ihrerseits fortzupflanzen. Eine Population, die weniger fit ist, produziert weniger gesunde Nachkommen. Es ist einleuchtend, dass die Fitness abnimmt, wenn schädliche Mutationen häufiger werden. Die Population bringt dann weniger Nachkommen hervor, die geschlechtsreif werden, als es sonst der Fall gewesen wäre, beispielsweise, wenn die Population größer gewesen wäre. Damit wächst natürlich das Aussterberisiko.

Eine Gefährdung durch unglückliche Zufälle und ein Rückgang der Fitness sind nicht die einzigen Nachteile, die Populationen mit nur wenigen Individuen drohen. Denn in kleinen und fragmentierten Populationen wird die Wahl eines geeigneten Geschlechtspartners zur Herausforderung. Es ist stets von Vorteil, sich einen Partner außerhalb der eigenen Gruppe zu suchen. Dadurch vermeidet man Inzucht und verringert das Risiko, dass schädliche Mutationen sich durchsetzen und die Fitness der Population verringern. Wenn die Populationen jedoch fragmentiert werden und die Überlebenden sich immer weiter voneinander entfernen, wird die Suche nach geeigneten Partnern immer schwieriger und schließlich unmöglich.

✴

All das klingt abstrakt und theoretisch, doch es gibt ein Modell, das zeigt, wie sich die Zukunft von *Homo sapiens* entwickeln wird. Passender- und vielleicht auch traurigerweise stammt es von unseren ausgestorbenen nächsten Verwandten, den Neandertalern.

Erinnern wir uns: Die Neandertaler tauchten vor etwas mehr als 300 000 Jahren zum ersten Mal auf. Eine Homininen-Population, die Anzeichen für den charakteristischen lang gestreckten Hirnschädel und die typischen Überaugenwülste von Neandertalern aufwies, lebte etwa um diese Zeit in der Sierra de Atapuerca im Norden von Spanien. Bis spätestens vor 40 000 Jahren waren Neandertaler in ganz Eurasien zu Hause, von Spanien im Westen bis Sibirien im Osten, von der russischen Arktis im Norden bis zur Levante im Süden.[133] Der moderne Mensch – *Homo sapiens* – begann vor rund 45 000 Jahren in größerer Zahl in Eurasien aufzutauchen, und die beiden Arten teilten sich für einen Zeitraum zwischen 2600 und 5400 Jahre denselben Lebensraum; danach verschwanden die Neandertaler.

Die Präsenz von *Homo sapiens* war letztlich der Grund für das Verschwinden der Neandertaler, und das galt auch für alle anderen Homininen auf dem Planeten. Das lag nicht etwa daran, dass der moderne Mensch den anderen Homininen in irgendeiner Weise überlegen gewesen wäre, sondern daran, dass es mehr davon gab. Die Neandertaler wurden buchstäblich von den Neuankömmlingen überschwemmt.

Seit 1856 wissen wir von der Existenz der Neandertaler; damals wurden in einer Höhle in Deutschland, im Neandertal bei Düsseldorf, Knochen einer seltsamen und bis dato unbekannten Menschenform entdeckt. Zwar war bereits 1848 auf Gibraltar ein menschlicher Schädel gefunden worden, der später als Neandertaler-Schädel identifiziert wurde. Ausgestorbene Menschenformen waren der Wissenschaft damals jedoch noch nicht bekannt, und es wurde heftig darüber gestritten, ob die

Fossilien tatsächlich von einer neuen Spezies stammten oder von einem armen, missgebildeten Menschengeschöpf aus jüngerer Zeit. Manche vermuteten sogar, es könne sich um die Überreste eines Kosaken handeln, der in den napoleonischen Kriegen umgekommen war. Seitdem sind zahlreiche Neandertalerfossilien gefunden worden, und es gehört zu den Wundern der modernen Wissenschaft, dass man inzwischen unter günstigen Bedingungen aus diesen Knochen und Zähnen das genetische Material, die DNA, extrahieren kann.[134] Dies hat uns in den letzten Jahren ermöglicht, ein klares Bild von der Genetik der Neandertaler zu gewinnen, und das über einen Großteil ihrer Geschichte hinweg. So war es möglich, ihre Populationsstruktur aufzuzeichnen und uns ein besseres Bild von ihrer Populationsstruktur, ihrer Lebensweise und ihre Zeit zu machen.

Klar scheint, dass Neandertaler niemals häufig waren. Ihre ganze Geschichte hindurch wiesen sie eine geringere genetische Vielfalt auf als sämtliche modernen Menschengruppen. Erinnern Sie sich daran, dass moderne Menschen genetisch bemerkenswert homogen sind: Die Tatsache, dass die Neandertaler eine noch geringere genetische Diversität als wir aufwiesen, spiegelt ihre geringe Gruppengröße wider. Es steht ferner mit ihrem potenziellen mehrfachen Beinahe-Aussterben im Einklang, und ebenso damit, dass sie sich danach mithilfe überlebender Gründerpopulation immer wieder erholten. So deuten genetische Belege beispielsweise darauf hin, dass viele Neandertaler, die vor weniger als 100 000 Jahre lebten, von nur wenigen Vorfahren abstammten. Das spricht für einen genetischen «Flaschenhals», der nach dem Aussterben der meisten Neandertalerpopulationen auftrat – hier haben wir den Gründereffekt in Aktion.[135] Überdies gibt es Belege dafür, dass viele Neandertalerpopulationen in Europa sehr spät in ihrer Geschichte verschwanden – möglicherweise aufgrund der immer stärker sinkenden Temperaturen während der Eiszeit – und von anderen Neandertalern ersetzt wurden, die aus den wärmeren Gebieten in Südeuropa und Westasien einwanderten.[136] Infolge dieser unsicheren und schwierigen Existenzbedingungen hatten Neandertaler eine um durchschnittlich 40 Prozent geringere Fitness als moderne Menschen.[137] Sie waren also nicht besonders erfolgreich, was die Produktion von Nachkommen anging, und von den gezeugten Nachkommen erreichten weniger das Fortpflanzungsalter. Ihre geringe Populationsgröße führte zudem zu vielen vererbten Anomalien: Bei den Fossilien von Neandertalern finden sich verformte Wirbel und Milchzähne noch im Erwachsenengebiss viel häufiger als bei modernen Menschen.[138]

Inzucht war häufig. Die DNA einer Neandertalerfrau aus der Denisova-Höhle im Altai-Gebirge in Südsibirien zeigt zum Beispiel, dass ihre Eltern so nahe verwandt waren wie Halbgeschwister, und bei ihren unmittelbaren Vorfahren war es häufig zu Verpaarungen zwischen engen Verwandten gekommen.[139] Eine weitere Studie an nicht weniger als dreizehn Neandertalern aus dem Altai erlaubte einen bemerkenswert detaillierten Blick auf Neandertaler-Gemeinschaften. Wie die Fossilien von elf Individuen aus der sogenannten Tschagyrskaja-Höhle zeigten, stammten zwei von einem Vater und seiner Tochter, und zwei weitere waren nahe Verwandte.[140] Alle waren stark inzüchtig, und die Gesamtgröße der Gemeinschaft lag zu jedem beliebigen Zeitpunkt wahrscheinlich nicht über zwanzig Personen. Es gab aber auch Belege dafür, dass die meisten Frauen der Gruppe aus anderen Gruppen stammten. Wie für Primaten im Allgemeinen typisch, neigen die männlichen Gruppenangehörigen dazu, in der Gruppe zu bleiben, in die sie hineingeboren wurden, während die weiblichen Gruppenmitglieder zum Abwandern tendieren.

Dass die Frauen der Neandertaler ihre Gemeinschaft verließen und abwanderten, war für das Überleben der Gruppen entscheidend, um zu verhindern, dass die Neandertaler noch stärker inzüchtig wurden, als es bereits der Fall war. Zudem förderte die Abwanderung der Frauen die Verbundenheit zwischen ansonsten isolierten und weit verstreuten Familiengruppen. Dieser Faktor – die weibliche Migration – erklärt wahrscheinlich, warum die Neandertaler überhaupt so vergleichsweise lang überlebten. Sie standen stets am Rande des Aussterbens, und die Migration der Frauen reichte gerade aus, um die Flamme nicht völlig verlöschen zu lassen. Als moderne Menschen in das Territorium der Neandertaler vordrangen, hatte dies unter anderem zur Folge, dass die einzelnen Neandertalergemeinschaften voneinander getrennt wurden, was den Austausch von Frauen einschränkte.[141] Zunehmend isoliert, verlegten sich Neandertaler auf Inzucht – oder kreuzten sich mit modernen Menschen. Dies führte auf die eine oder andere Weise zum Aussterben der Neandertaler als eigenständige Art. Aber sie hinterließen Spuren ihrer DNA im Genom aller modernen Menschen, die nicht ausschließlich afrikanische Vorfahren haben.

Die lange, traurige Geschichte des Neandertalers lässt erahnen, wie das Leben für die letzten Vertreter von *Homo sapiens* auf Erden aussehen könnte. Eine Population, die zusammenbricht und mit einem chronischen Mangel an Ressourcen sowie den Folgen des Klimawandels zu kämpfen hat, wird geteilt und dann in Gruppen verstreut, die sich immer weiter fragmentieren und isolieren. Zunächst wird eine dieser winzigen Populationen verschwinden und dann eine zweite, bis schließlich der letzte Mensch in der letzten verbliebenen Gruppe von *Homo sapiens* seinen letzten Atemzug tut.

Das wird in den nächsten 10 000 Jahren geschehen.

Es sei denn …

TEIL III

Ausweg

10
Die Zukunft ist grün und weiblich

> Wenn wir die schnelle Verbreitung dieser unheilvollen Entdeckung [Schießpulver] mit den langsamen und mühsamen Fortschritten der Vernunft, Wissenschaft und der Künste des Friedens vergleichen, wird ein Philosoph, je nach seinem Temperamente, über die Thorheit des Menschengeschlechts entweder lachen oder weinen.
>
> EDWARD GIBBON
> *Verfall und Untergang des römischen Imperiums*

Ich entschuldige mich nicht dafür, dass ich in den letzten Kapiteln ein düsteres Bild von der Zukunft der Menschheit gezeichnet habe. Eine Kombination von Problemen – beispielsweise geringe Spermienzahl, genetische Homogenität, wirtschaftliche Probleme, ferner die zunehmende Unbewohnbarkeit der Erde durch die Aktivitäten des Menschen – hat sich offenbar verschworen, um *Homo sapiens* voraussichtliche Verweildauer auf der Erde zu verkürzen. Gar nicht erwähnt habe ich dabei Bedrohungen wie Atomkrieg, Einschlag eines großen Asteroiden oder Kometen oder auch unbeabsichtigte Folgen von technologischen Innovationen, zum Beispiel von KI.

Andererseits ist keines der Doomsday-Szenarien, die ich beschrieben habe, bisher eingetreten. Wie der Geist der zukünftigen Weihnacht in Charles Dickens' *Weihnachtsgeschichte* schildere ich Ihnen eine Welt, die es geben könnte, wenn wir weiter tun, was wir tun. Sicher ist das alles nicht.

In diesem letzten Teil des Buchs werde ich versuchen, eine Art «Hollywoodende» zu entwerfen. Es könnte einen Ausweg geben, einen Weg, um die Existenz von *Homo sapiens* zu verlängern und potenziell das zeitlich weiter entfernte Ende von Richard Gotts Vorhersageformel («Doomsday-Argument») zu erreichen, ein Ende, das Jahrmillionen in der Zukunft liegt. Es hängt vom menschlichen Erfindungsreichtum ab: von seiner Fähigkeit, sich aus einer Notlage zu befreien, selbst wenn er in die Ecke gedrängt ist und keine Rettung möglich scheint.

Die von mir vorgeschlagene Lösung liegt in der Besiedlung des Weltraums – gleichgültig, ob es sich dabei um die Oberfläche anderer Himmelskörper im Sonnensystem handelt, beispielsweise Mond oder Mars, oder um das Innere modifizierter Asteroiden, oder aber um vollständig künstliche, im Orbit kreisende Habitate.[1] Wenn wir auf die menschliche Erfindungskraft setzen, könnte es auch noch weitere Auswege geben, zum Beispiel das «Terraforming» anderer Planeten wie Mars oder Venus, sodass sie – ohne besondere Atemgeräte oder Raumanzüge – für Menschen bewohnbar werden. Oder, als weiteres Beispiel, sogar eine wirklich umfangreiche Modifikation des menschlichen Genoms, um unerwünschte Merkmale zu entfernen oder um Menschen an Bedingungen anzupassen, wie es bisher mit natürlichen Mitteln nicht möglich war: dass sie unter Wasser atmen können, dass sie auf unbeschränkte Zeit problemlos in der Schwerelosigkeit leben[2] oder ohne Hilfsmittel unter anderen extremen Bedingungen überleben können. Aus Gründen, die ich später erklären werde, muss meine Lösung jedoch innerhalb der nächsten beiden Jahrhunderte umgesetzt werden, wenn das Aussterben des Menschen verhindert werden soll. Einige Lösungen liegen derart weit in der Zukunft (Terraforming) oder werden aus ethischen Gründen wahrscheinlich nur begrenzt eingesetzt werden (Genmodifikationen im großen Maßstab), dass ich sie nicht weiter erörtern werde.[3]

Der Impuls zur Besiedlung des Weltraums wird mit Veränderungen beginnen, die *Homo sapiens* hier auf der Erde vornimmt – anfangs, um sich an die Zwänge anzupassen, die eine nach wie vor wachsende Bevölkerung, abnehmende natürliche Ressourcen und der Klimawandel mit sich bringen. Derartige Veränderungen werden zunächst stärker mit normalen und bodenständigen Aktivitäten verbunden sein, wie Lebensmittelproduktion, Energiesicherheit oder Stadtplanung, als mit Raumfahrt. Die Zukunft könnte zeigen, dass derartige Entwicklungen eine nützliche Vorbereitung waren.

Erstens müssen die Menschen neue Formen der Landwirtschaft entwickeln, um eine immer noch wachsende Weltbevölkerung mit Nahrung zu versorgen und ein Maximum an Kalorien in einem Minimum von Raum zu gewinnen. Um das verständlich zu machen, werde ich etwas ausführlicher darauf eingehen, wie *Homo sapiens* in den 1950er- und 1960er-Jahren mithilfe von Agrartechnologie die Hungerkatastrophe abwenden konnte, die Ehrlich in *Die Bevölkerungsbombe* für die nahe Zukunft prophezeit hatte – und dass *Homo sapiens* seinen Einsatz noch mehr steigern muss. Da die Menschheit zur Sicherung ihrer Existenz letztendlich auf Pflanzen angewiesen ist und zurzeit einen großen Anteil der gesamten pflanzlichen Produktivität der Erde (sogenannte Nettoprimärproduktion) beansprucht, möchte ich die Photosynthese genauer besprechen – Photosynthese ist der Prozess, bei dem Pflanzen Sonnenlicht, Wasser und Kohlendioxid nutzen, um Nahrung (in Form von Kohlenhydraten) zu erzeugen. Wie sich herausgestellt hat, ist die Photosynthese ein erstaunlich ineffizienter Prozess, und bereits heute sucht man nach Wegen, um sie zu verbessern oder künstlich nachzuahmen. Die Zukunft des Menschen im Weltraum hängt maßgeblich davon ab.

Zweitens müssen die Menschen die Emanzipation von Frauen weiterhin stärken; diese Entwicklung ist relativ neu in der Menschheitsgeschichte, muss aber unbedingt fortgesetzt werden.

Drittens und letztens müssen sich die Menschen gemeinsam darum bemühen, die nötigen Technologien zur Besiedlung des Weltraums zu optimieren und umzusetzen. Nach langer Pause erleben wir zurzeit eine Renaissance der bemannten Raumfahrt – aber erst in Ansätzen!

Diese Lösung hat ihren Preis, und ihre kostspielige Währung ist «Zeit». Kurz gesagt, es bleibt uns nicht mehr viel Zeit. *Homo sapiens* befindet sich an einem kritischen Punkt seiner Geschichte, genau an dem Wendepunkt, an dem die ständig zunehmende «Menschenflut» dabei ist, ihr Maximum zu erreichen, um anschließend wieder abzuebben. Wenn die Menschen sich das zurzeit riesige Reservoir an denkenden Gehirnen, das eine große Bevölkerung mit sich bringt, nicht zunutze machen, wird die Besiedlung des Weltraums ins Stocken geraten und zum Stillstand kommen. Wie bereits erwähnt, benötigt man für die Entwicklung großer Erfindungen eine Zivilisation von vielen Hundert Millionen, ja Milliarden Köpfen. Da manche Prognosen davon ausgehen, dass die Bevölkerung bis 2300 auf weniger als eine Milliarde Menschen schrumpfen könnte – und das bei erschöpften Ressourcen –, muss die Besiedlung des Weltraums innerhalb der nächsten ein bis zwei Jahrhunderte weit fortgeschritten sein: also bevor die menschliche Bevölkerung in einem Maße schrumpft, dass sie nicht mehr die nötige technologische Innovationskraft und Kreativität besitzt, um sich in den Weltraum auszubreiten. Wir müssen jetzt beginnen, darüber nachzudenken.

Zunächst müssen wir uns klarmachen, dass die Menschheit letztendlich irgendwann aussterben wird. Auf lange Sicht sterben alle Arten irgendwann aus. Der Paläontologe David Raup witzelte angeblich einmal, dass es in erster (mathematischer) Näherung kein Leben auf der Erde gebe, da 99 Prozent der Arten, die jemals gelebt haben, jetzt nicht mehr da sind.

Ständig sterben Arten aus. Es gab in der Erdgeschichte jedoch Zeiträume, in denen die Aussterbeintensität weit über dem normalen «Grundrauschen» der Arten lag, die die Bühne still und leise verließen. Innerhalb der letzten 540 Millionen Jahre haben nachgewiesenermaßen fünf dieser sogenannten Massenaussterben-Ereignisse stattgefunden.[4] Das größte ereignete sich zum Ende des Perm, vor etwa 250 Millionen Jahren, als eine Reihe von Super-Vulkanausbrüchen toxische Gase in die Atmosphäre spuckte und sich die Durchschnittstemperatur der Erde um mehrere Grad Celsius erhöhte. Rund 95 Prozent der meeresbewohnenden und über 70 Prozent der landbewohnenden Arten wurden im Lauf von wenigen Hunderttausend Jahren ausgelöscht.[5] Das zweitgrößte Massenaussterben fand vor 66 Millionen Jahren statt, am Ende der Kreidezeit. Dieses ist berühmter als das Massenaussterben am Ende des Perms – teils deshalb, weil es so spektakulär war, denn es wurde ganz plötzlich durch den Einschlag eines Asteroiden auf der Erde ausgelöst, teils weil dieses Ereignis die berühmtesten prähistorischen Bewohner der Erde auslöschte: die Dinosaurier. Inzwischen dominiert der Mensch sämtliche Ökosysteme der Erde, und dies lässt es möglich erscheinen, dass zurzeit ein sechstes großes Massenaussterben stattfindet. Nach heute gängiger Meinung erreichen die Auswirkungen von *Homo sapiens* auf die irdische Biodiversität nicht die Größenordnung der «großen Fünf» – zumindest noch nicht.[6] Die Menschen müssten weitere 500 Jahre lang weitermachen wie bisher, damit sich dies erkennen lässt.[7] Wie bereits erwähnt, sind die Auswirkungen der Menschen auf die Biodiversität der Erde allerdings jetzt schon extrem, und ich werde das in diesem Kapitel noch etwas eingehender diskutieren.

Nun zur unmittelbar bevorstehenden Gefahr. Pflanzen-

und Tierarten haben gewöhnlich eine typische «Verweilzeit auf Erden». Bei Säugerarten liegt diese durchschnittlich bei rund einer Million Jahre, variiert aber sehr stark.[8] *Homo sapiens* ist jedoch insofern außergewöhnlich, da er sich als einzige bekannte irdische Art seines Platzes im Universum bewusst ist und damit sein eigenes Geschick in gewissem Maße in die Hand nehmen kann. Der Geist der zukünftigen Weihnacht sagt jeder Spezies warnend ihr Schicksal voraus, aber nur *Homo sapiens* vermag dies zu hören. Doch wird er zuhören? Um es anders auszudrücken: Kann *Homo sapiens* seine Erfindungskraft nutzen, um sich entgegen aller Wahrscheinlichkeit aus der Klemme zu befreien?

Die Antwort ist «ja», denn genau das hat *Homo sapiens* bereits mehrmals geschafft.

Während rund 97 Prozent seiner irdischen Existenz lebte *Homo sapiens* in Jäger- und Sammlergruppen. Um durch Jagen und Sammeln genügend Ressourcen für den Lebensunterhalt einer Bevölkerung zu erwirtschaften, braucht man ein großes Territorium. Nicht alle Gebiete sind gleichermaßen geeignet – Jäger und Sammler bevorzugen in der Regel Orte, wo es Tiere und Pflanzen fürs Jagen und Sammeln gibt, meiden aber Gegenden, oft die biologisch reichhaltigsten, wo sie sich Krankheiten zuziehen können.[9] Die Menschen konnten zudem nicht zu nahe beieinander leben, da es nicht genügend Ressourcen gab, um eine dichtere Bevölkerung alleine «vom Land», also durch Subsistenzwirtschaft zu ernähren. Anders ausgedrückt, die ökologische Tragfähigkeit der Erde war recht gering. Wenn alle Menschen als Jäger und Sammler leben würden, könnte die Erde laut einer Studie zehn Millionen Menschen ernähren;[10] die Schätzwerte variieren allerdings stark. Ein Jäger und Sammler hätte sich in seinen kühnsten Träumen nicht vorstellen können, dass die Erde dichter besiedelt sein könnte als zu seinen Zeiten, und dennoch trägt sie heute acht Milliarden Seelen.

Dieser Wandel kam durch die Landwirtschaft zustande; dieser revolutionäre Lebensstil führte dazu, dass die Jäger und Sammler zu Hause blieben und alles, was sie brauchten, auf einer relativ kleinen Fläche anbauten. Nachdem die Landwirtschaft vor rund 10 000 Jahren erfunden worden war, wuchs die menschliche Bevölkerung rasant. Erstens, weil die Obergrenze der Tragfähigkeit, die durch die Lebensweise der Jäger und Sammler vorgegeben worden war, durch die Landwirtschaft hinfällig wurde. Zweitens, weil die Menschen dabei etliche Tier- und Pflanzenarten domestizierten und durch Selektion bestimmter Merkmale nach Bedarf veränderten. Mithilfe der Domestikation schuf der Mensch Lebewesen, die viel höhere Erträge lieferten als ihre wilden Verwandten – man denke nur an größere Getreideähren oder Schafe mit mehr Wolle. Drittens, weil Frauen dadurch häufiger schwanger werden konnten. In Jäger- und Sammlergesellschaften sind die Menschen ständig «auf Achse», und Frauen können ein weiteres Kind erst dann durchbringen, wenn das ältere Kind abgestillt ist und laufen kann. Da mit der Landwirtschaft ein relativ sesshaftes Leben einherging, entfiel diese Einschränkung.

Und die Bevölkerung wuchs. Und wuchs weiter bis in die 1960er-Jahre, als die Wachstumsrate zu fallen begann, wie wir gesehen haben. Als Paul R. Ehrlich *Die Bevölkerungsbombe* schrieb, ernährte die Erde etwas mehr als 3,5 Milliarden Menschen. Da die für Landwirtschaft geeigneten Flächen damals bereits größtenteils genutzt wurden und die Bevölkerung immer noch wuchs, machten Ehrlich und andere sich Sorgen, dass sich die Erde nahe an ihrer «Tragfähigkeit» (*carrying capacity*) befand und es ohne deutliche Anstrengungen zur Verringerung des Bevölkerungswachstums bald zu weltweiten Hungersnöten kommen würde.[11] Ähnlich wie die Jäger und

Sammler, die nichts von den zukünftigen Segnungen der Landwirtschaft wissen konnten, konnte sich Ehrlich nichts anderes als ein ungebremstes Bevölkerungswachstum vorstellen und folglich nur eine Katastrophe vorhersagen. Doch selbst damals gab es inmitten der düsteren Perspektiven einen Hoffnungsschimmer. «Meines Erachtens», schreibt er, «hat das Programm, das sich mit der Entwicklung und Verteilung neuer ertragreicher Sorten von Körnerfrüchten beschäftigt, die größte Aussicht, das Ausmaß der kommenden Hungersnöte zu reduzieren.»[12] Es ging dabei um neue Reis-, Mais- und Weizensorten, die wesentlich höhere Erträge liefern konnten als die damals (noch) üblichen Sorten. Dies war der Anfang der sogenannten Grünen Revolution.[13]

Die Grüne Revolution war wohl die größte Innovation in der Landwirtschaft seit ihrer Erfindung. Sie wirkte sich sofort aus. Im Lauf des letzten halben Jahrhunderts hat sie die Tragfähigkeit der Erde erhöht, sodass jetzt über 8 Milliarden Menschen auf unserem Planeten leben können, und zwar im Allgemeinen – bis auf einige erwähnenswerte Ausnahmen – in größerem Wohlstand als in den 1960er-Jahren.

Die Fakten der Grünen Revolution sind erstaunlich. Es dauerte beispielsweise 10 000 Jahre, also seit dem Beginn der Landwirtschaft selbst, bis die Weltproduktion an Körnerfrüchten 1 Milliarde Tonnen pro Jahr erreichte: Das war 1960. Diese Zahl hat sich bis zum Jahr 2000 – also in einem Zeitraum von nur 40 Jahren – verdoppelt, und das allein aufgrund der Grünen Revolution. Die Bevölkerung in vielen Niedriglohnländern verdoppelte sich in diesem Zeitraum, doch die Ernteerträge lagen sogar noch darüber und stiegen um 125 Prozent. Während dieser turbulenten Zeit wuchs die Reisproduktion auf das Neunfache an (von 200 auf 1800 Millionen Tonnen).

Mais- und Weizenproduktion verdreifachten sich (in beiden Fällen von 200 auf 600 Millionen Tonnen) – und das bei einer nur 30-prozentigen Zunahme der Anbaufläche. Schätzungen zufolge wäre die Lebensmittelproduktion in Entwicklungsländern ohne die Grüne Revolution um ein Fünftel geringer ausgefallen, während gleichzeitig mehr Anbaufläche benötigt worden wäre. Die weltweiten Lebensmittelpreise wären um bis zu 65 Prozent gestiegen, und eine wachsende Bevölkerung hätte im Durchschnitt, rein was die Kalorienmenge angeht, immerhin 13 Prozent weniger zur Verfügung gehabt.

Die Grüne Revolution begann in den 1950er- und frühen 1960er-Jahren an zwei Orten. Einer war das International Rice Research Institute (IRRI, Internationales Reisforschungsinstitut) auf den Philippinen, der andere war das International Corn and Wheat Improvement Center (CIMMYT, Internationales Zentrum für die Verbesserung von Mais und Weizen) in Mexiko. Es war sinnvoll, sich auf diese drei Arten – Reis, Mais und Weizen – zu konzentrieren, denn sie machen zusammen fast die Hälfte aller Kalorien aus, die von *Homo sapiens* verzehrt werden. Die am IRRI und CIMMYT eingesetzten Techniken waren für sich genommen nichts Besonderes. Die Wissenschaftlerinnen und Wissenschaftler verwendeten konventionelle Methoden zur Pflanzenzüchtung – letztlich nichts anderes als das, was Bauern schon seit Menschengedenken tun: Sie kreuzten bereits vorhandene Getreidesorten, um Hybridsorten zu erhalten, die mehr Ertrag lieferten, gegen die verbreiteten Schädlinge und Pflanzenkrankheiten resistenter waren und auch für ein größeres Spektrum an schwierigen Kulturbedingungen geeignet waren: zum Beispiel Überschwemmungen oder Dürren, ferner verseuchte, versalzene oder besonders saure Böden, die bislang für den Pflanzenanbau untauglich gewesen waren. Doch weil diese Züchter wissenschaftlich und rational vorgingen, erzielten sie viel schneller Resultate und hatten wesentlich mehr Erfolg als die Bauern früherer Zeiten –

denn diese hatten keine formale Ausbildung in Genetik oder Pflanzenzüchtung und gingen bei der Auswahl der Pflanzen nach Versuch und Irrtum vor.

Vor der Grünen Revolution besaßen Reis- und Weizenpflanzen eher lange, dünne Halme mit vielen hängenden Blättern. Durch Düngergaben schossen die Pflanzen noch stärker in die Höhe und knickten um. Die Lösung bestand darin, zwergwüchsigere Pflanzen mit kräftigeren Halmen zu züchten (sogenannte Halbzwergsorten). Bezogen auf das Trockengewicht, hatten diese mehr Körnerertrag, da die Pflanzen weniger Energie auf das Wachstum von langen Halmen verwendeten, die dann nur als Stroh dienten. Die neuen Sorten besaßen weniger Blätter, doch diese waren dunkler und standen aufrecht, statt schlaff herabzuhängen. Dies garantierte eine maximale Exposition zum für die Photosynthese unverzichtbaren Sonnenlicht. Die neuen verbesserten Sorten konnten dichter gepflanzt werden und wuchsen rascher. Reisbauern konnten jetzt zwei Ernten pro Jahr erzielen. Weizenbauern stellten fest, dass die neuen Sorten weniger Wasser benötigten und schneller als das Unkraut wuchsen, was die Kosten für Herbizide reduzierte.

Auch wenn die Erfolge der Grünen Revolution nicht zu leugnen sind, waren die positiven Effekte nicht gleich verteilt. Während die neuen Sorten in Asien 1998 bereits auf 82 Prozent der Ackerfläche angebaut wurden, war die Akzeptanz in Subsahara-Afrika wesentlich zögerlicher. Dort wuchsen sie nur auf 27 Prozent der Ackerfläche, auch wenn der Anteil inzwischen höher liegt. Zumindest anfangs lag dies zum Teil daran, dass man sich vonseiten der wissenschaftlichen Pflanzenzüchtung weniger für die Nutzpflanzen interessierte, die von afrikanischen Landwirten bevorzugt wurden: Hirse und Maniok (Cassava). In Asien zeigten sich die Auswirkungen der Grünen Revolution in Regionen mit intensiver Bewässerung deutlicher als in Randlagen, die auf Niederschläge angewiesen sind. Insgesamt waren die Vorteile der Grünen Revolution für Bauern stärker spürbar als für Bäuerinnen, denn ihre Bedürfnisse wurden oft übersehen. Auch wenn der hungernde Anteil der Weltbevölkerung nach der Grünen Revolution sank, verbesserte sich die *Qualität* der Ernährung nicht immer, vor allem nicht für arme Menschen. Da man sich auf den Anbau von Grundnahrungsmitteln wie Weizen, Reis und Mais konzentrierte, vernachlässigte man traditionelle Nahrungsmittel wie Hülsenfrüchte, die essenzielle Nährstoffe liefern und Abwechslung in den Speiseplan bringen. Die intensive Landwirtschaft mit verbesserten Reissorten führte zu einer Abnahme von anderen nützlichen Produkten der Reisfelder, wie Gemüse und Fischen.

Die Grüne Revolution wirkte sich auch auf die Umwelt aus. Auf der Haben-Seite hat die intensive Landwirtschaft die Notwendigkeit reduziert, noch mehr Land unter den Pflug zu nehmen, und sogar dazu beigetragen, dass minder wertvolles Agrarland wieder anders genutzt wurde, zum Beispiel für die Forstwirtschaft. Gleichzeitig hat die intensive landwirtschaftliche Nutzung zu Bodenerosion, Umweltverschmutzung und der Übernutzung der immer knapperen Wasserressourcen geführt.

Gewiss, die Grüne Revolution verhinderte die Krisen, die Ehrlich und andere vorhergesagt hatten. Doch in mancher Hinsicht wurde sie zum Opfer ihres eigenen Erfolgs. Die Weltbevölkerung nimmt weiter zu, und die Menschen haben sich gleichzeitig an einen höheren Lebensstandard gewöhnt. Dies übt mehr Druck auf die relativ kleine Anzahl an Nahrungspflanzen aus, von denen die Menschheit abhängig ist. Könnte es sein, dass der Kreis sich schließt und wir uns auf einem Planeten befinden, der mit über acht Milliarden Menschen anscheinend wieder so voll ausgelastet ist, wie es Paul R. Ehrlich im Jahr 1968 erschien, als die Gesamtbevölkerung nicht einmal halb so groß war?

Die Schätzungen zur aktuellen Tragfähigkeit der Erde hängen empfindlich von den Grundannahmen ab, auf denen sie basieren.[14] So errechnete der Niederländer Antoni van Leeuwenhoek, Pionier der Mikroskopie, im Jahr 1679 beispielsweise, die Erde könne 13,4 Milliarden Menschen tragen, indem er für die ganze Welt eine Bevölkerungsdichte zugrunde legte, wie sie damals in den Niederlanden herrschte. Zu welchem Ergebnis man kommt, hängt von mehreren Faktoren ab, zum Beispiel von der Lebensqualität. Offensichtlich könnte die Erde erheblich mehr Menschen tragen, die im Elend leben als im Wohlstand. «Die Kapazität der Erde, Menschen zu ernähren, wird teilweise von Prozessen bestimmt, die wir in den Sozial- und Naturwissenschaften erst noch verstehen müssen, teilweise durch Entscheidungen, die wir und unsere Nachkommen noch treffen müssen», schrieb der Ökologe und Biomathematiker Joel E. Cohen in einem einflussreichen Aufsatz.[15]

Eine andere, nicht ganz so direkte Methode zur Beurteilung der Tragfähigkeit besteht darin, die Grenzen menschlicher Tätigkeiten zu ermitteln, bei deren Überschreiten die Erde viel unwirtlicher gemacht würde. Auf diesem Ansatz basiert das Konzeptpapier, das Johan Rockström (Universität Stockholm) und Kollegen 2009 vorgestellt haben.[16] Sie bestimmten Belastungsgrenzen oder «planetare Grenzen» für menschliche Eingriffe in neun Systeme (bzw. Prozesse) des Gesamtsystems Erde: unter anderem Klimawandel, Rate des Artensterbens, Störung des Stickstoffkreislaufs, Versauerung der Ozeane, globaler Süßwasserverbrauch und so weiter. Einige dieser Grenzen waren willkürlich, doch die Wissenschaftler zeigten, dass die Aktivitäten des Menschen viele dieser Systeme/Prozesse unter großen Stress setzen, und benannten drei Bereiche, bei denen die Grenzen bereits überschritten wurden – Klimawandel (die

Menge des Kohlendioxids in der Atmosphäre), Aussterberate der Arten sowie die Menge an atmosphärischem Stickstoff, die der Atmosphäre entzogen wurde, um sie in Chemikalien wie Kunstdünger umzuwandeln.[17] Wie ich in früheren Kapiteln erläutert habe, variieren die Folgen des Klimawandels (um nur ein Beispiel herauszugreifen) von Ort zu Ort und haben häufig unverhältnismäßige Auswirkungen auf Menschen, die weder die politischen noch die wirtschaftlichen Mittel haben, diese Folgen abzuschwächen. Eine engere Auslegung der planetaren Grenzen, die auch Elemente der «Klimagerechtigkeit» miteinbezieht, zeigt daher, dass diese Grenzen zurzeit fast alle überschritten sind.[18] Wenn man berücksichtigt, wie zerstörerisch sich die menschlichen Aktivitäten auf die normalen Funktionen des Planeten auswirken, so scheint es, als habe die Erde ihre Tragfähigkeit heute tatsächlich wieder einmal erreicht.

In mancher Hinsicht leben wir immer noch wie Jäger und Sammler. Wir setzen ganz nonchalant voraus, dass die Erde uns die Ressourcen, auf die wir angewiesen sind, kostenlos zur Verfügung stellt oder zumindest keine höheren Kosten fällig werden als die, die wir auf die Jagd oder aufs Sammeln dieser Ressourcen aufgewendet haben. Dazu zählen der Zugang zu sauberem Süßwasser und sauberer Luft, die Bildung von Böden, auf denen wir unsere Nutzpflanzen anbauen können, sowie die Verfügbarkeit von Bestäuberinsekten wie Bienen, um die Befruchtung der Pflanzen sicherzustellen. *Homo sapiens* zerstört inzwischen die Ökosysteme der Erde – ihr «natürliches Kapital» – in einem Ausmaß, das viele dieser sogenannten Ökosystemdienstleistungen (kurz: Ökosystemleistungen) massiv beeinträchtigt. Tatsächlich sind die Beeinträchtigungen derart stark, dass sich die Überlegung lohnt, wie viel wir zahlen müssten, um solche Dienstleistungen zu ersetzen, falls sie verschwänden. Dies taten Robert Costanza (Universität Maryland) und Kollegen, die 1997 in *Nature* schrieben, es sei zwar möglich, sich die Schaffung von menschlichem Wohlstand ohne natürliches Kapitel und Ökosystemleistungen in künstlichen «Raumkolonien» vorzustellen, doch

> diese Möglichkeit ist zu abwegig und unwahrscheinlich, um zurzeit von Interesse zu sein. Tatsächlich besteht ein zusätzlicher Weg, über den Wert von Ökosystemen nachzudenken, darin, zu bestimmen, was es kosten würde, sie in einer technisch hergestellten, künstlichen Biosphäre nachzubilden. Die Erfahrung mit bemannten Raumfahrtmissionen und Biosphäre 2 in Arizona[19] deutet darauf hin, dass dies ein äußerst komplexes und teures Unterfangen ist. Biosphäre I (die Erde) ist ein sehr effizienter Billiganbieter von lebenserhaltenden Maßnahmen für die Menschheit.[20]

Costanza und Kollegen berechneten, dass die Erde pro Jahr Ökosystemleistungen im Wert von 16 bis 54 Billionen US-Dollar liefert – im Durchschnitt 33 Billionen US-Dollar, und zwar letztlich umsonst. Um dies in Relation zu setzen: Das entspricht etwa dem Doppelten des weltweiten Bruttoinlandsprodukts (bezogen auf 1994). Als Costanza und Kollegen diesen Artikel zwanzig Jahre später nochmals kommentierten, stellten sie fest, dass er eine Sensibilisierung für das Thema erreicht und die Diskussion angeregt hatte.[21]

> Die Größenordnung dieses Ergebnisses (33 Billionen US-Dollar) schockierte manche Menschen. Einige waren erstaunt, da sie meinten, es sei zu wenig (nach einem Kommentar eine «unendliche Unterschätzung»), andere, da sie dachten, es sei zu hoch (wie konnte es

höher sein als das Bruttoinlandsprodukt der gesamten Welt?), und wieder andere, weil sie dachten, es sei überhaupt eine profane und vulgäre Sache (wie kann man die Natur mit einem Preis versehen?). Die meisten Menschen verstanden aber, warum wir diese zugegebenermaßen grobe Schätzung machten: um zu zeigen, dass Ökosystemleistungen für den menschlichen Wohlstand viel wichtiger waren, als herkömmliches ökonomisches Denken ihnen zugebilligt hatte.

Der entscheidende Punkt ist folgender: Als die Gesamtpopulation von *Homo sapiens* im unteren Millionenbereich lag, waren die Ressourcen, die die Erde bot, de facto unerschöpflich und konnten als selbstverständlich gelten. Doch jetzt – wo die Zahl der Menschen bei etlichen Milliarden liegt und die Tragfähigkeit der Erde erschöpft oder gar überschreitet – ist das eindeutig nicht mehr der Fall. Denn die menschlichen Aktivitäten haben offensichtliche, messbare und schädliche Auswirkungen auf die normalen Funktionen der Erde. Daher ist es sinnvoll, diese Aktivitäten in einer Form zur Rechenschaft zu ziehen, die politische Entscheidungsträger und Ökonomen verstehen können.

✷

Vielleicht ist es kein Zufall, dass die Wachstumsrate der menschlichen Bevölkerung gerade zu dem Zeitpunkt begonnen hat zurückzugehen, als die Auswirkung der Grünen Revolution an ihre Grenzen stieß. Vielleicht hat die Bevölkerung eine Grenze erreicht, an der die Kosten des landwirtschaftlichen Fortschritts, was die «Erosion» des zum Erhalt der Menschheit erforderlichen natürlichen Kapitals angeht, die Vorteile überwiegen. Unter Umständen können zukünftige Technologien der Nahrungsmittelproduktion (ich werde einige davon im nächsten Kapitel diskutieren) diese Grenze nach oben verschieben – ganz so wie es der Landwirtschaft vor 10 000 Jahren und der Grünen Revolution in den 1950er- und 1960er-Jahren gelang. Das Resultat könnte allerdings auch wieder ein weiteres Bevölkerungswachstum sein, bis die Grenzen dieser neuen Technologie erreicht oder überschritten sind. Und wir sollten nicht vergessen, dass die Oberfläche dieser Erde endlich ist. Keine Technologie wird es der Population von *Homo sapiens* erlauben, grenzenlos zu wachsen.

Der demnächst anstehende Bevölkerungsrückgang könnte die Rettung der Erde sein, und es ist paradox, dass es ausgerechnet die Grüne Revolution war, die den Rückgang ermöglicht hat. Denn für viele der ärmsten Menschen weltweit verbesserte sich der Lebensstandard, und viele konnten daher etwas tun, das sie vorher nicht tun konnten: zur Schule gehen. Es ist nachgewiesen, dass ein Schulabschluss eine höhere Lebenserwartung, kleinere Familiengröße (d. h. weniger Kinder) und ein geringeres Bevölkerungswachstum zur Folge hat.[22] Und das Gute ist, dass sich der Zugang zu Schulbildung im Lauf der letzten Jahrzehnte weltweit verbessert hat.[23] Wie bereits erwähnt, konnte 1970 nur die Hälfte aller Menschen mit Ende zwanzig auf sechs Jahre Schulbesuch zurückblicken. Dieser Anteil hatte sich bis 2018 auf 80 % erhöht und wird 2030 voraussichtlich 90 % erreichen. Der Zugang zur höheren Schulbildung ist uneinheitlicher. In den Teilen der Welt mit besserer Schulbildung hatte im Jahr 1970 etwa die Hälfte aller Menschen mit Ende zwanzig zwölf Jahre lang die Schulbank gedrückt, doch in vielen Teilen der Welt lag dieses Verhältnis nur bei 10 % oder darunter. Der Anteil hat inzwischen zugenommen, doch das Bild ist nach wie vor uneinheitlich.

Bildung hatte für Frauen vermutlich ungleich größere Auswirkungen als für Männer. Schließlich war das Bildungssystem immer stärker auf Schüler ausgerichtet als auf Schülerinnen. Dabei hat sich der Bildungszugang für Mädchen in den letzten

Jahren erheblich verbessert. Weltweit konnten 2018 – trotz beträchtlicher Ungleichheit in Afrika und im Nahen Osten – fast genauso viele Mädchen wie Jungen zur Schule gehen. Im Jahr 1970 hatten Männer in 142 Ländern im Durchschnitt eine höhere Schulbildung, doch diese Lücke wird stetig kleiner: 2018 waren es 27 Länder, und bis 2030 werden es nur mehr 4 Länder sein. Zu diesem Zeitpunkt werden Frauen, was die Jahre des Schulbesuchs angeht, die Männer voraussichtlich in 18 Ländern überholt haben. Dies stellt «eine gewaltige Umkehr der globalen Situation von 1970» dar.[24]

Eine Folge der Frauenbildung besteht darin, den weiblichen Ehrgeiz zu fördern und die Wahlmöglichkeiten von Frauen zu erhöhen. Falls es kein Zufall ist, dass die Gesamtfertilitätsrate (TFR) der meisten Länder genau in dem Moment steil abfällt, in dem die Tragfähigkeit der Erde an ihre Grenzen stößt – vielleicht zum Teil eine Folge der Grünen Revolution –, dann ist es wohl auch kein Zufall, dass wir genau in dem historischen Moment leben, in dem Frauen dabei sind, Männer zu überholen, was Bildungsniveau und Schulbesuch in Jahren angeht.

Das war schon lange fällig. Fast die gesamte Menschheitsgeschichte hindurch hatten Frauen nur sehr wenig zu sagen. Ihre Funktion bestand in der Produktion von Nachwuchs, und das taten sie, sobald sie physisch dazu in der Lage waren, und so lange, bis sie dabei starben oder die Menopause erreichten – je nachdem, was zuerst kam. Die Methoden zur Geburtenkontrolle waren oft geheimnisvoll, schambehaftet, illegal, gefährlich oder eine Kombination aus allem. Erst Mitte des 20. Jahrhunderts brachte die Einführung der oralen Verhütung («Antibabypille») einen Wendepunkt.[25] Die Wichtigkeit der Empfängnisverhütung lässt sich gar nicht genug betonen. Viele Prognosen zur Entwicklung der Weltbevölkerung gehen in gewissem Maße von der Voraussetzung aus, dass Frauen, die Verhütungsmittel möchten oder sie benötigen, damit versorgt werden.

Setzt man die Verfügbarkeit von Verhütungsmitteln wie auch die Bildung für Frauen mit der Dauer der gesamten Menschheitsgeschichte in Relation, so traten sie praktisch zur selben Zeit auf wie Frauenwahlrecht und «Frauenpower» in Politik und Arbeitswelt. All das war vielleicht gewissermaßen eine positive Folge der Grünen Revolution. Eine höhere Ernährungssicherheit bedeutet, dass Zeit und Ressourcen für Dinge frei werden, die nichts mit der Nahrungserzeugung zu tun haben, zum Beispiel für den Schulbesuch. Bildung und Frauenwahlrecht sind zumindest teilweise für den bevorstehenden Rückgang der menschlichen Bevölkerung verantwortlich. Dieser Rückgang wird schwierig und gelegentlich gefährlich sein, doch dank des Engagements von Frauen wird er auf zivilisiertere und humanere Art und Weise erfolgen, als es sonst sein könnte.

11
Ein neues Blatt aufschlagen

> In den Umwälzungen von zehn Jahrhunderten ist nicht eine einzige Entdeckung gemacht worden, welche die Würde oder das Glück des Menschengeschlechtes gehoben oder befördert hätte. Kein einziger Gedanke ist zu den spekulativen Systemen des Altertums gefügt worden, und die geduldigen Schüler wurden in ihrer Reihe die dogmatischen Lehrer des nächstfolgenden knechtischen Geschlechtes.
>
> EDWARD GIBBON
> *Verfall und Untergang des römischen Imperiums*

Wieder ist die menschliche Bevölkerung dabei, an die Tragfähigkeitsgrenzen der Erde zu stoßen – zumindest teilweise aufgrund der Grünen Revolution. Im späteren Verlauf des 21. Jahrhunderts wird die Bevölkerung zwar beginnen zurückzugehen, doch bis dahin wird sie laut Prognosen noch ein paar Jahrzehnte weiterwachsen.

Wie bereits erwähnt, hat die Grüne Revolution in der zweiten Hälfte des 20. Jahrhunderts zu einer erheblichen Steigerung der Ernteerträge geführt. Ein Menschenalter später und bei einer – im Vergleich zu damals – mehr als doppelt so großen Bevölkerung beginnt die Wirkung der Grünen Revolution jedoch nachzulassen. So erhöhte China von 1987 bis 1997 seine Reiserträge von 5,4 auf 6,4 Tonnen pro Hektar, aber im darauf folgenden Jahrzehnt (also bis 2007) gab es keine signifikante Ertragssteigerung. Blickt man auf die kumulierten Reiserträge von China, Indien und Indonesien – den Ländern, die am meisten Reis produzieren –, so lag die Ertragssteigerung zwischen 1970 und 1980 bei 36 Prozent je Hektar, betrug zwischen 2000 und 2010 hingegen nur mehr 7 Prozent. Im Jahr 2008 waren im Übrigen auch die globalen Weizenvorräte auf ihrem niedrigsten Stand seit dreißig Jahren.

Das liegt zum Teil daran, dass die konventionelle Pflanzenzüchtung im Bereich der Ertragssteigerung so weit gekommen ist, wie es eben mit den heute verfügbaren Pflanzen machbar ist. Es ist einfach nicht möglich, noch größere, noch nährstoffreichere Reis- und Weizenkörner oder noch größere Maiskolben zu züchten.

Der Grünen Revolution ist offensichtlich die Puste ausgegangen. Brauchen wir eine neue Grüne Revolution, eine Grüne Revolution 2.0, wie sie von manchen genannt wird, und wenn ja, wie könnten wir das schaffen?

Wenn wir uns vor Augen führen, dass *Homo sapiens* – nur eine Art unter Millionen Arten – sich global einen derart großen Anteil aller Photosyntheseprodukte aneignet,[26] die Landwirtschaft maßgeblich das massive Bevölkerungswachstum der letzten paar Jahrtausende angetrieben hat und sich *Homo sapiens* nur auf ein begrenztes Spektrum an Nutzpflanzen stützt, um seine Gesundheit und Nahrungssicherheit zu garantieren, dann liegt es auf der Hand, dass es sich lohnt, etwas Zeit zu investieren, um das Innenleben von Pflanzen etwas besser zu verstehen.

In diesem Kapitel schaue ich mir die Photosynthese sehr genau an – diesen erstaunlichen biologischen Prozess, in dessen Verlauf grüne Pflanzen aus Wasser, Kohlendioxid und Sonnenlicht «Nahrung» herstellen und dabei Sauerstoff als «Abfallprodukt» an die Umwelt abgeben. Pflanzen erzeugen auf die oder andere Weise fast unsere gesamte Nahrung; dabei spielt es keine Rolle, ob wir sie direkt verzehren oder auf dem «Umweg» über die Tiere, die diese Pflanzen fressen. (Die tierischen Produkte wie Milch und Eier zählen natürlich auch dazu.) Pflanzen sind auch für die Luft, die wir atmen, verantwortlich – zumindest für den entscheidenden Sauerstoffanteil der Atemluft. Aber das ist nicht alles. Ein Großteil der Energie, die *Homo sapiens* nutzt, stammt aus fossilen Brennstoffen; diese sind die Produkte einer Photosynthese, die in der fernen Vergangenheit stattfand. Es ist wohl kaum übertrieben zu behaupten, dass es für die Zukunft von *Homo sapiens* überlebenswichtig sein könnte, die Photosynthese in den Griff zu bekommen – wenn er denn eine Zukunft hat.

Wir werden uns intensiv mit dem Photosyntheseprozess selbst beschäftigen müssen, um zu verstehen, welche Teile des Prozesses sich möglicherweise durch direktes Eingreifen verbessern lassen. So können wir vielleicht Pflanzen erhalten, die sogar noch mehr Ertrag bringen als konventionelle Sorten, die durch gezielte Züchtung verbessert wurden.[27] Dabei könnten wir so viel über die Photosynthese lernen, dass es später möglich sein wird, die Energie des Sonnenlichts vollständig artifiziell und ohne jede Beteiligung von Pflanzen zu nutzen, um Kohlendioxid in Nahrungsmittel umzuwandeln. Falls man das erreichen könnte, wäre eventuell eine Nahrungsproduktion möglich, die viel weniger Agrarland verbraucht. Zu den derzeit erforschten Varianten gehört die Landwirtschaft an bisher unüblichen Standorten: beispielsweise in der Stadt auf Dächern und an Wänden oder in hydroponischen Systemen (also Systemen ohne Erde), die vertikal gestapelt sind. Wenn Nahrung künstlich erzeugt werden kann, muss man kein Ackerland verbrauchen. So würde nicht nur Nahrungssicherheit erreicht, sondern es würden auf der Erde auch Landflächen für andere Zwecke frei, wie Forstwirtschaft, nachhaltige Wohnsiedlungen oder für «Rewilding». Über Jahrtausende war die Landwirtschaft an die Landnutzung gekoppelt. Sobald diese Verbindung auf der Erde aufgelöst ist, wird auch eine nachhaltige Nahrungsproduktion im Weltraum möglich.

Sonnenlicht ist die ergiebigste Energiequelle, die für die natürliche Welt unmittelbar verfügbar ist. Pro Jahr nimmt unser Planet etwa 120 000 Terawatt (das sind 120 000 000 000 000 000 Watt) an Energie von der Sonne auf; umgerechnet auf den Quadratmeter ist das allerdings nicht viel, nämlich nur rund 170 Watt pro Jahr. Um das einzuordnen: Die Menschheit verbraucht zurzeit jährlich etwa 15 Terawatt an Energie – also einen winzigen Bruchteil der insgesamt eingestrahlten Menge.[28] Pro Jahr werden über die Photosynthese rund 200 Milliarden Tonnen Kohlendioxid in Nahrung (Kohlenhydrate) umgewandelt und rund 140 Milliarden Tonnen Sauerstoff in die Atmosphäre freigesetzt.[29]

Es hört sich zwar einfach an – etwa nach dem Kochrezept «Nehmen Sie Wasser und Kohlendioxid, geben Sie Sonnenlicht hinzu, und dann entstehen vor Ihren Augen Nahrung im Überfluss und Sauerstoff zum Atmen» –, doch in Wirklichkeit ist die Photosynthese ein äußerst komplexer Prozess ... und noch dazu leider sehr ineffizient. Nur rund 1 Prozent der von einer Pflanze eingefangenen Lichtenergie wird in Nahrung umgewandelt.[30] Der Grund dafür liegt in der Evolution; denn die Evolution verläuft nicht zielgerichtet und muss nicht maximal effizient sein, sondern nur so effizient, dass jede gegebene Generation an Pflanzen oder Tieren es bis zur Fortpflanzung und damit zur Zeugung der nächsten Generation schafft. Im Laufe der Evolution wurden die verschiedenen Unzulänglichkeiten der Photosynthese durch Gefrickel, Gestümper und Gemurkse korrigiert – ohne einen roten Faden –, und einige «Korrekturen» haben ihre eigenen Probleme mit sich gebracht. Die Evolution ist ein nie endender Prozess, sie bastelt mit dem herum, was sie vorfindet, entwirft aber nichts von Grund auf neu.

Die Photosynthese startete bereits früh in der Erdgeschichte (vielleicht schon vor 3,8 Milliarden Jahren) bei Bakterien, die Mechanismen entwickelten, um die Energie aus chemischen Reaktionen zu nutzen. Mithilfe dieser Energie konnten diese Bakterien ihrer Umwelt Kohlendioxid entziehen und es verwenden, um ihre eigene Nahrung (in Form von Kohlenhydraten) herzustellen. Im Laufe der Evolution begannen einige Bakterien, Pigmente zu bilden, die Sonnenlicht einfingen und dieses als Energiequelle nutzten, um denselben Prozess anzutreiben.[31] Der Begriff «Photosynthese» bedeutet wörtlich «Erzeugung mithilfe von Licht».

Obwohl die Photosynthese bei Bakterien sechs Mal unabhängig voneinander entstand, waren, soweit es uns betrifft, die sogenannten Cyanobakterien[32] aus zwei Gründen am wichtigsten: Erstens ist die Photosynthese, die sich in Cyanobakterien entwickelte, ein direkter Vorläufer der Photosynthese, die heute in allen Pflanzen, einschließlich unserer wichtigsten Nutzpflanzen, vorkommt. Zweitens entsteht nur bei dieser Art von Photosynthese molekularer Sauerstoff (O_2) als Nebenprodukt. Aller Sauerstoff, den wir einatmen, stammt aus der Photosyntheseform, die vor Jahrmilliarden zuerst von den Cyanobakterien entwickelt wurde. Einst waren Cyanobakterien die dominante Lebensform unseres Planeten; ihre Herrschaft dauerte so lange, dass man sie mit Fug und Recht als die erfolgreichsten Lebensformen bezeichnen kann, die es jemals auf Erden gab. Auch heute noch sind Cyanobakterien verbreitet und häufig. Die blaugrünen «Schmieralgen», die in Fäden und Matten die Oberfläche von Teichen bedecken, bestehen zum Beispiel aus Cyanobakterien. Sie verdanken ihre Färbung den Pigmenten, mit deren Hilfe sie Sonnenlicht einfangen, um ihre Photosynthese anzutreiben.

Vor rund 1,5 bis 2 Milliarden Jahren entstanden komplexere Lebensformen aus Gemeinschaften unterschiedlicher Bakterien (darunter auch Cyanobakterien), die eng zusammenarbeiteten. Daraus entwickelten sich die sogenannten Eukaryoten; sie bestehen aus Zellen, die viel größer sind als einzelne Bakterienzellen. Alle Lebewesen, die Sie heute ohne Mikroskop sehen können, alle Tiere, alle Pflanzen und auch Sie selbst, sind Eukaryoten und damit Nachkommen dieser ursprünglichen Assoziation.[33] Die Cyanobakterien, die in solche Bakteriengemeinschaften eintraten, wurden schließlich zu Chloroplasten. Das sind die kleinen grasgrünen Körperchen in den Pflanzenzellen, in denen die Photosynthese stattfindet.

Herzstück der Photosynthese in den Pflanzen ist eine chemische Reaktion, bei der Wassermoleküle (H_2O) in ihre Bestandteile gespalten werden: Sauerstoff (O) und Wasserstoff (H). Dieser Job ist sehr schwierig, tatsächlich so schwierig, dass der Trick in der Evolution nur ein einziges Mal entwickelt wurde. Die Reaktion wird von einem großen komplexen Enzym namens Photosystem II durchgeführt. Enzyme sind biologische Katalysatoren. Das heißt, sie erleichtern chemische Reaktionen, die spontan nicht stattfinden würden beziehungsweise falls doch, wesentlich seltener, langsamer oder weniger effizient ablaufen würden. Die Spaltung von Wasser gehört zu diesen Reaktionen.

Streng genommen spaltet Photosystem II Wasser nicht in Wasserstoff und Sauerstoff, sondern es läuft Folgendes ab: Vier Wassermoleküle werden so umgruppiert, dass zwei Moleküle molekularer Sauerstoff (O_2) entstehen, ferner vier Protonen und vier Elektronen – beides subatomare Teilchen. Ohne Sie mit zu vielen Details zu quälen, geht es um Folgendes: Ein Proton ist der Kern eines Wasserstoffatoms, dessen Elektron entfernt wurde. Die durch die Photosynthesereaktion freigesetzten Elektronen und Protonen treiben eine ganze Reihe anderer chemischer Reaktionen an, die in einer Art sehr komplexer

Kettenreaktion geschaltet sind und Energie ansammeln – tatsächlich erinnert es an eine Rube-Goldberg-Maschine.

Photosystem II ist selbst eine sehr komplizierte molekulare Maschinerie und hat sich im Lauf von Milliarden Jahren zu seiner jetzigen Form entwickelt. Dennoch schafft Photosystem II den Job nicht alleine, sondern ist auf das Zusammenspiel mit einer anderen sehr großen molekularen Maschinerie namens Photosystem I angewiesen. Merkwürdigerweise besitzen fast alle photosynthetisch aktiven Bakterien entweder Photosystem I oder Photosystem II, aber nicht beide gemeinsam. Nur die Cyanobakterien bilden eine Ausnahme, und da die Cyanobakterien die Vorfahren der Chloroplasten in den Pflanzen sind, benötigt die Photosynthese, mit der wir es heute meistens zu tun haben, zwei riesige und nicht nur einen einzigen Photosynthesekomplex.

Aber warten Sie ab, es kommt noch mehr. Die Photosysteme arbeiten eng mit weiteren, sehr komplexen und raffiniert angeordneten Maschinerien zusammen, den sogenannten Lichtsammelkomplexen (LHCs, *light harvesting complexes*), die wie Antennen arbeiten. Diese enthalten Pigmente wie Chlorophyll (das für die grüne Farbe von Pflanzen verantwortlich ist), welche die Energie des Sonnenlichts (Lichtquanten) einfangen. Auch Chlorophyll ist ein kompliziert aufgebautes Molekül, aber nicht das einzige photosynthetisch aktive Pigment. Es gibt viele derartige Pigmente, und anscheinend haben sich LHCs im Lauf der Evolution immer wieder unabhängig voneinander und in verschiedensten photosynthetisch aktiven Organismen entwickelt.

Die durch die Photosysteme und LHCs eingesammelte Energie ist Motor für den nächsten Schritt: Einbau und Umwandlung (Assimilation) von Kohlendioxid. Dafür ist ein weiteres großes und komplexes Enzym als Katalysator verantwortlich. Es heißt Ribulosebisphosphat-Carboxylase/Oxygenase (abgekürzt Rubisco). Die Rubisco koppelt das Kohlendioxid an den Zucker Ribulosebisphosphat und setzt damit eine lange Reaktionskette in Gang. Als Resultat dieser chemischen Reaktionen werden weitere Zucker gebildet und (nach weiteren Reaktionen) Fette und Proteine, das Zeug, aus dem Pflanzen (und auch wir) gemacht sind.

✷

So viel zu den Akteuren, jetzt zum Drama selbst:

Wie alle Enzyme ist auch die Rubisco ein Protein – wahrscheinlich ist sie sogar das häufigste Protein in der gesamten Natur. Sie ist deshalb so häufig, weil sie trotz ihrer zentralen Bedeutung für die Natur äußerst ineffizient ist, was das Einfangen von Kohlendioxid je Rubisco-Molekül angeht. Um dieses Manko auszugleichen, sind daher sehr viele Rubisco-Moleküle nötig. Bis zu 50 Prozent der Proteinmenge in einem grünen Blatt[34] besteht aus Rubisco.

Nicht nur hat die Rubisco eine ziemlich schlechte «Affinität» für Kohlendioxid, das Enzym lässt sich auch leicht ablenken. Statt wie vorgesehen Kohlendioxid einzufangen und zu fixieren, kann es die Reaktion von Ribulosebisphosphat mit jedem Sauerstoffmolekül katalysieren, das sich in der Nähe befindet. Dieser Prozess wird als Photorespiration bezeichnet. Daher nutzen Pflanzen eine ganze Reihe von chemischen Behelfslösungen (manches von dem bereits erwähnten Gefrickel, Gestümper und Gemurkse), um die Photorespiration zu minimieren, indem sie die Rubisco vom Sauerstoff fernhalten und sie stattdessen in Kohlendioxid baden. Diese Behelfslösungen verschwenden Energie, die ansonsten nützlich eingesetzt werden könnte. Rund 30 Prozent der Energie, die Pflanzen mühsam horten, indem sie Lichtenergie einsammeln, wird verschwendet: durch Photorespiration und durch Maßnahmen der Pflanze, um dies zu verhindern. Und das nur, weil die Rubisco einen so schlechten Job macht.

Es wird noch schlimmer. Bei hohen Temperaturen und schlechter Wasserversorgung nimmt die «falsche» Affinität der Rubisco (für Sauerstoff statt für Kohlendioxid) nämlich noch zu. Die Häufigkeit derartiger Fehlleistungen wird im Laufe des Klimawandels wahrscheinlich ansteigen.

Die Bedeutung der Photorespiration kann nicht genug betont werden. Nur zur Einordnung: Dieser eine Prozess führt im Corn Belt der USA dazu, dass pro Jahr mehr als 300 Billionen Kalorien weniger erzeugt werden, als eigentlich möglich wäre. Könnte die Photorespiration auch nur um 5 Prozent gesenkt werden, so ergäbe das einen Zusatzertrag, der über 500 Millionen Dollar wert wäre. Aber ist es möglich, die Rubisco so zu modifizieren, dass sie sich auf Kohlendioxid konzentriert und Sauerstoff ignoriert?

Und da wir gerade beim Thema sind: Gibt es auch andere Teile der Photosynthese-Maschinerie, die durch direkte Intervention effizienter gemacht werden könnten?

*

In dem halben Jahrhundert seit Beginn der Grünen Revolution ist auch die Wissenschaft nicht stehen geblieben. Man wusste in den 1950er-Jahren nicht viel über die genauen Mechanismen der Photosynthese und noch weniger über eventuelle Modifikationsmöglichkeiten. Heutzutage ist sogar über die molekularen Feinheiten des Photosyntheseprozesses eine Menge bekannt. So viel, dass es inzwischen möglich ist, mit dem Computer eine Modellierung der Photosynthese vorzunehmen, in der sich mögliche «Flaschenhälse» (*bottlenecks*) als Engpässe des Systems leicht identifizieren lassen, ferner Teilbereiche der natürlichen Photosynthese, die sich vielleicht optimieren und effizienter machen ließen. Diese Verbesserungen werden durch die Gentechnik ermöglicht, einer weiteren Innovation. Man könnte die Photosynthese aufpeppen, indem man Gene aus verschiedenen Organismen in Nutzpflanzen einführt oder die bereits in den Pflanzen vorhandenen Gene künstlich modifiziert.

Ein Beispiel betrifft eines der vielen Enzyme, die an der Photosynthese beteiligt sind, die Sedoheptulose-1,7-Bisphosphat-1-Phosphatase (SBPase). Einem Photosynthese-Computermodell zufolge würden Pflanzen – bei gentechnisch gesteigerter SBPase-Menge und einigen weiteren Anpassungen – eine um 60 Prozent erhöhte Photosyntheseeffizienz aufweisen. Die Hypothese bestätigte sich, als man sie an Tabak-Versuchspflanzungen testete.[35] Natürlich gibt es Probleme. So sind Pläne, um die Photorespiration gentechnisch zu minimieren oder gar zu umgehen, zwar vielversprechend, doch man befürchtet unvorhergesehene Auswirkungen – denn die chemischen Reaktionen der Photorespiration sind an andere Prozesse in Pflanzen gekoppelt, die für die Pflanzengesundheit unverzichtbar sein könnten.

Die Lichtabsorption ist ein weiterer Punkt. Die Photosynthese entstand vor Milliarden von Jahren, als die Sonne nicht so hell war wie heute. Außerdem entwickelte sich die Photosynthese im Wasser. Daher arbeiten die Photosynthesepigmente wie Chlorophyll am besten bei relativ niedrigen Lichtintensitäten. Bei der hohen Lichtintensität einer tropischen Mittagssonne empfangen die LHCs mehr Licht, als sie bewältigen können, und geben die überschüssige Energie oft in Form von Wärme ab oder treiben damit chemische Nebenreaktionen an, die der Pflanze schaden. Ein weiterer Faktor ist die Tatsache, dass Chlorophyll nur die Lichtenergie des sichtbaren elektromagnetischen Spektrums absorbiert. Es ist gegenüber Licht aus dem Ultraviolett- oder Infrarotspektrum unempfindlich. Und nicht einmal im sichtbaren Spektralbereich wird das Licht aller Wellenlängen absorbiert: Grünes Licht wird nicht absorbiert, sondern reflektiert, weshalb wir Pflanzen als grün wahrnehmen. Möglicherweise gibt es Spielraum für eine Entwicklung neuer Pigmente, die mit höheren Lichtintensitäten zurechtkommen und auch eine größere Bandbreite des elektromagnetischen Spektrums ausschöpfen können als die bisherigen Pigmente.

Ein drittes Problem betrifft einen evolutionären «Unfall» – die Tatsache, dass Pflanzen zwei Photosysteme haben und nicht nur eins. Zwar sind beide Photosysteme für die Pflanze notwendig, doch sie kooperieren nicht nur, sondern konkurrieren gleichzeitig an den LHCs um dieselben Photonen. Vielleicht wäre es möglich, Photosystem I durch ein analoges System aus Bakterien zu ersetzen. Ein solches System enthielte eine etwas andere Chlorophyllvariante und wäre für einen etwas anderen Spektralbereich optimiert als das übliche Chlorophyll, sodass die Pflanze mehr Licht nutzen könnte, und dieses effizienter.

Der Hauptpunkt ist jedoch sicher die miese Performance der Rubisco, die zur gleichen Zeit das wichtigste und das ineffizienteste Enzym auf dem Planeten ist. Die einzelnen Varianten der Rubisco unterscheiden sich je nach Pflanze geringfügig, doch zeigt sich, dass Varianten, die Kohlendioxid etwas besser binden und Sauerstoff etwas schlechter, sogar noch langsamer arbeiten als die übliche Rubisco – und die ist schon so «faul» wie kein anderes Enzym in der gesamten Natur, das uns bekannt ist.

Wie sich herausgestellt hat, sind die modernen Formen der Rubisco für vorindustrielle atmosphärische CO_2-Konzentrationen optimiert. Falls es möglich wäre, eine Rubisco-Variante zu entwickeln, die bei den heute herrschenden höheren CO_2-Konzentrationen gut funktioniert, so würde diese laut Computersimulationen bei derselben Enzymmenge 30 Prozent mehr Kohlenstoff fixieren. Dann könnte man möglicherweise in den Abgasen von Kraftwerken, die fossile Brennstoffe nutzen, Pflanzen kultivieren. Diese Verbrennungsgase enthalten meistens rund 10 Prozent Kohlendioxid – wesentlich mehr als die CO_2-Konzentration der Atmosphäre (etwa 0,04 Prozent). Mit einer derartigen CO_2-Konzentration wäre die Rubisco viel zu sehr beschäftigt, um sich vom Sauerstoff ablenken zu lassen, und würde die Photorespiration praktisch ausschalten. Es wäre zudem eine clevere Strategie, um einen Teil des von Kraftwerken produzierten Kohlendioxids wieder einzufangen, bevor es überhaupt in die Atmosphäre gelangt.

Manche Pflanzen haben eine Möglichkeit entwickelt, um einige der Rubisco-Probleme zu umgehen. Sie schaffen das, indem sie CO_2 auf einem anderen Weg aufnehmen, in bestimmte, spezialisierte Zellen transportieren – Rubisco kommt nur in jenen vor – und dort hochkonzentriertes Kohlendioxid freisetzen, damit die Rubisco es verarbeiten kann. Zu diesen sogenannten C4-Pflanzen zählen viele tropische Gräser, darunter einige Nutzpflanzen wie Mais, Zuckerrohr und Hirse. Tatsächlich hat sich diese «C4-Strategie» im Pflanzenreich unabhängig mehr als sechzig Mal entwickelt, um die Funktion der Rubisco zu verbessern und die Photorespiration um jeden Preis zu unterdrücken. Es trifft sich, dass die Photosyntheserate bei den C4-Pflanzen höher ist als bei den sogenannten C3-Pflanzen. Zurzeit arbeitet man daran, Reis (eine C3-Pflanze) so zu modifizieren, dass er zur C4-Pflanze wird, doch so etwas ist nicht trivial. Denn zu den C4-Pflanzen gehört auch eine spezielle Blattanatomie, ferner besitzen sie viele Gene, die bei C3-Pflanzen fehlen.

Was immer auch gemacht werden könnte – die Versuche, die Rubisco selbst durch Re-Engineering zu verändern, sind anscheinend an einem toten Punkt angelangt. Das hätte man vielleicht vorhersehen können. Wenn es möglich wäre, eine effizientere Version der Rubisco zu entwickeln, hätten die Pflanzen diese schon längstens selbst «erfunden». Die C4-Pflanzen haben das Problem immer wieder unabhängig voneinander mit komplizierten Maßnahmen umgangen, um Kohlendioxid in direkter Nähe der Rubisco zu konzentrieren (und so die

«Verlockungen» des Sauerstoffs zu minimieren). Diese Tatsache ist ein Hinweis darauf, dass das Ummodeln der Rubisco wahrscheinlich nie von Erfolg gekrönt sein wird.

*

Wenn aber die Photosynthese bei Pflanzen deshalb so ist, wie sie ist, weil fast vier Milliarden Jahre lang an ihr gefrickelt, gestümpert und herumgemurkst wurde, dann darf man zweifellos fragen, ob Pflanzen durch weiteres – diesmal gentechnisches – Gefrickel, Gestümper und Gemurkse tatsächlich wesentlich effizienter werden oder ob man so nur neue Probleme schafft. Es liegt stattdessen nahe zu vermuten, dass es einfachere Wege geben könnte, Sonnenlicht in Nahrung umzuwandeln; damit würden wir um die Notwendigkeit herumkommen, (zum Beispiel) neue Formen der Rubisco zu entwickeln oder Reis in eine C4-Pflanze umzuwandeln oder überhaupt irgendwelche der vielen anderen Pläne anzugehen, um die Photosynthese auf Touren zu bringen – allesamt Pläne voller Schwierigkeiten, die oft schlicht unüberwindbar erscheinen. Das heißt: Wir müssten einen Weg finden, Sonnenlicht vollständig artifiziell in Nahrung umzuwandeln, ohne dass Pflanzen überhaupt beteiligt sind.

Zunächst einmal ist die Technologie, die Sonnenlicht in Elektronen umwandelt, bereits gut etabliert. Es handelt sich um die Grundlage der Photovoltaik-Zellen (PV-Zellen) in Sonnenkollektoren, die wir inzwischen auf vielen Dächern sehen. Im nächsten Schritt muss die Energie des Sonnenlichts eingesetzt werden, um Kohlendioxid in komplexere Kohlenstoffverbindungen zu konvertieren – die Basis von Nahrung.

Die Untersuchung der künstlichen Photosynthese ist ein aktives Forschungsgebiet, und die Fragestellung lässt sich über viele verschiedene Ansätze behandeln. Manche Forscherteams versuchen, die Sonnenenergie und das reichlich vorhandene

Kohlendioxid einzusetzen, um Industriechemikalien (Kohlenwasserstoffe) herzustellen, die ansonsten aus fossilen Energieträgern synthetisiert würden.[36] Andere Systeme kombinieren wasserspaltende Katalysatoren, die molekularen Wasserstoff (H_2) produzieren, der selbst ein guter Brennstoff ist. Einige Bakterien verwenden Wasserstoff als Energiequelle, um die Umwandlung von Kohlendioxid in nützliche Verbindungen anzutreiben.[37] In einem weiteren Ansatz werden industrielle Katalysatoren verwendet, um Kohlendioxid in einfache chemische Verbindungen zu überführen. Diese sollen dann einer maßgeschneiderten Reaktionskette von Enzymen, die aus den verschiedensten Mikroorganismen isoliert wurden, als Ausgangsmaterial dienen und in Stärke (ein Basiskohlenhydrat) umgewandelt werden – und das mit der mehr als achtfachen Effizienz von Mais, aber ausschließlich im Labor und ohne Pflanze weit und breit.[38]

Eine der aufregendsten Entwicklungen besteht darin, mithilfe von PV-Zellen einen zweistufigen Katalyseprozess anzutreiben, der Kohlendioxid in Essigsäure umwandelt.[39] Diese kann als Nährstoff für Algen, Hefen oder andere Pilze und sogar pflanzliche Gewebekulturen dienen, die ganz im Dunkeln kultiviert und zur Herstellung von Lebensmitteln eingesetzt werden können.[40] Der Prozess ist vier Mal so effizient wie die natürliche Photosynthese und wäre laut den Forschern dazu geeignet, eine große Menge an Biomasse auf kleinem Raum zu erzeugen (und damit den Druck zu reduzieren, noch mehr Flächen in landwirtschaftliche Nutzflächen umzuwandeln). Entscheidend für das Folgende in diesem Buch ist die Tatsache, dass dieser Ansatz für die Anzucht von Nahrungsmitteln in engen Raumfahrzeugen ideal wäre – denn das von Astronauten ausgeatmete Kohlendioxid muss entfernt werden, und das volle Sonnenlichtspektrum ist rund um die Uhr verfügbar.

All die oben erwähnten Strategien – Modifikation von Pflanzen, damit sie die Photosynthese besser nutzen können, oder die Entwicklung einer Form von Photosynthese, die vollständig ohne Pflanzen auskommt – werden wahrscheinlich viele Jahre Entwicklungsarbeit benötigen. Es wird noch eine ganze Weile dauern, bis sie in einem derartigen Maßstab eingesetzt werden können, dass sie einen Einfluss auf die Nahrungssicherheit in der Ära nach der Grünen Revolution haben und *Homo sapiens* über die Hürde der maximalen Bevölkerungsgröße hinweg und bis ins nächste Jahrhundert helfen können.

Ein weiteres Problem ist die Regulierungswut: Schließlich geht es um die Zulassung genetisch modifizierter Pflanzen und Nahrungsmittel. Seit vierzig Jahren ist es möglich, Pflanzen gentechnisch zu modifizieren und sogenannte transgene Pflanzen herzustellen. Transgene Nutzpflanzen, wie Sojabohnen, Baumwolle, Mais und Ölraps, die gegen Herbizide und Schadinsekten resistent sind, werden inzwischen in vielen Ländern in großem Maßstab angebaut. Derzeit wird intensiv an der Entwicklung von Nutzpflanzen gearbeitet, die besser mit den Folgen des Klimawandels zurechtkommen, beispielsweise Überschwemmungen, Dürren und steigenden Kohlendioxidkonzentrationen in der Atmosphäre. Einige Länder sperren sich jedoch nach wie vor gegen die Einführung transgener Nutzpflanzen. Derartige Erzeugnisse auf den Markt zu bringen, ist auf jeden Fall mit überbordender Regulierung und Zulassungsproblemen verbunden.

Es gibt auch eine ganz einfache Lösung, der Lebensmittelknappheit zu begegnen – wir können sie sofort umsetzen, ganz ohne komplizierte Forschung: Wir können dafür sorgen, dass Lebensmittel nicht mehr im großen Stil verschwendet werden oder verderben, bevor sie zu den Verbrauchern gelangen, und außerdem alle tierischen Produkte aus der Ernährung streichen.

Auf dem Weg vom Bauernhof zum Teller geht, weltweit gesehen, fast ein Drittel aller Lebensmittel durch Schwund in der Lieferkette oder Verderb verloren. Um ein Vielfaches übertroffen werden diese Verluste aber durch jene Folgen, die der Verzehr von tierischen Produkten (auch von Milchprodukten und Eiern) hat. Denn um eine bestimmte Menge an essbarem tierischem Eiweiß zu produzieren, benötigt man zehnmal so viel landwirtschaftliche Nutzfläche wie für die Produktion derselben Menge an pflanzlichem Protein. Wie wir gesehen haben, ist die Photosynthese als Prozess ineffizient, und diese Ineffizienz wird indirekt vervielfacht, wenn man die Produkte der Photosynthese – also die Nutzpflanzen – zur Fütterung von Tieren einsetzt, die dann zur Ernährung von Menschen dienen.

Rindfleisch ist bei Weitem das teuerste Fleisch, was diese Form der Eiweißverschwendung angeht. Berücksichtigt man dann noch die Verluste in der Lieferkette, so ergibt sich, dass dieselbe Landfläche, die für die Produktion von 100 Gramm Pflanzenprotein genügt, nur für 4 Gramm Rindfleisch ausreicht. Wenn alle US-Amerikaner zu einer pflanzenbasierten Ernährung (die vom Nährwert einer entsprechenden Fleischernährung entspricht) wechseln würden, müsste laut einer neueren Untersuchung so viel landwirtschaftliche Nutzfläche freiwerden, dass darüber weitere 350 Millionen US-Amerikaner ernährt werden könnten.[41] Diese Zahl wäre in Gesellschaften, die sich hauptsächlich pflanzenbasiert ernähren und nur selten Fleisch essen, natürlich viel geringer. Zum Glück beschäftigen sich derzeit viele Forschungsprojekte mit potenziellen Eiweißquellen, die ohne Weidewirtschaft mit Rindern oder Schafen auskommen. Fleisch kann man inzwischen auf der Basis von Zellkulturen im Labor erzeugen; fleischähnliche Aromen lassen sich auch erzielen, wenn man konventionelles Fleisch durch Pilze, Algen, Bakterien oder sogar Insekten ersetzt. Jede Strategie hat ihre Vorteile, zurzeit ist aber nicht klar, welche sich im großen Maßstab verwirklichen lässt – und dabei billiger (oder nur geringfügig teurer) als die derzeitige Fleischproduktion ist.[42] Aus Pilzen gewonnenes Eiweiß ist aktuell vermutlich der Spitzenkandidat.

Die Schlussfolgerung ist klar: Wenn wir einen einfachen Weg suchen, um die Menschheit in eine sichere Zukunft für die Zeit nach der Grünen Revolution und danach ins Weltall zu führen, dann sollten wir *Homo sapiens* vom Fleischverzehr entwöhnen. Dabei geht es um den Verzehr der domestizierten Nutztiere, die ihm fast während seiner gesamten Evolution ansonsten gute Dienste geleistet haben. Prinzipiell ist das einfach, aber nicht leicht. Es braucht Zeit und Überzeugungsarbeit, um Verbrauchervorlieben zu ändern.[43] Falls die Nahrungssicherheit jedoch bedroht ist, weil das Upgrade auf die Grüne Revolution 2.0 nicht klappt, werden die Menschen vielleicht erkennen, dass die Wahl schon ohne ihr Zutun getroffen wurde.

12
Die Nische des Menschen erweitern

Die Römer führten in jedem Klima Krieg; ihre hervorragende Disziplin bewahrte ihnen in großem Maße Gesundheit und Kraft. Der Mensch ist übrigens das einzige Lebewesen, das in jedem Land, vom Äquator bis zu den Polen, leben und sich fortpflanzen kann. In diesem Vorzug scheint das Schwein unserer Gattung am nächsten zu stehen.

EDWARD GIBBON
Verfall und Untergang des römischen Imperiums

Ein Netzwerk von Pfaden zieht sich durch einige Regionen des bolivianischen Amazonasgebiets. Manche Pfade liegen höher als das umgebende Land. An ein paar Stellen haben diese Dammwege Lücken. Für das ungeschulte Auge wirkt das Zickzack-Netzwerk wie zufällig, geschaffen durch natürliche Kräfte. Überraschenderweise ist das gesamte Netzwerk jedoch künstlich angelegt. Viele Bereiche wurden von den «Trockenfeld-Fischern» Boliviens gestaltet. Von Zeit zu Zeit setzt der Fluss das Land unter Wasser. Wenn die Überschwemmung zurückgeht, sammelt sich das Wasser in Lachen und Tümpeln, die von den Dammwegen begrenzt werden. In den Lücken befinden sich Netze und Reusen, sodass alle Fische, die zurück zum Fluss schwimmen wollen, gefangen werden.[44] Nach dem kompletten Verschwinden des Hochwassers entwickelt sich in den Tümpeln ein reiches Pflanzenleben – manches wird als Gemüse die Nahrung der Fischer bereichern.

Wer an die europäische oder nordamerikanische Landwirtschaft gewöhnt ist – an eine Landschaft, die von ordentlichen Feldern oder von baumlosen Hügeln mit grasenden Schafen geprägt ist –, wird sich über diese ungewöhnliche Landwirtschaft wundern. Wir bringen unsere aus dem eigenen Alltag entstandenen Erwartungen in jede neue Landschaft mit ein: Für einen Landwirt des Westens ist Amazonien ein ungezähmter Urwald. Tatsächlich war dieser Teil der Welt früher viel dichter besiedelt als heute. Die Menschen lebten in ausgedehnten Gartenstädten mit reichen urbanen Strukturen und zeremoniellen Bauten[45] und bewirtschafteten die fruchtbaren Böden. Dasselbe galt für viele weitere Regionen im tropischen Amerika. Als Ende des 15. Jahrhunderts die Konquistadoren kamen, brachten sie auch ihre Krankheiten mit, und als westliche Besucher Amazonien zum ersten Mal zu Gesicht bekamen, waren die dortigen alten Zivilisationen bereits fast vollständig verschwunden und die Stätten vom Urwald überwuchert. Was sich für unsere Augen als die «jungfräuliche» Wildnis Amazoniens darstellt, ist keineswegs unberührt – sondern ein Produkt menschlicher Aktivitäten, die mehr als 12 000 Jahre bis zu der Zeit zurückgehen, als *Homo sapiens* zum ersten Mal diesen Teil der Erde erreichte.

Dies zwingt uns, unsere eigene Umwelt mit neuen Augen zu betrachten. Auch die vertraute Landschaft der ordentlichen uniformen Felder und der baumlosen Hügel mit grasenden Schafen ist eine künstliche Landschaft: vollständig anthropogen, auf ihre Art so industriell wie Einkaufsmeilen oder Gewerbegebiete. Wer gegen Windkraft- oder Solaranlagen mit der Begründung protestiert, sie verschandelten die natürliche Schönheit der Landschaft, vergisst oft, dass die Landschaft, die wir so sehr zu lieben vorgeben, keineswegs natürlich ist. Sie ist eine vollständig anthropogene Kulturlandschaft und kann in dieser Form nur durch ständige Aufmerksamkeit und Pflege erhalten werden. Bäume und Sträucher würden sie bald zurückerobern, wenn sie sich selbst überlassen bliebe. Vor 10 000 Jahren waren Europa und das östliche Nordamerika überwiegend von Wald bedeckt. Heute, bei zurückgehender landwirtschaftlicher Nutzung, nimmt die Bewaldung in diesen Teilen der Welt wieder zu. In den frühen Kolonialzeiten glich das östliche Nordamerika einem Flickenteppich aus Feldern und Farmgehöften. Als die Siedler weiter westwärts zogen, wurden viele davon aufgegeben und wieder dem Wald überlassen. Im Vereinigten Königreich sind heute 3,2 Millionen Hektar, etwa 13 Prozent der Landfläche, mit Wald bedeckt – fast dreimal so viel wie 1905.[46] Wir sollten uns die Briten aber nicht als besonders große Baumfreunde vorstellen, denn das Bild ist weltweit dasselbe. So hat die globale Baumbedeckung von 1982 bis 2016 um 2,24 Millionen Quadratkilometer zugenommen – das entspricht der etwa neunfachen Landfläche des UK. Die Abholzung der Tropenwälder schafft's in die Schlagzeilen, wird aber durch die Aufforstung in den gemäßigten Klimazonen mehr als wettgemacht. Der größte Teil des Wandels lässt sich auf einen Faktor zurückführen – menschliche Aktivität.[47]

Und so war's schon immer. Eine Landschaft ist niemals statisch, und seit sich *Homo sapiens* rund um die Welt ausgebreitet hat, gibt es vermutlich keine Landschaft mehr, die man als vollständig unberührt ansehen könnte.[48] Die menschlichen Aktivitäten erreichen sogar Gebiete der Welt, die selten, wenn überhaupt, von Menschen heimgesucht werden. Selbst die Strände der abgelegensten unbewohnten Pazifikinseln sind mit menschlichem Abfall «verziert».[49]

✳

Tiere und Pflanzen verändern ihre Umwelt, schon alleine durch ihre Existenz. Wenn man es in ökologischen Kategorien ausdrückt, schafft sich jede Spezies ihre eigene Nische.

Diese Nischen können winzig oder riesig sein. Ein Beispiel für eine Mini-Nische: Feigenwespen verbringen den größten Teil ihres Lebens in speziellen pflanzlichen Strukturen, die sich unter ihrer Mithilfe an Feigenbäumen bilden. Diese Gebilde sind das, was wir als «Feigen» bezeichnen, die Früchte des Feigenbaums.[50] Man kann sagen, dass sich diese Insekten ihre eigene ökologische Nische geschaffen haben, etwas, das es vorher nicht gab.

Am anderen Ende der Skala befindet sich ein immens großes Ökosystem, die sogenannte Mammutsteppe, die während der letzten Eiszeit weite Teile Eurasiens bedeckte.[51] Dieser Lebensraum ermöglichte eine derart hohe Diversität an Pflanzen – vor allem Gräser und andere krautige Pflanzen –, wie wir es von keinem modernen Ökosystem mehr kennen. Diese endlose Steppentundra wurde von ungeheuren Mengen an Großsäugern beweidet, nicht nur vom Wollhaarmammut, wie in Kapitel 5 erörtert.[52] Ein Klimawandel am Ende der Eiszeit ließ die Mammutsteppe dahinschwinden, und genauso erging es den Tieren, die auf und von ihr lebten (obwohl der Mensch das Ganze sicher beschleunigte). Tiere und Pflanzen waren voneinander abhängig – die Pflanzen wurden durch die Exkremente der Tiere gedüngt, die Tiere durch das reichhaltige Futter ernährt. Beide schufen sich eine Nische mithilfe des anderen.

Auch Menschen sind Teil der Natur und haben ihre eigene Nische geschaffen, doch wir haben die nächste Ebene erreicht. Das Erstaunlichste an der menschlichen Nischenkonstruktion ist, dass es sie schon fast seit Anbeginn unserer Geschichte gibt – viel länger, als jenen klar sein mag, die in Amazonien von unberührtem Regenwald sprechen. Lebensräume sind durch menschliche Aktivitäten seit vielen Jahrtausenden, wenn nicht Jahrmillionen verändert worden.[53] Unser Vorfahr *Homo ercetus* war das erste bekannte Lebewesen, das Feuer zähmen und nutzen konnte. Und es gibt Anzeichen, dass die Frühmenschen Feuer einsetzten, um Wälder zu roden – gleichgültig, ob es darum ging, Wild aufzuscheuchen, um es zu jagen, oder Wild auf Lichtungen mit frischem Pflanzenwuchs zu locken oder das Wachstum von Pflanzen zu fördern, die die Frühmenschen selbst nutzen konnten. Das Verschwinden der Megafauna am Ende der letzten Eiszeit lässt sich hauptsächlich auf menschliches Tun zurückführen. Dies hatte zwangsläufig große Auswirkungen auf das gesamte Ökosystem und betraf alles, vom Auftreten von Feuersbrünsten bis zur Verbreitung von Früchten und Samen. Es muss sogar das Klima selbst beeinflusst haben. Das Verschwinden der großen Pflanzenfresser durch Überjagung führte beispielsweise dazu, dass Wälder aufkamen. Diese können die Sonnenenergie besser absorbieren als ein Untergrund mit niedrigem Pflanzenwuchs, wie eine Steppe. Selbst in prähistorischen Zeiten haben die Aktivitäten des Menschen also dazu beigetragen, dass sich das Klima veränderte.

Durch die Erfindung der Landwirtschaft verstärkten sich die Auswirkungen der menschlichen Nische weiter. Waldrodung und Bodenbearbeitung (Pflügen) setzen Kohlendioxid frei, und der Reisanbau führte dazu, dass mehr Methan in die Atmosphäre gelangte. Auch Methan ist ein potentes Treibhausgas, sogar noch stärker als Kohlendioxid. Eine der wohl wichtigsten Folgen der Landwirtschaft ist jedoch die Verbreitung von Tieren und Pflanzen rund um den Globus, häufig weit außerhalb ihrer natürlichen Verbreitungsgebiete. Dabei ging es nicht nur um Haus- und Nutztiere, sondern auch um Schädlinge und Krankheitserreger. Wir haben uns inzwischen derart an diese Zuwanderung gewöhnt, dass wir annehmen, Tiere und Pflanzen, die tatsächlich aus ganz anderen Regionen stammen, müssten schon immer da gewesen sein. Kaninchen sind zum Beispiel in ganz England häufig, doch sie wurden – wie auch viele andere Tiere und Pflanzen – von den Römern eingeführt. Als ich einmal auf Besuch in Hawaii war, fiel mir beim Frühstück auf der Hotelterrasse plötzlich auf, dass sämtliche Pflanzen und Vögel, die ich im Hotelgarten sehen konnte, eingeführt waren: Die ursprüngliche heimische Flora und Fauna von Hawaii ist inzwischen entweder ausgestorben oder auf nur wenige ziemlich entlegene Urwaldreste beschränkt. Kommen wir von den Römern näher an die Jetztzeit heran: Was wäre die chinesische und indische Küche ohne Chilipfeffer oder die wechselvolle Geschichte von Irland ohne die Kartoffel? Beide sind auf dem amerikanischen Doppelkontinent heimisch und gelangten erst im Lauf der letzten 500 Jahre in ihre neue Heimat. So wurden ganze Tier- und Pflanzensortimente umgesiedelt, mit dem Ergebnis, dass Landschaften entstanden, die für die Menschen habitabler waren und so die menschliche Nische vergrößerten.

Vor allem Inseln sind stark vom Phänomen der «transportierten Landschaften» (so die Archäologin Nicole Boivin und ihre Kollegen) betroffen.[54] Ein Beispiel ist Zypern. Bevor Menschen die Insel erreichten, gab es dort nicht viel, wovon man leben konnte. Die frühen Bauern, die dort ankamen, brachten alles Überlebensnotwendige im Komplettpaket mit. Nicht nur alle Nutzpflanzen und Haustiere, sondern auch Wildtierarten wie Rehe, Hirsche, Wildschweine und Füchse. Auf der ganzen Welt lässt sich Ähnliches von Inseln erzählen, auf denen menschliche Populationen sich nie hätten halten können, wenn die Siedler nicht ihre eigenen Tiere und Pflanzen mitgebracht hätten.

Menschen – und die neuen Tier- und Pflanzenarten, die von ihnen an Orten eingeführt wurden, wo sie vorher nicht heimisch waren – haben sich äußerst schädlich auf die lokale Biodiversität ausgewirkt. Der Verlust der Biodiversität, insbesondere der Artenvielfalt, beherrscht die Schlagzeilen, ähnlich wie die Abholzung der Tropenwälder. Dass menschliche Störungen die Biodiversität tatsächlich erhöht haben könnten, klingt daher im ersten Moment verblüffend.

In der Ökologie gibt es ein Prinzip, das als «Hypothese der mittleren Störungsintensität» (*intermediate disturbance hypothesis*, IDH) bezeichnet wird. Wenn Ökosysteme sich selbst überlassen bleiben und sich völlig ungestört von äußeren Einflüssen entwickeln, werden auf Dauer einige wenige Arten Dominanz erlangen, sodass die Biodiversität abnimmt. Sie nimmt auch am anderen Ende des Spektrums ab, wenn ein Ökosystem von einer gewaltigen Katastrophe betroffen ist – sei sie natürlich (Vulkanausbruch, Asteroideneinschlag) oder menschengemacht (ein Paradies planieren, um einen Parkplatz draus zu machen).[55] Doch wenn die Intensität der Störung irgendwo in der Mitte zwischen den beiden Extremen liegt, blüht die biologische Vielfalt auf. Denken Sie daran, was im Wald passiert, wenn ein alter Baum umfällt und abstirbt. Bald besiedelt eine Fülle an Pflanzen und Tieren, die unter dem geschlossenen Kronendach nicht überleben könnten, das neu entstandene Sonnenplätzchen. Das Gerippe des alten Baums zersetzt sich und bietet Lebensraum für eine Vielzahl von Insekten, Pilzen und anderen Lebewesen. *Homo sapiens* hat durch das Umkrempeln der Landschaft ein Mosaik aus verschiedensten Habitaten geschaffen, die sich von selbst so niemals gebildet hätten. Damit hat er auch unterschiedliche Arten in Kontakt gebracht, die ansonsten nicht zusammengekommen wären. Im Endergebnis hat die Biodiversität also in mancher Hinsicht zugenommen.[56]

Die Menschen haben die Dinge schon lange vor Beginn der Geschichtsschreibung aufgemischt und für sich selbst eine Nische geschaffen, die inzwischen den gesamten Planeten einnimmt. Wie Boivin und Kollegen feststellen, gibt es «unberührte» Landschaften einfach nicht, und in den meisten Fällen bereits seit Jahrtausenden nicht mehr. Die meisten Landschaften seien wie ein Palimpsest über viele Jahrtausende durch immer neue Episoden menschlicher Aktivitäten geformt worden. Die Nischenkonstruktion durch den Menschen war und ist weiterhin «eine wichtige evolutionäre Kraft auf dem Planeten».[57]

All diese menschgemachte Disruption hat sich vor dem Hintergrund eines Klimas abgespielt, das in den letzten rund 6000 Jahren – sie umfassen die gesamte Zeitspanne der Geschichtsschreibung – relativ stabil war. *Homo sapiens* hat sich an diese Stabilität gewöhnt. Vielleicht ein bisschen *zu* sehr.

Während dieser Periode haben die Menschen sich in einer Nische eingerichtet, die viel kleiner ist als allgemein angenommen. Generell neigen Menschen dazu, an Orten mit einer mittleren Jahrestemperatur von 11 bis 15 °C zu leben. Eine Ausnahme bildet die indische Monsunregion; dort leben Menschen auf engem Raum an Orten mit einer mittleren Jahrestemperatur von 20 bis 25 °C. Aktuelle Projektionen zum Klimawandel zeigen, dass sich diese Temperaturnische innerhalb der nächsten fünfzig Jahre wahrscheinlich stärker als in den vergangenen 6000 Jahren verschieben wird. Ein Drittel der Weltbevölkerung wird bei Jahresdurchschnittstemperaturen von über 29 °C leben – das ist zurzeit vor allem in der Sahara der Fall.[58] Die Menschen werden auf diesen Wandel entweder mit Migration oder Anpassung oder beidem reagieren.[59]

Wir sollten jedoch festhalten, dass die Länge des derzeitigen stabilen Klimaintervalls äußerst ungewöhnlich ist. Seit *Homo sapiens* existiert, hat das Klima sich fast die ganze Zeit hindurch verändert, und zwar manchmal sehr rasant: Es hat geschwankt zwischen langen, extremen Kälteperioden und kürzeren Wärmeperioden; gelegentlich war es sogar in den höheren Breitengraden tropisch. Die Menschen sind mit diesen Veränderungen zurechtgekommen, sei es durch Migration, Anpassung oder, ganz entscheidend, durch Erweiterung der menschlichen Nische.

Diese Nische fing in dem Moment an sich zu vergrößern, als einer unserer australopithecinen Vorfahren zum ersten Mal zwei Felsbrocken gegeneinanderschlug und herausfand, dass sich die Bruchstücke dank ihrer scharfen Kanten als Werkzeug eigneten, denn man konnte damit graben, schneiden und zerkleinern. Bereits vor der Erfindung des Kochens entdeckten die Homininen, dass es etwas brachte, mit Steinen und Felsbrocken faseriges Pflanzenmaterial zu zerstampfen oder Knochen zu zertrümmern, um an das nahrhafte Mark zu kommen.[60] Das erweiterte ihren Horizont, nahrungsmäßig, konzeptionell und technologisch. Die Entdeckung des Feuers war ein Gamechanger. Nicht nur konnten die Menschen jetzt ihre Nahrung kochen – das setzte mehr Nährstoffe frei und tötete Parasiten ab. Sie konnten auch die Bruchkanten ihrer Steinwerkzeuge mithilfe von Feuer aushärten oder seine Hitze für chemisches Experimentieren einsetzen (möglicherweise verwendeten die Neandertaler Feuer, um aus Birkenholz das nützliche klebstoffähnliche Birkenpech herzustellen).[61] Vor allem konnten die Menschen mithilfe des Feuers aber die Landschaft verändern, in der sie lebten. Lange vor der Erfindung der Landwirtschaft flämmten sie beispielsweise bereits große Gebiete ab, um Jagdwild aufzuscheuchen.[62]

Die Menschen begannen als opportunistische Aasfresser und Prädatoren der tropischen Savanne, konnten ihre Nische jedoch mithilfe von Feuer, selbst errichteten Behausungen und Kleidung bis in kältere Regionen ausdehnen. Die Erfindung der Kleidung schuf übrigens eine völlig neue Nische für einen Parasiten: Wie ich weiter vorne geschildert habe, ist die menschliche Körperlaus zwingend auf Kleidung angewiesen und hat sich etwa um die Zeit, als Menschen die Haute Couture erfanden, aus der Kopflaus entwickelt.[63] Die Menschen passten sich ans Leben in allen Lebensräumen an, von der öden Arktis bis zu den komplexen Ökosystemen des tropischen Regenwalds. Für ihre savannenlebenden Vorfahren wären diese Ökosysteme beide tabu gewesen – geologisch gesehen passierte das alles innerhalb eines Augenblicks. Auch wenn die letzten sechstausend Jahre klimatisch relativ stabil waren, haben die Menschen diese Zeit genutzt, um völlig neue und komplett künstliche Habitate zu schaffen. Diese Habitate, die wir «Städte» nennen, sind immer stärker zu Orten mit eigenem Klima geworden, das immer mehr von den eigenen Bewohnern kontrolliert werden kann. Dies sind die Habitate, in denen inzwischen die Mehrzahl der Menschen lebt.[64] Doch der Einfluss des Menschen ist überall zu spüren. Die menschliche Nische reicht inzwischen von den Städten bis zu den Regenwäldern und von den Küsten bis zum Hochgebirge – sie umfasst den gesamten Planeten.

✷

Ich komme jetzt zum Kern des letzten Teils: Die Menschen haben eine Chance, ihr Aussterben zu vermeiden, indem sie ihre Nische noch stärker erweitern. Sie können dies tun, indem sie sich in den Weltraum wagen. Doch sie müssen es bald tun – das Startfenster ist klein und dabei, sich zu schließen. Der krasse Bevölkerungsrückgang in den nächsten ein oder zwei Jahrhunderten wird sich als schwere Belastung für die nötige technologische Innovation erweisen. Denn wir benötigen die verschiedenartigsten Technologien – von der Fähigkeit, wirklich abgeschlossene, autarke Ökosysteme zu schaffen, über die künstliche Photosynthese, ohne die Weltraumhabitate nicht bewohnbar sein können, bis hin zur Technik, einigermaßen große Himmelskörper zu bewegen. Die erforderlichen Technologien stecken noch in den Kinderschuhen und werden nur durch Einsatz von erheblichen Mengen an Hirnschmalz zur Reife gelangen können. Ich kann nur mein Mantra wiederholen: Man braucht ein ganzes Dorf, um ein Kind großzuziehen, doch es bedarf einer Zivilisation von Milliarden

Menschen, um einen Einstein hervorzubringen. Andererseits können Menschen, wenn sie sich wirklich darauf konzentrieren, neue Techniken erstaunlich rasch entwickeln. Vom ersten motorisierten pilotengesteuerten Luftfahrzeug (1903) brachten die Menschen es in weniger als einem Menschenalter zur ersten Mondlandung (1969) – obwohl diese Entwicklung vor dem Hintergrund eines sich beängstigend beschleunigenden Bevölkerungswachstums ablief. Und vor wenigen Jahren führte die Covid-19-Pandemie zu bemerkenswerten medizinischen Innovationen sowie genaueren Erkenntnissen zu Impfungen und immunologischen Vorgängen – und das innerhalb weniger Monate!

Für den Rest dieses Kapitels werde ich mich mit der möglichen nahen Zukunft der menschlichen Nische beschäftigen.

Filmfans erinnern sich vielleicht an eine Szene ziemlich zu Anfang von Stanley Kubricks Film *2001: Odyssee im Weltraum*, in der ein Affenmensch einen Knochen in die Luft wirft – und die gerade erfundene Waffe sich in ein Raumschiff verwandelt. Die Szene ist voller Bedeutung, was Fortschritt und offensichtliches Schicksal (*Manifest Destiny*) angeht. *Eine* mögliche Interpretation wäre folgende: Sobald Menschen die Technologie erst einmal erfunden hatten, musste es zwangsläufig zum Unternehmen Weltraum kommen.

Hier ist die Begründung.

Eine Funktion von Technologie – für manche vielleicht die wichtigste – liegt darin, den Menschen dabei zu helfen, umweltbedingte Probleme eleganter, komfortabler und, wichtiger noch, wirtschaftlicher zu lösen. Ein Affenmensch, der einen Knochen als Keule einsetzt, um (wie in *2001*) einem anderen Affenmenschen eins überzuziehen, kann wegen des längeren Hebelarms einen deutlich heftigeren Schlag austeilen, als wenn er bloß seine Fäuste eingesetzt hätte – ohne dafür mehr Energie einsetzen zu müssen. Kleider, Feuer und einfache Behausungen aus Holz und Tierfellen halten nicht nur die Kälte vom Leib, sondern führen auch dazu, dass ein Mensch zum Warmbleiben weniger Energie aufwenden muss, als wenn er sich beispielsweise warmzittern müsste. Derartige Entwicklungen ermöglichen Menschen, und das ist entscheidend, auch dort zu leben, wo selbst noch so viel Zittern nicht ausreichen würde, um am Leben zu bleiben.

Und das ist das Entscheidende.

Dank der Technik können Menschen an Orten leben, die ihnen ansonsten vielleicht verschlossen blieben, indem sie ihre Umwelt passend für ihre Nische machen. Wie wir festgestellt haben, wurde die Erde durch den Menschen derart verändert, dass man keinen Ort auf unserem Planeten noch als völlig frei von menschlichem Einfluss ansehen kann. Andersherum ausgedrückt trifft es auch zu – die Menschen haben den Planeten nach ihrem Bedarf umgeformt. Es stimmt zwar, dass der Klimawandel (selbst auch eine Nebenwirkung der menschlichen Nischenkonstruktion) Teile der Erde unbewohnbar machen könnte, doch das gilt nur, wenn den Menschen der Erfindungsreichtum fehlen wird, um auch diese Hindernisse zu bewältigen. In manchen Teilen der Welt wird das Leben in brüllender Hitze zum Beispiel durch eine typische Erfindung des 20. Jahrhunderts erträglicher gemacht, nämlich die Klimaanlage. Etwas überspitzt könnte man sagen, dass das Leben für Bewohner solcher heißen, aber genügend wohlhabenden Weltregionen darin besteht, von einem klimatisierten Innenbereich zum nächsten zu huschen. Umgekehrt gilt Gleiches für Städte in wesentlich kälteren Gegenden: Dort machen unterirdische, schnee- und eisfreie Räume mit geregelter Temperatur den Verkehr und das Leben während der langen Wintermonate insgesamt viel einfacher und angenehmer. Die Menschen sind zu Experten darin geworden, weit weg von ihren Ursprüngen in der tropischen Savanne an Orten zu leben, deren feindliche Umwelt sie mithilfe von Technologie aussperren. Orte wie die Wüsten, die Polarregionen – und der Weltraum.

Unsere Expedition in den Weltraum beginnt daher nicht mit dem dramatischen Aufheulen mächtiger Triebwerke und dem zeitlupenartigen Abheben einer riesigen Trägerrakete von der Startrampe. Sie beginnt viel näher am Alltag, nämlich in der gänzlich künstlichen Umwelt, in der die meisten Menschen ihr Leben verbringen. Die meisten Tiere, mit denen wir vertraut sind – und natürlich alle großen Säugetiere –, leben in freier Natur und sind den Elementen ausgesetzt.[65] Bis auf eine entsetzlich große und zunehmende Zahl an Menschen, die durch Armut oder Flüchtlingsstatus gezwungen sind, im besten Fall in provisorischen Unterkünften zu leben, verbringen Menschen ihr Leben in Gebäuden, in einer Umgebung, die sie selbst gestalten und kontrollieren.

✷

Das Leben wilder Tiere und Pflanzen wird in vielerlei Hinsicht durch Leben und Gewohnheiten der anderen Arten bestimmt, mit denen sie ihre Umwelt teilen. Das Leben eines Menschen, der in einer modernen Stadt wohnt, wird dagegen fast vollständig von menschengemachten Konstruktionen geprägt. Das reicht vom Haus oder der Wohnung, wo man lebt, über das Büro oder die Fabrik, wo man arbeitet, bis zum Transportmittel, mit dem man von einem Ort zum anderen gelangt. Dasselbe gilt für die Orte, an denen Stadtbewohner ihre Freizeit verbringen – von Kinos bis zu Fitnessstudios, von Einkaufszentren bis zu Kegelbahnen. Die artifizielle Situation ist so vollkommen, dass es für einen Menschen, der aus seiner städtischen Umgebung alleine in die Wildnis versetzt würde, sehr schwer wäre, sich ohne Hilfe irgendeine Form von Leben zu schaffen, das auch nur annähernd so komfortabel wäre wie in der Stadt. Dieser Mensch wäre so hilflos wie eine Ameise, die aus ihrem Nest und aus der Gesellschaft ihrer Artgenossen herausgenommen würde. Heutzutage sind wir der Natur oder der Wildnis nur in kleiner sicherer Dosis ausgesetzt. Zudem habe ich ja gezeigt, dass diese Wildnis inzwischen stark durch menschliche Aktivitäten beeinflusst wurde und selbst künstlich sein könnte. Darüber hinaus sind Wohnungen und Arbeitsplätze der Menschen wie auch ihre Fahrzeuge immer stärker von der Außenwelt abgeschnitten. Sie sind klimatisiert; die Luft wird gefiltert, um Pollen, Staub und Mikroorganismen zu entfernen; sogar das Sonnenlicht strömt durch Fenster, deren Scheiben durch Polarisationsfolie oder andere Filter schädliche UV-Strahlen fernhalten. Man könnte sagen, Menschen verbringen heute bereits ihr gesamtes Leben in den Prototypen von Raumfahrzeugen und sind fast völlig von einer möglicherweise feindlichen Außenwelt abgeschirmt. Das hört sich vielleicht weit hergeholt an, doch denken Sie nur an die Piloten, Crew und Fluggäste eines modernen Düsenjets, der sich mit mehreren hundert Stundenkilometern auf einer Reisehöhe von 10 000 Metern fortbewegt – alle Menschen an Bord können nur überleben, da sie in der Druckkabine vollständig vom Außenraum abgeschlossen sind. Oder denken Sie an die Mannschaft eines U-Boots, das in einer Tiefe unterwegs ist, in der ein ungeschützter Mensch keinen Moment überleben könnte. Raumfahrzeuge sind insofern Erweiterungen der Nischenkonstruktion, die den Menschen erlaubt, sich von der Außenwelt fast völlig abzukapseln.

Allerdings nicht vollständig, und das ist wichtig!

Eine Reise in dem hermetisch verschlossenen, unter Druck stehenden Container, den wir als Düsenjet bezeichnen, geht irgendwann immer zu Ende (für viele Passagiere in der beengten Economyklasse kann das Ende nicht schnell genug kommen), und es wird Zeit zum Aussteigen. Während die erschöpften Passagiere über den Flugsteig hasten, werden Abfälle aus Toiletten und Kombüse beseitigt, das Flugzeug wird gereinigt und wieder aufgetankt; für die nächste Reise werden neue Frachtstücke, Passagiere, Gepäck, Essen und Trinken an Bord gebracht. Durch die geöffneten Flugzeugtüren gelangt von außen Frischluft herein. Kurz gesagt, Flugzeugreisen sind endlich. Niemand erwartet von Crew und Passagieren, dass sie ihre eigene Nahrung anbauen, ihre eigenen Abfälle recyceln oder ihre eigenen Atemluftvorräte für eine Reise von unbestimmter Dauer auffüllen.

Dasselbe gilt für jede Reise heutzutage, auch für Weltraummissionen. Jede hat eine festgelegte Dauer, und wenn diese überschritten wird, muss man mit dem Ausfall des Raumfahrzeugs rechnen. Auch beim Bau der Internationalen Raumstation wurde von Anfang an eingeplant, sie eines Tages auszumustern. Selbstverständlich können einige unbemannte Raumfahrzeuge jahrelang operationsfähig bleiben und tun es auch, manchmal Jahrzehnte länger, als eigentlich vorgesehen war. Bemannte Raumfahrtmissionen sind jedoch deutlich stärker eingeschränkt. Eine Rückkehr zur Erde ist ebenso Teil eines perfekt ausgeklügelten Plans wie das Abheben ins Weltall zu Beginn. Bisher hat es noch keine bemannten Raumfahrtmissionen gegeben, die autark oder zeitlich unbegrenzt waren.

Auf der Erde gab es bereits mehrere Versuche, für den Menschen Habitate zu schaffen, die komplett von der Außenwelt abgeschlossen sind – dabei wollte man herausfinden, mit welchen Problemen künftige Siedler in Weltall-Habitaten rechnen müssen. Ein Beispiel ist die Aquarius, ein 15 Meter langer Stahlzylinder mit 4,5 Meter Durchmesser (also mit ähnlichen Maßen wie das US-Labormodul der Internationalen Raumstation). Sie ist als Habitat konzipiert und in 60 Meter Tiefe im Meer vor Florida verankert. Dieses Unterwasserhabitat dient dazu, die Lebensbedingungen im Weltraum zu simulieren. In der gewissermaßen schwerelosen Umgebung des Meeres trainieren die «Aquanauten» Weltraumspaziergänge sowie Routineabläufe und die Bedienung von komplexer Technik, die eines Tages im Weltraum gebraucht werden könnten.[66] Die Aquarius bezieht ihre Luftvorräte jedoch von der Oberfläche, und die Dauer der Missionen ist wie bei allen Raumfahrtmissionen nicht unbegrenzt.

Die bekannteste (vielleicht auch berühmt-berüchtigtste) Probe für das Leben im Weltall fand an Bord von Biosphäre 2 statt, einer Art Terrarium mit über 1,27 Hektar Grundfläche (etwas weniger als zwei Fußballfelder) in der Wüste von Arizona.[67] Biosphäre 2 wurde in den 1970er-Jahren von einer kleinen Gruppe von Visionären konzipiert. Als sie schließlich von der ersten Crew bezogen werden konnte, enthielt sie über 3000 Spezies (sogar Kolibris und Buschbabys), die sich auf eine Vielfalt von Habitaten verteilten: zum Beispiel einen tropischen Regenwald, einen Miniaturozean samt Korallenriff, wie auch Areale, die zum Anbau von Nutzpflanzen dienten. Die Zugabe von acht Menschen – sozusagen der letzte Schliff – erfolgte am 26. September 1991. Diese Menschen sollten gänzlich autark sein, was Nahrung, Atemluft und Wasser anging, und zwar auf unbestimmte Zeit. Doch – es hat nicht sollen sein. Leider. Das Erdreich enthielt zu viel organisches Material, sodass Bodenbakterien den Menschen den nötigen Sauerstoff wegnahmen. Der in den Wänden enthaltene Beton absorbierte Kohlendioxid aus der Luft, sodass zu wenig für die Pflanzen übrig blieb. Das Ökosystem war instabil. Bienen und Kolibris, die als Bestäuber für die Pflanzen dienen sollten, starben. Es gab Missernten. Die Crew – nach Luft schnappend – konnte nur durch Zufuhr von zusätzlichem Sauerstoff gerettet werden, als die Sauerstoffkonzentration auf einen so niedrigen Wert wie im Hochgebirge auf 4300 Metern Höhe abgesunken war. Insgeheim hatte man der Crew da bereits auch anderen Nachschub zukommen lassen – das wurde allerdings erst viel später bekannt. Am 4. April 1994 brachen schließlich zwei ehemalige Mannschaftsmitglieder – aus Sorge um die Gesundheit der aktuellen Crew – die Türsiegel auf und ließen Frischluft hinein. Das Experiment «unbegrenzte Selbstversorgung» kam zu einem unrühmlichen Ende.

Biosphäre 2 wird jetzt von der University of Arizona als Testumgebung betrieben, um die Auswirkungen des Klimawandels auf Ökosysteme experimentell zu untersuchen. Das ursprüngliche idealistische Konzept erwies sich hingegen nicht ganz als der absolute Fehlschlag, wie zunächst dargestellt. Initiatoren und Crew lernten viel darüber, was nötig ist, um ein vollständig abgeschlossenes, autarkes Habitat zu schaffen. Vor allem wurde klar, wie extrem anspruchsvoll es ist, ein Habitat zu konstruieren, das langfristig stabil bleibt – bis heute ist es nicht gelungen. Speziell auf Biosphäre 2 bezogen, lag das Misslingen vielleicht gar nicht daran, dass das Projekt zu ehrgeizig war, sondern dass es nicht annähernd ehrgeizig genug war – und zwar um mehrere Größenordnungen.[68] Vermutlich ist eine Anlage mit nur etwas mehr als einem Hektar Grundfläche, die in eine Reihe unterschiedlicher Ökosysteme aufgeteilt ist, viel zu klein, um existenzfähig oder stabil zu sein. Bevor die Menschen sich nicht nur als Kurzzeitbesucher ins Weltall aufmachen, muss wesentlich gründlicher erforscht werden, wie man autarke Ökosysteme schafft, die menschliche Populationen erhalten können – zuerst nur wenige Menschen, dann Dutzende, dann vielleicht Tausende oder sogar Millionen.

Auf dieser Suche nach Lösungen am weitesten fortgeschritten sind die Menschen in den immer stärker kontrollierten, urbanisierten und künstlichen Lebensräumen, in denen sie heutzutage leben. Möglicherweise werden manche Städte, die mit Hitze, Kälte oder klimabedingten Extremwetterereignissen und den Schwierigkeiten zu kämpfen haben, die Nahrungs- und Trinkwasserversorgung großer Menschenmengen sicherzustellen, als Erste etwas unternehmen. Sie könnten beginnen, große Innenstadtbereiche mit durchsichtigen Kuppeln zu überdachen und in diesen Arealen Wärme und Feuchtigkeit zu steuern und Schlechtwetter auszusperren. Solche Städte könnten als Nächstes durch komplettes internes Recyceln von Wasser, Abfall und Luft einen geschlossenen Kreislauf anstreben. Dies könnte mithilfe der künstlichen Photosynthese erfolgen, die gleichzeitig eingesetzt werden könnte, um Nährstoffe für Pilze und Pflanzen zu liefern, die wiederum auf relativ kleinem Raum große Mengen an nützlichen Proteinen herstellen. Der letzte Schritt wäre in diesem Fall, derartige Städte in den Weltraum zu «verpflanzen». Wenn wir herausfinden wollen, welche Faktoren ein Leben im Weltraum autark und erträglich machen, werden Versuche in unseren derzeitigen Städten, nicht aber in kleinen Habitaten wie Aquarius oder Biosphäre 2, die entscheidende Rolle spielen. Denn es geht um ein Weltraumdasein für Millionen normaler Menschen auf unbestimmte Zeit, nicht nur für ein paar speziell ausgebildete Astronauten auf einer Mission von begrenzter Dauer. Der Klimawandel, der sich immer rasanter beschleunigt und immer massiver auswirkt, wird Städte zu dieser Wahl zwingen.

Ich habe bereits die gemeinschaftlich betriebene Internationale Raumstation erwähnt, auf der Astronauten für unterschiedliche Dauer leben. Die ersten Weltraumhabitate waren kleine zerbrechliche Raumstationen, die jeweils nur eine Handvoll Menschen beherbergen konnten. Bis zum jetzigen Zeitpunkt hat es rund 34 verschiedene Raumstationen gegeben.[69] Die erste, die sowjetische *Saljut 1*, wurde bereits 1971 gestartet; 1973 folgte *Skylab*, die erste Raumstation der USA. Die erste für den Langzeitbetrieb ausgelegte Raumstation war die sowjetische *Mir*. Nachdem man das erste Bauteil 1986 in die Umlaufbahn gebracht hatte, dauerte es ein Jahrzehnt, bis alle Module zusammengesetzt waren. Das erste Bauteil der späteren Internationalen Raumstation wurde 1998 in die Umlaufbahn gebracht. China folgte mit der *Tiangong* Raumstation (1 und 2). Der Vorteil von Raumstationen liegt in ihrem modularen Aufbau; sie können aus vielen Teilen zusammengesetzt werden, die einzeln in die Umlaufbahn gebracht werden. Der Nachteil ist allerdings, dass der Start von der Erdoberfläche – für den Aufbau und die regelmäßige Versorgung von Raumstationen – teuer und ineffizient ist. Das gilt auch für teilweise wiederverwendbare Raumfahrzeuge wie die mittlerweile ausgemusterten Space Shuttles der USA. Ein weiteres Problem ist die Gesundheit der Bewohner. Menschen können zwar viele Monate lang an Bord von Raumstationen verbringen, doch das Leben in Schwerelosigkeit führt zu Muskelabbau und Knochenschwund. Zudem können nur wenige Menschen gleichzeitig in einer Raumstation leben. Von nachhaltigen, autarken Städten im Weltraum sind wir noch sehr weit entfernt.

Das nächste Ziel ist der Mond. Bisher haben nur zwölf Menschen einen Fuß auf den Mond gesetzt – allesamt Astronauten des Apollo-Programms, alle weiß und alle männlich. Und niemand seit 1972. Nach langer Grabesstille gibt es nun endlich Pläne, die ökologische Nische der Menschen über den erdnahen Orbit (*Low Earth Orbit*, LEO) hinaus auszudehnen: das Artemis-Programm, unter Führung der USA, mit Beteiligung eines Konsortiums vieler Regierungen und Unternehmen.[70] Das Programm hat unter anderem das Ziel, eine ständige bemannte Basis auf dem Mond zu errichten und ferner als Raumstation den «Lunar Gateway» (*Lunar Orbital Platform Gateway*, LOP-G) aufzubauen, der um den Mond kreisen soll. Der erste (unbemannte) Flug des Artemis-Systems (Artemis I) fand 2022 statt, bis zum Ende des Jahrzehnts soll das System voll funktionsfähig sein.

Der Lunar Gateway ist unverzichtbar. Denn diese Raumstation erlaubt einen wesentlich billigeren und häufigeren Austausch von Astronauten und Nachschub zwischen Weltall und Mondoberfläche, als wenn jedes Mal die enormen Kosten von Start und Rückkehr – es ist ziemlich teuer, die Erdanziehung zu überwinden – anfallen würden. Sobald der Lunar Gateway und die Basis auf dem Mond erst einmal eingerichtet sind, können sie ausgebaut werden. Eine Mondbasis könnte fast unendlich vergrößert werden, indem man unterirdische Tunnel anlegt, um die Bewohner vor der intensiven Strahlung des Weltraums und den Temperaturextremen der Mondoberfläche zu schützen. Das beim Tunnelbau geförderte Gestein lässt sich zur Materialgewinnung nutzen – möglicherweise zählen sogar Sauerstoff und Wasser dazu. Vielleicht können die Astronauten das Nötige mitnehmen, um ihre eigene Nahrung herzustellen, zum Beispiel künstliche Photosynthesesysteme.

Artemis ist ein von den USA geleitetes Projekt, aber es ist klar, dass auch andere Länder ein *pied-à-terre* auf dem Mond anstreben werden. Die Kolonisierung des Monds wird dann eine politische Dimension annehmen. Es wird zwar keine indigene Bevölkerung verdrängt, doch es wird Spielregeln geben müssen. Derartige Regeln existieren bereits. Wir sollten jedoch berücksichtigen, dass der zurzeit vorhandene Weltraumvertrag der UN[71] aufgesetzt wurde, bevor irgendein Mensch den Mond überhaupt betreten hatte, und er sich daher sehr bald als unzureichend erweisen könnte.[72] Im nächsten Jahrhundert wird es sicher irgendwann Gemeinwesen auf dem Mond geben, die von ihrer terrestrischen «Mutternation» unabhängig werden wollen. Sobald Generationen von Menschen auf dem Mond geboren werden und aufwachsen, werden sie nur wenig Zugehörigkeitsgefühl für die Nationen eines fernen Planeten empfinden, den sie als Himmelskörper an einem schwarzen Sternenfirmament erblicken, aber niemals besucht haben. Wer auf dem Mond aufwächst, hätte gar keine Lust, die Erde zu besuchen – eine Welt mit erdrückender Schwerkraft, grellem Licht, einem Himmel in einem Übelkeit erregenden Blauton und einer Weite des Horizonts, die Platzangst auslöst.

Das nächste Ziel nach dem Mond ist der Mars. Dies ist ein etwas schwierigeres Unterfangen, da der Mars viel weiter von der Erde entfernt ist – rund 225 Millionen Kilometer. Zudem ist die Reise dorthin äußerst gefährlich. Bislang sind rund 60 Prozent aller Marsmissionen gescheitert; alles unbemannte Raumsonden. Die nötige Technik, um Menschen sicher zum Mars (und zurück) zu bringen, ist noch in der Entwicklung; trotzdem könnten bemannte Marsmissionen schon 2030 stattfinden.[73] Dabei werden die Lehren aus dem Artemis-Programm – die Lektionen der USA, aber auch anderer Nationen und sogar von Privatunternehmen – berücksichtigt werden müssen, um die Marsmissionen zum Erfolg zu machen. Der Schlüssel für eine erfolgreiche bemannte Marsmission ist der Betrieb des Lunar Gateway beziehungsweise jeder anderen Raumstation auf einer Mondumlaufbahn. So können Astronauten auf dem Weg zum Mars im Mondorbit eine Pause einlegen und wesentlich effizienter zum Mars shutteln, als wenn sie von der Erde aus direkt zum Mars abheben würden.

✴

Sobald bemannte Raumstationen erst einmal im Orbit des Monds, vielleicht des Mars sowie der Erde etabliert sind, werden zuerst die Crews, die die Raumstationen und ihre wechselnden Astronautenbewohner versorgen müssen, später auch andere Menschen auf die Idee kommen, dass man einen Planeten nicht unbedingt betreten muss. Es könnte Ressourcenverschwendung und sogar unnötig sein, vor allem, weil es so teuer und gefährlich ist, in den «Gravitationsbrunnen» (also das Gravitationsfeld) eines Planeten (wie Erde oder Mars) ab- und daraus wieder aufzutauchen. Menschen, die den größten Teil ihrer Zeit in Raumstationen verbringen, werden sich nach

Unterkünften umsehen, die ähnlich unabhängig sind wie sie selbst.

Weltraumhabitate sind in der Science Fiction weit verbreitet, und es gibt keinen Mangel an Gestaltungskonzepten für künstliche Habitate, in denen viele Tausend Menschen auf unbestimmte Zeit im Raum leben könnten.[74] Wesentlicher Teil dieser Entwürfe ist irgendeine Form von Beschleunigung, um die Schwerkraft zu simulieren. Die in der Science-Fiction-Literatur beliebten radförmigen Raumstationen (so etwa auch in *2001: Odyssee im Weltraum*) müssten eine Umdrehungszahl haben, die Bewohnern an der Innenseite des Rands ein Schweregefühl vermitteln würde. Es handelt sich um dieselbe Fliehkraft, die man beim Karussellfahren auf der Kirmes wahrnimmt oder der Motorradfahrer ausgesetzt sind, die Stunts in der «Steilwand» ausführen.

Künstliche Weltraumhabitate, in denen sehr viele Menschen auf unbestimmte Zeit leben könnten, haben mehrere Nachteile. Erstens sind da die enormen Kosten, die der Transport von großen Materialmengen in den Orbit verursacht. Zweitens müssen die gefährdeten verletzlichen menschlichen Weltraumkolonisten vor schädlicher Strahlung abgeschirmt werden. Beide Probleme ließen sich lösen, falls man fix-und-fertige (wenn auch nicht restlos direkt bewohnbare) Himmelkörper nutzte – die Asteroiden.

Die Asteroiden sind eine Gruppe von Himmelskörpern, die in der Größe von Gesteinsbrocken mit weniger als 1 Kilometer Durchmesser bis zu kleinen Planeten reichen. Bislang sind mehr als 1,3 Millionen Asteroiden im Sonnensystem bekannt.[75] Man findet sie vor allem in einem breiten Gürtel, der die Sonne zwischen Mars und Jupiter umspannt; einige reisen weiter ins All, während die Umlaufbahnen von anderen sie tief ins innere Sonnensystem führen, wo ihre Orbits die Erdbahn kreuzen können. Solche erdnahen Asteroiden (*Near-Earth Asteroids*, NEAs) stellen ein Risiko für das Leben auf der

Erde dar. Ein Asteroid mit mehreren Kilometern Durchmesser schlug vor rund 66 Millionen Jahren auf der Erde ein, löschte die Dinosaurier und viele andere Lebewesen aus und führte zu einem ökologischen Kollaps, dessen Folgen etliche Zehntausend Jahre anhielten. Verständlicherweise sind Wissenschaft und Politik recht stark an NEAs interessiert,[76] und die Erprobung von Technologien, mit deren Hilfe potenziell gefährliche Asteroiden in sicherere Bahnen abgedrängt werden sollen, war Ziel einer kürzlichen Weltraummission.[77]

Konzeptionell ist es nur ein kleiner Schritt vom Anrempeln eines Asteroiden mit einer Raumsonde bis zu raffinierteren Formen der Interaktion. Vielleicht könnte man Asteroiden nicht nur in andere Umlaufbahnen ablenken, sondern auch so steuern, dass sie in einer bestimmten erwünschten Position «zur Ruhe» kommen, beispielsweise in einer Umlaufbahn um die Erde. Um Asteroiden mit einem Durchmesser von mehr als ein paar Hundert Metern innerhalb einer angemessen kurzen Zeitspanne zu bewegen, bedarf es allerdings einer Technologie, die bisher nicht existiert, zum Beispiel durch Kernfusion angetriebene Raketen.[78] Zudem würden die Bewohner der Erde wahrscheinlich vehement protestieren, wenn irgendeine Nation, eine Firma oder ein Konsortium anfinge, im erdnahen Bereich Asteroiden «herumzuschieben», aus Angst vor einer Katastrophe wie jener, die die Dinosaurier erledigte.

Doch abgesehen davon, ob Asteroiden «herumgeschubst» werden oder in ihrer angestammten Bahn bleiben dürfen – sie enthalten bekanntlich eine Fülle an wertvollen Mineralienressourcen. Der Bau von Habitaten im Weltraum könnte daher sehr wohl auf den Abbau von Asteroid-Rohstoffen bauen, statt derartige Ressourcen von Planeten heranzuschaffen.[79] Und nach Abbau der Rohstoffe, was würde dann mit dem Asteroiden passieren? Statt die ausgebeutete Hülle des Asteroiden aufzugeben, wäre es sinnvoll, den entstandenen Hohlraum als Unterkunft für Menschen zu nutzen.[80] Das Innere eines

Asteroiden bietet ein fix-und-fertiges Habitat und liegt dazu unter einer Gesteinsschicht, die den Menschen Schutz vor kosmischer Strahlung böte.

Wie viele Menschen könnte ein Asteroid-Habitat beherbergen? Das hängt natürlich von der Größe des Asteroiden ab. Es gibt ungefähr 250 bekannte Asteroiden mit einem Durchmesser von 100 Kilometern oder mehr. Eine grobe Einschätzung zeigt: Nimmt man im Inneren des Asteroiden einen zylindrischen Hohlraum mit rund 50 Kilometer Länge und 10 Kilometer Breite an, erhält man auf der Innenseite des Zylinders eine Grundfläche von fast 1600 Quadratkilometern. Das entspricht mehr als zehn Mal der Fläche von Manhattan. Während ich dies schreibe, hat Manhattan eine Bevölkerungsdichte von 27000 Menschen pro Quadratkilometer,[81] also könnte ein Asteroid-Habitat mit solchen Dimensionen und einer Manhattan-Bevölkerungsdichte über 43 Millionen Menschen beherbergen – das sind mehr Menschen, als in ganz Kanada leben.

Die meisten Asteroiden sind allerdings viel kleiner. Doch auch ein Asteroid von 10 Kilometern Durchmesser mit einer zylindrischen Höhle, die 7 Kilometer lang und 2 Kilometer breit wäre, hätte eine Innenfläche von fast 44 Quadratkilometern (etwas kleiner als Manhattan) und böte, die Manhattan-Bevölkerungsdichte vorausgesetzt, etwas über einer Million Menschen Platz. Das entspräche immerhin einer Großstadt.

Falls Städte im nächsten Jahrhundert wesentlich stärker von der Außenwelt abgeschlossen und autarker werden als jetzt, sollte es keine unüberwindliche Aufgabe darstellen, die Idee einer Großstadt von der Erde in einen ausgehöhlten Asteroiden zu übertragen. Vielmehr könnten die Menschen ein solches Vorhaben dann bereits als völlig natürlich ansehen.

Hohle Asteroiden müssten um die Zylinder-Längsachse rotiert werden, um irgendeine Art von künstlicher Schwerkraft zu erzeugen, damit die Menschen, die sich auf der Innenseite des Zylinders bewegen, überhaupt ein Gefühl der Schwere hätten. Die simulierte Schwerkraft müsste nicht so stark wie die Erdgravitation sein. Für Menschen, die an das Leben im Weltall gewöhnt sind, wäre die wesentlich geringere Schwerkraft des Mars oder des Monds vermutlich ausreichend. Sie würde auch keine Gefahr für die Gesundheit darstellen. Da viele Asteroiden selbst allerdings nur eine sehr geringe Gravitation besitzen, sind sie mechanisch nicht stabil genug, um höhere Umdrehungsraten auszuhalten ohne auseinanderzubrechen. Das ist natürlich ein Problem, doch sogar dies sollte kein Hindernis sein. Der durch Gesteinsabbau entstandene Hohlraum könnte auf der Innenseite versintert oder geschweißt werden, um seine Stabilität zu erhöhen. Und es gibt sogar einen Plan, demzufolge man einen Asteroiden gezielt zerschmettert, indem man ihn mit so hoher Geschwindigkeit rotieren lässt, dass er zerplatzt. Die entstehenden Geröllteile würden in einem expandierenden zylindrischen Netz aufgefangen. Es entstünde ein Zylinder aus verdichtetem Asteroidengeröll, in dem man ein Habitat anlegen könnte.[82]

Wie könnte das Leben in einem solchen Habitat aussehen? Die Antwort ist: ziemlich genau so wie in einer Stadt, aber mit ein paar Modifikationen. Sonnenlicht gibt es im Überfluss – es würde von Sonnenkollektoren auf der Außenseite des Asteroiden gesammelt und über ein System aus Glasfasern oder aus Spiegeln direkt nach innen geleitet, sodass es keinen Energiemangel gäbe. Kein Grund, warum es nicht taghell sein sollte. Sauerstoff und Wasser würden durch dieselbe künstliche Photosynthese geliefert, die Nährstoffe für die Pilze und Pflanzen bereitstellt, aus denen wiederum Lebensmittel erzeugt werden können; die Pflanzen werden ihrerseits durch Kohlendioxid und Abfälle von Mensch und Tier versorgt.

Doch bevor wir uns von Ideen über das Leben im All mitreißen lassen, müssen wir ein paar Nachteile auflisten, so wie Kelly und Zach Weinersmith in ihrem unterhaltsamen und zum Nachdenken anregenden Buch *Unsere Zukunft steht in den Sternen.*[83] Der englische Untertitel («Können wir das All besiedeln, sollten wir das All besiedeln und haben wir das wirklich durchdacht?») ist recht provokativ, und die Weinersmiths legen dar, dass trotz aller Technologie und durch Science Fiction befeuerten Begeisterung der Möchtegern-Weltraumsiedler vorher sehr viel mehr Forschung nötig ist. Wir brauchen viel mehr Wissen über Biologie, Medizin, Wirtschaft und Governance von Habitaten im Weltraum, bevor diese Besiedlung zu einem realistischen Vorhaben wird.

Es ist bemerkenswert, dass sich nur wenige Menschen jemals aus der Magnetosphäre der Erde, die alles Leben vor schädlicher Weltraumstrahlung schützt, herausgewagt haben. Alle waren Apollo-Astronauten und, wie bereits festgestellt, Männer in den besten Jahren, die wegen ihrer Gesundheit und ihres technischen Know-hows sorgfältig ausgewählt und gründlich geschult worden waren. Keine Frau hat jemals an einer Mondmission teilgenommen – unabhängig von Schulung, körperlicher Fitness oder Expertise. Auch Babys, Kinder, Senioren oder Menschen mit Behinderung, chronischen Krankheiten oder – ganz einfach – Menschen wie Sie und ich haben niemals teilgenommen. Wenn Weltraumhabitate zum Erfolg werden sollen, müssen sie so beschaffen sein, dass auch Menschen mit unterschiedlichstem Gesundheitszustand dort zurechtkommen. Die Gesundheit der Bewohner wird höchste Priorität haben. Das medizinische Personal im Weltraum muss für jede Eventualität gerüstet sein – und in der Lage sein, Gesundheitsstörungen zu behandeln, die es nie zuvor gesehen hat und die durch das Leben in einer Umwelt verursacht werden, die dem menschlichen Körper fremd ist.

Was die Fortpflanzung angeht, so weiß niemand, ob es

überhaupt möglich ist, im Weltraum schwanger zu werden, geschweige denn, einen Fötus bis zum regulären Termin auszutragen, wenn man die massive Strahlung und die schwankende Gravitation bedenkt, der Weltraumsiedler wahrscheinlich ausgesetzt sind. Niemand weiß, unter welchen Anomalien im Weltraum geborene Babys leiden könnten, gleichgültig, ob direkt bei Geburt oder im späteren Leben. Solchen potenziellen Problemen könnte man vielleicht entgegenwirken, wenn künstliche Fortpflanzung zur Regel würde und die Reproduktion in einem völlig kontrollierten Milieu stattfände. Der medizinische Fortschritt prägt heutzutage Beginn und Ende der Schwangerschaft: So ist die künstliche Befruchtung fast zur Routine geworden, und auch bei der Geburt kann man mittlerweile das Leben von immer unreiferen Frühgeborenen retten. Vielleicht werden sich die beiden Verfahren eines Tages in der Mitte treffen, sodass eine vollständige Ektogenese (die Schwangerschaft außerhalb des Mutterleibs) möglich wäre. Auch wenn man die damit verbundenen ethischen Bedenken beiseitelässt, erscheint diese Aussicht fern. Doch die Besiedlung des Weltraums wird ohne Siedler nicht möglich sein.

Selbst wenn diese Gesundheits- und Fortpflanzungsprobleme gelöst werden können, werden Weltraumsiedlungen wahrscheinlich nur kleine Populationen haben, auf jeden Fall zu Beginn. Ich habe bereits weiter vorne auf die deprimierenden und oft tragischen Folgen hingewiesen, die eine geringe Populationsgröße für die Überlebensfähigkeit von Populationen hat. Dies würde im Weltraum noch mehr als auf der Erde gelten, da sich nur selten die Chance ergäbe, neue, frische Gene zuzuführen.

Die Besiedlung des Weltalls bringt auch juristische und Governance-Fragen mit sich, die Weltraumfans selten ansprechen, denen die Weinersmiths sich aber ausführlich widmen. Ich habe bereits den Weltraumvertrag der UN (*Outer Space Treaty*, OST) erwähnt, in dem der Weltraum als Gemeingut aufgefasst wird, das kein Staatswesen und auch keine Einzelperson für sich als Eigentum beanspruchen kann. Der Weltraumvertrag untersagt die Schaffung von unabhängigen Gemeinwesen im Weltraum, auch wenn diese vollständig autark sein könnten. Jedes Weltraumprojekt stünde zumindest zu Beginn unter der Kontrolle der Nation, die es fördert oder finanziert. Dies ist auch dann der Fall, wenn das Projekt von einem Privatunternehmen oder einer Privatperson durchgeführt wird. Wenn ein Tech-Billionär, der zufällig Bürger von Ruritanien ist, ein vollständig autarkes Weltraumhabitat in einem Saturnorbit finanzieren und besiedeln würde, fänden die Gesetze und Gepflogenheiten von Ruritanien und die Bestimmungen des OST Anwendung. Eine Abspaltung von der Mutternation wäre nicht einfach – teils weil die Regierung von Ruritanien Widerspruch einlegen könnte, teils aber auch, weil die Sezessionisten vom Gemeingut, das allen Menschen (nicht nur Bürgern von Ruritanien) gleichermaßen zugänglich sein soll, ein Stück absondern würden. Ähnliche juristische Feinheiten würden auch die Ausbeutung von Bodenschätzen im Weltraum, zum Beispiel im Asteroidengürtel, verhindern, ob zu privaten oder nationalen Zwecken. Wie die Weinersmiths feststellen, gibt es Präzedenzfälle für derartige Probleme. Der Antarktis-Vertrag schützt zum Beispiel die territoriale Unverletzlichkeit der Antarktis. Es wurden territoriale Ansprüche erhoben (sie sehen auf der Karte wie Tortenstücke aus), die zum Teil überlappen; doch aufgrund der Unwirtlichkeit und Unzugänglichkeit des Kontinents ruhen diese Gebietsansprüche bislang. Möglicherweise sind die Rechtsverhältnisse im Weltraum ähnlich vage, doch Kelly und Zach Weinersmith merken an, dass geopolitische Probleme im Weltraum letztendlich auf der Erde ausgefochten werden könnten, unter Umständen sogar mit nuklearen Konsequenzen.

Manche von uns werden sich an 1982 erinnern, als Argentinien und Großbritannien einen Krieg um die Falklandinseln (in Argentinien Islas Malvinas genannt) anfingen. Die Falklands sind ein kleines, dünn besiedeltes Territorium im Südatlantik; dazu besitzen sie noch weiter abgelegene «Dependancen» in der Subantarktis, die nur von Wissenschaftlern bewohnt sind, und das auch nur zeitweise. Tatsächlich begann der Falklandkrieg auf Südgeorgien, einer öden, zerklüfteten Insel, eher von Pinguinen als von Menschen geschätzt. Könnten die Nationen unserer Erde auch einen Krieg um strittige Forderungen auf dem Mond anfangen?

Als Modell für einen gesetzlichen Rahmen könnte möglicherweise auch das UN-Seerechtsübereinkommen (SRÜ) dienen. Es gestattet unter bestimmten Umständen eine gewisse Ressourcennutzung. Das SRÜ könnte vielleicht aus ganz prosaischen Gründen ein besseres Modell sein als der Antarktis-Vertrag, denn die Antarktis ist zwar unwirtlich und vereist, doch sie existiert in einer atembaren Atmosphäre. Dagegen ähnelt das Leben unter Wasser in vieler Hinsicht dem Leben im Weltraum. Es heißt, dass *Homo sapiens* über den Meeresboden weniger weiß als über die Marsoberfläche. Egal wie – wenn der Weltraum sicher und mit wenig offiziellem Gegenwind besiedelt werden soll, dann müssten die Regierungen der Erde sich wohl wesentlich einiger sein, als sie es jetzt sind oder in absehbarer Zukunft vermutlich sein werden.

*

All das bisher Gesagte wirft eine große Frage auf – *warum?*

Warum sollte irgendwer die Mühe und Kosten auf sich nehmen, das Weltall zu besiedeln? In der Praxis wäre Selbstbestimmung wahrscheinlich extrem schwierig, zudem ist sie ein juristisches Minenfeld. Zumindest kurzfristig erscheint es wirtschaftlich nicht rentabel, die natürlichen Ressourcen des Weltraums zu erschließen und zu nutzen. Mineralvorkommen lassen sich, auch wenn sie knapp sind, auf der Erde stets profitabler abbauen, und daran wird sich bis auf Weiteres nichts ändern. Eine auf Tourismus basierende Wirtschaft scheint eher möglich, ferner eine Wirtschaft, die Serviceleistungen im Umkreis der Zwischenstationen anbietet, die zwischen Erde, Mondumlaufbahnen und weiter entfernten Punkten entstehen werden. Und auch wenn *Homo sapiens* bisher immer viel Erfolg beim Konstruieren seiner eigenen Nischen hatte, ist das Weltall – man muss wohl kaum daran erinnern – ein wirklich besonders gefährlicher Ort.

Fragt man, warum irgendjemand überhaupt das Weltall besiedeln sollte, so geben Weltraumfans meistens eher sentimentale als praktische Gründe an. Man besiedelt den Weltraum vielleicht, weil er *awesome* ist, oder – so ähnlich wie Bergsteiger antworten, wenn sie gefragt werden, warum sie einen hohen Gipfel bezwingen wollen – «weil er da ist».[84] Einige meinen, die Vorstellung, die *High Frontier* zu bezwingen, werde von einem fundamentalen menschlichen Forscherdrang befeuert. Ob dieser Drang allgemein menschlich oder in diesem Fall durch amerikanische Science Fiction und Wildwestmythen befeuert ist, ist eine offene Frage, auch wenn ich mich, wie bereits berichtet, lebhaft an das Buch *You Will Go to the Moon* erinnere, das ich als kleines (britisches) Kind las und dessen Titel – hätte ich es nur gewusst! – mit der Bedeutung des *Manifest Destiny* aufgeladen war. Und sich an kleine Kinder richtete. Ob es bezeichnender ist, dass ich mich an dieses spezielle Buch (unter den vielen anderen, die mir begegnet sein müssen) so lebhaft erinnere, oder dass ich (trotz dieser Erinnerung) bisher noch nicht auf dem Mond gewesen bin, müssen die Leserinnen und Leser entscheiden.

Man muss immer auch den Faktor «nationales Prestige» berücksichtigen. Dies war die wesentliche Triebkraft für den Wettlauf zum Mond zwischen den USA und der (damaligen) Sowjetunion in den 1960er-Jahren. Doch dabei ging es mehr um Geopolitik auf der Erde als um die Eroberung des Weltraums.

Es gibt daher keine rationalen Gründe, warum irgendwer den Wunsch verspüren sollte, im Weltraum zu siedeln. Das wird die Menschen jedoch nicht davon abhalten, es aus irrationalen Gründen zu tun.

Warum lassen sich kleine Gruppen von Menschen fern von ihrer Heimat nieder? Zu den wichtigsten Gründen zählt, historisch gesehen, die Religion. Die Menschen sind sogar auf andere Kontinente gezogen, sei es aufgrund religiöser Verfolgung oder weil sie eine ideale Gemeinde schaffen wollten, weit weg von den Versuchungen der Menschheit im Allgemeinen.

Es war die Religion, die viele der ersten europäischen Auswanderer dazu brachte, den weiten Atlantik zu überqueren und sich in Nordamerika niederzulassen. Anders als die Konquistadoren in Mittel- und Südamerika waren sie nicht vom Gedanken an Reichtümer getrieben. Trotz alledem war einer der Gründe für die englische Kolonisierung Nordamerikas der Wunsch, die Routen des spanischen Seehandels zu unterbrechen. Viele der ersten Siedler warteten nicht ab, ob sich ihr Vorhaben als praktikabel erweisen würde, und erst recht nicht, ob es lebensfähig war. Man muss nur an das tragische Schicksal der frühen britischen Kolonien von Roanoke und Jamestown an der Ostküste der heutigen USA denken. Diese ersten Kolonien waren, was die Reisezeit anging, mindestens so weit von ihrer alten Heimat entfernt, wie es heutzutage ein hypothetischer Astronaut auf dem Mars von der Erde wäre. Immer wieder wurden diese Kolonien durch Hungersnöte und Krankheiten, aber auch durch Konflikte mit den Ureinwohnern ausgelöscht. Auch mit noch so viel Glauben an die göttliche Vorsehung schafften die Siedler es nicht, die gewaltigen weltlichen Hindernisse zu überwinden. Die ersten Siedler im Weltall werden wohl nicht auf feindselige Ureinwohner treffen, doch die Feindseligkeit ihrer Umwelt wird das mehr als wettmachen. Es brauchte zwei Jahrhunderte und einen blutigen Krieg, bis die englischen Kolonien in Nordamerika so weit gefestigt waren, dass sie zu einem eigenständigen Gemeinwesen werden konnten – nämlich den Vereinigten Staaten von Amerika. Die hohe Zahl an Misserfolgen bei schlecht vorbereiteten Abenteurern, die sich ins Unbekannte wagen, sollte allen Möchtegern-Weltraumsiedlern eine Warnung sein.

Keine religiösen Gründe, sondern eine Mischung aus Nationalstolz und Abenteuerpolitik veranlasste Schottland in den 1690er-Jahren, einen Teil des heutigen Panama als Kolonie zu besetzen. Ziel war das Handelsmonopol über den Isthmus von Panama; gleichzeitig wollte Schottland sich als koloniales Gegengewicht zum Nachbarn und Rivalen England etablieren, das damals eine aufstrebende Macht war.[85] Dieser Versuch wurde zum katastrophalen Fehlschlag; fast alle Kolonisten kamen durch Krankheit, Hunger oder Scharmützel mit Spaniern um. Das Projekt brachte Schottland an den Rand des Staatsbankrotts und ließ ihm keine andere Wahl, als Mitglied des von England dominierten Vereinigten Königreichs zu werden. Diese Union wurde 1707 im «Act of Union» formal vollzogen. Ein weiteres warnendes Beispiel für alle Möchtegern-Weltraumsiedler.

Ich habe den Verdacht, dass die menschliche Neigung zur Beratungsresistenz als Faktor für die Weltraumerforschung der nahen Zukunft wichtiger sein wird als irgendein lemminghafter Wandertrieb, der *Homo sapiens* als Spezies anspornt. Ich würde darauf wetten (mit ganz vernünftigen Gewinnchancen), dass die Besiedlung des Weltraums stattfinden wird, es aber mehrere Jahrhunderte dauern könnte, bis solche Siedlungen autark sind. Und bis dahin wird es sicher viele Tragödien und Herzeleid geben.

Die Frage ist, ob es der Menschheit in den nächsten beiden Jahrhunderten (pi mal Daumen) gelingt, eine Zukunft im

Weltraum aufzubauen, bevor die *Homo-sapiens*-Population auf der Erde zu klein und zu weit verstreut ist, um dies zu ermöglichen.

Stellen wir uns aber dennoch vor, dass es passiert. Dass die Menschen Brückenköpfe außerhalb der Erde errichten werden. Viele Millionen, sogar Milliarden von Menschen würden in Asteroiden-Habitaten leben, wachsende Gemeinschaften, die sich entwickeln und Gemeinwesen mit einer Vielfalt von Religionen und Kulturen bilden. Vielleicht würden sich sogar neue biologische Merkmale herausbilden. *Homo sapiens* wird sich in eine Reihe neuer Spezies aufspalten, jede mit ihrer eigenen Sicht des Universums. Manche Kolonien werden vielleicht florieren. Andere werden sicherlich scheitern. Kultur und Politik in manchen Kolonien könnten für die Menschen in anderen ein Gräuel sein. Generell könnte die Expansion ins Weltall sich jedoch als Rettung für die Menschheit erweisen und ein neues Zeitalter der Entdeckungen, der Forschung und des Wissens einläuten. Einige Kolonien werden sich irgendwann entschließen, sich vom heimischen Sonnensystem loszureißen und in die Weiten der Galaxis aufzumachen. Wer weiß, was die Zukunft bereithält, falls das passiert?

Als der Astrophysiker J. Richard Gott in seinem *Nature*-Artikel eine Prognose über den Zeitpunkt des menschlichen Aussterbens machte, sagte er, dass eine Weltraum-Zukunft für *Homo sapiens* äußerst unwahrscheinlich sei.[86] Doch als er diese Schlussfolgerung traf, konnte er nicht voraussehen, wo sich die Menschheit bald befinden würde, nämlich an einem ganz bestimmten Kipppunkt. Wie ich in diesem Buch hoffentlich zeigen konnte, leben wir Menschen – Sie, die Leserinnen und Leser, ebenso wie ich – zu einer Zeit, die in der gesamten Geschichte unserer Spezies einzigartig ist: zu der

Zeit, in der die Bevölkerung sehr bald ihren Scheitelpunkt erreichen und zurückgehen wird. Und deshalb ist es eine besondere Zeit. Die Dinge könnten sich in die eine oder die andere Richtung entwickeln. Entweder wird die menschliche Bevölkerung schrumpfen und *Homo sapiens* wird untergehen, sprich aussterben – so ungefähr innerhalb der nächsten 10 000 Jahre. Oder er nimmt den Weltraum ernst und bemüht sich mit allen Kräften, das Universum zu erobern und potenziell Millionen von Jahren zu leben.

Diese Entscheidung muss in den nächsten hundert, allerhöchstens zweihundert Jahren getroffen werden. Wenn die Menschheit ihre langfristige Zukunft ernst nimmt, muss sie jetzt anfangen.

Nachwort

In meinem Buch *Eine (sehr) kurze Geschichte des Lebens* ging ich davon aus, dass *Homo sapiens* wie alle Spezies eines Tages aussterben wird. Ich äußerte mich jedoch sehr vage über die Zeitskala und schrieb zum Schluss, der Mensch werde «früher oder später» aussterben. Das Aussterben ist das Schicksal aller Arten. *Homo sapiens* ist jedoch insofern problematisch, als er (ohne jemandem zu nahe zu treten) trotz aller Argumente gegen die menschliche Sonderrolle, wie ich sie in meinem früheren Buch *The Accidental Species* vorgebracht habe, in vieler Hinsicht eben doch exzeptionell ist: Er ist in der Lage, seine Lebensumstände durch Technologie zu modifizieren, und das in der Geschichte des Lebens auf bisher beispiellose Weise, zumindest soweit wir wissen. *Homo sapiens* ist eine unvergleichlich destruktive Art (was seinesgleichen und seinen Lebensraum angeht) – ausgenommen vielleicht die Bakterien, die vor mehr als zwei Milliarden Jahren die oxygene Photosynthese entwickelten: dabei wurde das toxische Sauerstoffgas in die Atmosphäre freigesetzt, was das Aussterben aller Lebensformen beschleunigte, die vor der «Sauerstoff-Welt» existiert hatten. Den Zeitpunkt des menschlichen Aussterbens vorherzusagen, wird damit zu einer Übung in Ungewissheit. Menschen sind gleichzeitig erstaunlich kreativ und mutwillig zerstörerisch.

Ich beschloss deshalb, mir die Faktoren, die der Langzeitexistenz von *Homo sapiens* entgegenwirken, näher anzusehen. Das Ergebnis war ein Artikel im *Scientific American* mit dem

Titel «Humans Are Doomed to Go Extinct» («Die Menschen sind dem Aussterben geweiht»).[1] Das rief in vielen Sprachen Bestürzung hervor. Danach hatte ich den Eindruck, ich sollte meinen Artikel zu einem Buch erweitern, und das ist, was Sie gerade gelesen haben. Ich danke Kate Wong dafür, dass sie meinen Artikel im *Scientific American* veröffentlicht hat; Ehsan Masood und Brian Clegg dafür, dass sie sich Zeit genommen haben, die Entwürfe des Texts zu lesen; Ravi Mirchandani und Lewis Russell von Picador und George Witte bei St Martin's Press dafür, dass sie bei diesem sonderbaren Projekt mitgemacht haben; ich danke ferner Mairead Loftus sowie Kolleginnen und Kollegen in der Rechteabteilung von Pan Macmillan und schließlich meiner langjährigen Literaturagentin Jill Grinberg von Jill Grinberg Literary Management für ihre großartige Ermutigung während des Schreibens und für den Vorschlag, dass ein derart deprimierendes Thema einen Hollywood-Schluss haben müsse. Selbstverständlich bin ich für alle Irrtümer (vermutlich viele) und Auslassungen (sogar noch mehr) verantwortlich. Und wie immer danke ich Penny und Aviv und Rachel – die versprach, mir eine Tasse Tee zu machen, wenn sie im Buch erwähnt werden würde.

Anmerkungen

PROLOG

1 Fraser, N., *Dawn of the Dinosaurs,* Bloomington: Indiana University Press, 2006.

2 Ja, ich weiß, dass Vögel von den Dinosauriern abstammen, doch in der Fantasie der Öffentlichkeit ruft der Begriff «Dinosaurier» nun mal eher das Bild eines *T. rex* hervor, und nicht das eines Truthahns.

3 Benton, M., «Scientific methodologies in collision: the history of the study of the extinction of the dinosaurs», *Evolutionary Biology* 24, 371–400, 1990.

4 Zliobaite, I., et al., «Reconciling taxon senescence with the Red Queen's hypothesis», *Nature* 552, 92–5, 2017; Marshall, C. R., «A tip of the hat to evolutionary change», *Nature* 552, 35–7, 2017.

5 Was genau einen «Menschen» ausmacht, ist notorisch schwer zu definieren. In diesem Buch benutze ich den Begriff an manchen Stellen, um auf einen Vertreter unserer eigenen Art, *Homo sapiens,* und an anderen Stellen, um auf einen Vertreter der «Homininen» zu verweisen, also der Gruppe von Arten, zu der *Homo sapiens* gehört und die alle Arten umfasst, die enger mit *Homo sapiens* verwandt sind als mit seinem engsten heute lebenden Verwandten, dem Schimpansen. Die Begriffe sind verwirrend, weil *Homo sapiens* der einzige überlebende Hominine ist. Es gab zahlreiche weitere Arten (die Anzahl variiert je nachdem, wer sie zählt). In diesem Buch hängt die Bedeutung des Begriffs «Mensch» stets vom Kontext ab. Wie «Pornografie» oder «Jazz» kann es schwierig sein, die Bedeutung des Begriffs «Mensch» zu definieren – Sie werden's aber wissen, wenn Sie ihn sehen.

6 Eine klare Gegenmeinung finden Sie in meinem Buch *The Accidental Species. Misunderstandings of Human Evolution,* Chicago: University of Chicago Press, 2013.

7 Eine Ausnahme bilden möglicherweise Bakterien, die vor mehr als 2,5 Milliarden Jahren eine chemische Reaktion entwickelten, die als Abfallprodukt eines der tödlichsten Gase freisetzten, das wir kennen; das setzte die erste und wohl tödlichste Aussterbewelle in Gang, die die Erde jemals erlebt hat oder erleben wird. Wir bezeichnen dieses Gas als molekularen Sauerstoff.

8 Die fachsprachliche lateinische Bezeichnung für die Neandertaler lautet entweder *Homo neanderthalensis* oder *Homo sapiens neanderthalensis*, je nachdem, wen man fragt. In diesem Buch werde ich diese Menschengruppe einfach als «Neandertaler» bezeichnen.

9 Die Denisova-Menschen haben keinen «formellen» oder «lateinischen» Namen, denn von ihnen gibt es bislang nicht genügend eigenständige Fossilbelege. Falls es sie gäbe, wäre es wohl ein Name wie *Homo altaiensis*. An dieser Stelle verraten ich Ihnen etwas, das ich wahrscheinlich nicht verraten sollte, aber da es in einer Fußnote steht, die sowieso niemand liest, erzähle ich es Ihnen trotzdem. Nur Ihnen! Wir wollen es *unser kleines Geheimnis* nennen. Wie ich später noch ausführen werde, sind die Denisova-Menschen praktisch nur aus der vollständigen DNA-Sequenz eines einzelnen, kleinen Fingerknochens bekannt, die Svante Pääbo – der Vater der Paläogenetik – und seine Kollegen erstellten. Nein, das ist nicht das Geheimnis. Der geheime Teil ist, dass er und ich den Namen *Homo altaiensis* beim Mittagessen in einem Thai-Restaurant in South Kensington, London, gegenüber dem Natural History Museum diskutierten, wo er einen Vortrag gehalten hatte. Suchen Sie nicht danach, es gibt's nicht mehr. Das Restaurant, meine ich. Aber das Natural History Museum steht noch immer, während ich diese Zeilen schreibe. Wir kamen zu dem Schluss, die Denisova-Fossilien könnten noch keinen «formellen» oder «lateinischen» Namen erhalten, da es angesichts der wenigen gefundenen Knochen schwierig wäre, einen solchen zu erkennen, wenn man einen fände, es sei denn, man hätte Zugang zu einem modernen Labor. Wenn mehr Denisova-Knochen gefunden werden, könnte sich die Situation natürlich ändern. Svantes eigener Bericht in seinem hervorragenden Buch *Die Neandertaler und wir: Meine Suche nach den Urzeit-Genen*, in dem ich eine Nebenrolle spiele, mag sich in mancher Hinsicht von meinen eigenen Erinnerungen unterscheiden, auch wenn beide von uns recht haben. Für die Extraktion phylogenetisch alter DNA erhielt Svante später den Nobelpreis. Ich gewann einmal bei einer Verlosung einen Kuchen. Machen Sie daraus, was Sie wollen.

10 Ich entschuldige mich bei allen Leserinnen und Lesern, die sich als nichtmenschlich ansehen.

11 Gibbon publizierte sein Monumentalwerk in sechs Bänden zwischen 1776 und 1788. Ich beziehe mich auf die großartige achtbändige Ausgabe der Folio Society, die zwischen 1983 und 1990 herauskam und von Betty Radice und Felipe Fernández-Armesto herausgegeben wurde. (Die deutschen Zitate in diesem Buch stammen aus *Verfall und Untergang des römischen Imperiums* (Kap. I–XXXVIII), München: dtv, 2003, Übersetzung Michael Walter; Zitate aus späteren Kapiteln stammen aus *Gibbon's Geschichte des Verfalles und Unterganges des römischen Weltreiches*, Leipzig: Verlag Otto Wigand, 1843.)

12 Das Römische Imperium erreichte seine größte Ausdehnung um 117 n. Chr., als Trajan Mesopotamien eroberte, das bald darauf wieder

verloren ging. Danach ging es nur noch bergab. In ihrem Buch *SPQR. Die tausendjährige Geschichte Roms* vertritt die Althistorikerin Mary Beard die These, der Niedergang Roms habe 212 n. Chr. mit dem Edikt von Kaiser Caracalla (der zwischen 198 und 217 n. Chr. regierte) begonnen, das den zuvor hoch geschätzten Status eines römischen Bürgers für (fast) jeden frei geborenen Mann im Römischen Reich garantierte. *If everybody's somebody, then no one's anybody.* (Wenn jeder jemand ist, dann ist niemand irgendjemand.)

13 Zur Erinnerung: Als Homininen bezeichnet man den Vertreter einer jeden Art, die mit modernen Menschen näher verwandt ist als mit Schimpansen. Alle Homininen bis auf *Homo sapiens* sind heute ausgestorben.

14 Was eine ausführlichen Behandlung des aufrechten Gangs angeht, siehe *First Steps. How Upright Walking Made Us Human* von Jeremy DeSilva (London: HarperCollins, 2021).

15 Hu, W., et al., «Genomic inference of a severe human bottleneck during the Early to Middle Pleistocene transition», *Science* 381, 979–84, 2023.

16 Kaessmann, H., et al., «Great ape DNA sequences reveal a reduced diversity and an expansion in humans», *Nature Genetics* 27, 155–6, 2001.

17 Ragsdale, A. P., et al., «A weakly structured stem for human origins in Africa», *Nature* 617, 755–63, 2023.

18 Eine umfassende Übersicht über das Aussterben von Arten zu Ende der letzten Eiszeit – an dem *Homo sapiens* beträchtlichen Anteil hatte – gibt Anthony J. Stuarts Buch *Vanished Giants*, Chicago: University of Chicago Press, 2021.

19 Le Page, M., «Bananas threatened by devastating fungus given temporary resistance», *New Scientist*, 21. September 2022.

20 Harper, K., *Plagues Upon the Earth*, Princeton: Princeton University Press, 2021.

21 www.porphyria-professionals.uct.ac.za/ppb/porphyrias/vp

22 psychnews.psychiatryonline.org/doi/full/10.1176/pn.40.24.0021

23 www.healthline.com/health/crohns-disease/jewishancestry

24 Lynch, M., «Mutation and human exceptionalism: our future genetic load», *Genetics* 202, 869–75, 2016.

25 Im Jahr 2022 wurden in China 9,56 Millionen Menschen geboren, während 10,41 Million Menschen starben. Stevenson, A., Wang, Z., «China population falls, heralding a demographic crisis», *New York Times*, 16. Januar 2023.

26 Ehrlich, P., *The Population Bomb*, New York: Ballantine Books, 1968; deutsch: *Die Bevölkerungsbombe*, München: Hanser, 1971.

27 Vollset, S. E., et al., «Fertility, mortality, migration, and population scenarios for 195 countries and territories from 2017 to 2100: a forecasting analysis for the Global Burden of Disease Study», *The Lancet*, 396, 1285–1306, 2020.

28 Friedman, J., et al., «Measuring and forecasting progress towards the education-related SDG targets», *Nature* 580, 636–9, 2020.

29 Masood, E., *GDP. The World's Most Powerful Formula and Why It Must Now Change*, London: Icon Books, 2021.

30 Vaesen, K., et al., «Inbreeding, Allee effects and stochasticity might be sufficient to account for Neanderthal extinction», *PLoS ONE* 14, e0225117, 2019.

31 Diamond, J., «The last people alive», *Nature* 370, 331–2, 1994.

32 Im Grunde wiederholte Ehrlich in seinem Buch die düsteren Warnungen von Thomas Malthus, der in seinem *Essay on the Principle of Population* (Erstauflage 1798; deutsch: *Das Bevölkerungsgesetz*) vorhersagte, die menschliche Bevölkerung werde natürlicherweise über ihr zur Verfügung stehenden Ressourcen hinauswachsen. Malthus veröffentlichte sechs Ausgaben seines Buches. Die letzte, 1826 erschienen, beeinflusste Charles Darwin, der in ihr einen der Mechanismen für den Prozess fand, der später als natürliche Selektion bekannt wurde. Die natürliche Selektion basiert darauf, dass Organismen stets viel mehr Nachkommen erzeugen, als überleben können.

33 Rees, W. E., «The human ecology of overshoot: why a major ‹population correction› is inevitable», *World* 4, 509–27, 2023.

34 Krausmann, F., et al., «Global human appropriation of net primary production doubled in the 20th century», *Proceedings of the National Academy of Sciences of the United States of America* 110, 10324–9, 2013.

35 Kolbert, E., «Creating a better leaf», *The New Yorker*, 13. Dezember 2021.

36 Parfitt, S., Ashton, N., Lewis, S., et al., «Early Pleistocene human occupation at the edge of the boreal zone in northwest Europe», *Nature* 466, 229–33, 2010; Roberts, A., Grün, R., «Early human northerners», *Nature* 466, 189–90, 2010.

37 Siehe Marshall, T., *Die Geografie der Zukunft. Wie der Kampf um Vorherrschaft im All unsere Welt verändern wird*, München: dtv, 2024.

TEIL I
AUFSTIEG

1 Biewener, A., Wilson, A., «R. McNeill Alexander (1934–2016)», *Nature* 532, 442, 2016, doi.org/10.1038/532442a; Alexander, G., «Robert McNeill Alexander, 7 July 1934–21 March 2016», *Biographical Memoirs of the Royal Society*, 22. Dezember 2021, royalsocietypublishing.org/doi/10.1098/rsbm.2021.0030

2 Alexander, R. McN., «Estimates of speeds of dinosaurs», *Nature* 261, 129–30, 1976.

3 Leakey, M., Hay, R., «Pliocene footprints in the Laetolil Beds at Laetoli, northern Tanzania», *Nature* 278, 317–23, 1979; Leakey, M., Hay, R., Curtis, G., et al., «Fossil hominids from the Laetolil Beds», *Nature* 262, 460–6, 1976.

4 Wenn ich von «sie» spreche, so denke ich an das berühmteste Exemplar

von *Australopithecus afarensis*, ein fast vollständiges weibliches Skelett, gefunden in Hadar in Äthiopien, das den Namen «Lucy» erhielt.

5 McNutt, E. J., Hatala, K. G., Miller, C., et al., «Footprint evidence of early hominin locomotor diversity at Laetoli, Tanzania», *Nature* 600, 468–71, 2021.

6 Gierlinski, G. D., et al., «Possible hominin footprints from the late Miocene (c. 5.7 Ma) of Crete?», *Proceedings of the Geologists' Association* 128, 697–710, 2017, dx.doi.org/10.1016/j.pgeola.2017.07.006; Kirscher, U., El Atfy, H., Gärtner, A., et al., «Age constraints for the Trachilos footprints from Crete», *Scientific Reports* 11, 19 427, 2021. Es sollte erwähnt werden, dass nicht alle Experten davon überzeugt sind, dass diese Fußabdrücke von einem Homininen stammen; manche bezweifeln sogar, dass es sich überhaupt um Fußspuren handelt.

7 Böhme, M., Spassov, N., Fuss, J., et al., «A new Miocene ape and locomotion in the ancestor of great apes and humans», *Nature* 575, 489–93, 2019.

8 Suwa, G., Kono, R., Katoh, S., et al., «A new species of great ape from the late Miocene epoch in Ethiopia», *Nature* 448, 921–4, 2007.

9 Chaimanee, Y., Suteethorn, V., Jintasakul, P., et al., «A new orang-utan relative from the Late Miocene of Thailand», *Nature* 427, 439–41, 2004.

10 Ein weiterer Orang-Verwandter, *Gigantopithecus* aus Südchina, wurde doppelt so groß wie ein heutiger erwachsener männlicher Gorilla und war der größte Primat, der jemals gelebt hat – auch wenn sich seine Größe nur anhand seines Kiefers und seiner Zähne abschätzen lässt, denn es wurden keine weiteren Skelettteile gefunden. Der letzte *Gigantopithecus* starb erst vor relativ kurzer Zeit aus – vor etwa 300 000 Jahren.

11 Brunet, M., Guy, F., Pilbeam, D., et al., «A new hominid from the Upper Miocene of Chad, Central Africa», *Nature* 418, 145–51, 2002.

12 Daver, G., Guy, F., Mackaye, H. T., et al., «Postcranial evidence of Late Miocene hominin bipedalism in Chad», *Nature* 609, 94–100, 2022.

13 Senut, B., et al., «First hominid from the Miocene (Lukeino Formation, Kenya)», *Comptes Rendus de l'Académie des Sciences Series IIA – Earth and Planetary Science*, 332, 137–44, 2001.

14 Haile-Selassie, Y., «Late Miocene hominids from the Middle Awash, Ethiopia», *Nature* 412, 178–81, 2001.

15 White, T., Suwa, G., und Asfaw, B., «*Australopithecus ramidus*, a new species of early hominid from Aramis, Ethiopia», *Nature* 371, 306–12, 1994.

16 Haile-Selassie, Y., Saylor, B., Deino, A., et al., «A new hominin foot from Ethiopia shows multiple Pliocene bipedal adaptations», *Nature* 483, 565–9, 2012. Möglicherweise hatte der Urheber der Spuren von Laetoli, die früher einem Bären zugeschrieben wurden, einen solchen Fuß.

17 Kappelman, J., Ketcham, R., Pearce, S., et al., «Perimortem fractures in Lucy suggest mortality from fall out of tall tree», *Nature* 537, 503–7, 2016.

18 Natürlich mit Ausnahme von Kängurus, aber sie machen es anders: Sie hüpfen, statt zu laufen, und benutzen ihren langen muskulösen Schwanz als Gegengewicht.

19 Dies ist eine der Behauptungen der sogenannten Wasseraffen-Theorie, vielleicht der komplizierteste Versuch, menschliche Anpassungen in der Rückschau zu erklären. Zu weiteren, angeblich mit dem Wasserleben verbundenen Anpassungen gehören ein hoher Körperfettgehalt, die Form der menschlichen Nebenhöhlen, die Fähigkeit von Babys zu schwimmen und unsere relative Haarlosigkeit. Siehe Morgan, A., *The Aquatic Ape Hypothesis*, London: Souvenir Press, 1997. Ohne den enthusiastischen Anhängern dieser Theorie, die natürlich ihr Recht auf eine eigene Meinung haben, zu nahe treten zu wollen – mein Exemplar dieses Buches steht in meiner Bibliothek unter «Science Fiction und Fantasy».

20 Haslam, M., et al., «Primate archaeology evolves», *Nature Ecology & Evolution* 1, 1431–7, 2017.

21 Mein Mentor R. McNeill Alexander war ein Pionier in der Erforschung der Mechanismen, mit deren Hilfe Sehnen elastische Dehnungsenergie bei der Fortbewegung speichern und wieder freisetzen.

22 Jurmain, R., «Degenerative joint disease in African great apes: an evolutionary perspective», *Journal of Human Evolution* 39, 185–203, 2000.

23 Whitcome, K. K., et al., «Fetal load and the evolution of lumbar lordosis in humans», *Nature* 450, 1075–8, 2007.

24 Bluestone, C., Swarts, J. D., «Human evolutionary history: consequences for the pathogenesis of otitis media», *Otolaryngology – Head and Neck Surgery* 143, 739–44, 2010; Bluestone, C. D., «Humans are born too soon: impact on pediatric otolaryngology», *International Journal of Pediatric Otorhinolaryngology* 69, 1–8, 2005.

25 Esler, M., et al., «Consequences of the evolutionary cardiovascular challenge of human bipedalism: orthostatic intolerance syndromes, orthostatic hypertension», *Journal of Hypertension* 27, 2333–40, 2019.

26 Fay, J. C., «Disease consequences of human adaptation», *Applied and Translational Genomics* 2, 42–7, 2013.

27 Eine Art «Nonsens-Maschine», die einfache Dinge übermäßig verkompliziert. In Großbritannien nach ihrem Erfinder auch Heath-Robinson-Apparat genannt, im Deutschen etwas ungenau oftmals als «Kettenreaktionsmaschine» bezeichnet.

28 Einen umfassenden Überblick über die Gattung *Australopithecus* liefert Alemseged, Z., «Reappraising the palaeobiology of *Australopithecus*», *Nature* 617, 45–54, 2023.

29 Harmand, S., Lewis, J., Feibel, C., et al., «3.3-million-year-old stone tools from Lomekwi 3, West Turkana, Kenya», *Nature* 521, 310–15, 2015, doi.org/10.1038/nature14464

30 Zink, K., Lieberman, D., «Impact of meat and Lower Palaeolithic food processing techniques on chewing in humans», *Nature* 531, 500–3, 2016, doi.org/10.1038/nature16990

31 McPherron, S., Alemseged, Z., Marean, C., et al., «Evidence for stone-tool-assisted consumption of animal tissues before 3.39 million years ago at Dikika, Ethiopia», *Nature* 466, 857–60, 2010, doi.org/10.1038/nature09248

32 Villmoare, B., et al., «Early *Homo* at 2.8 Ma from Ledi-Geraru, Afar, Ethiopia», *Science* 347, 1352–5, 2015, doi.org/10.1126/science.aaa1343

33 Spoor, F., Wood, B., Zonneveld, F., «Implications of early hominid labyrinthine morphology for evolution of human bipedal locomotion», *Nature* 369, 645–8, 1994, doi.org/10.1038/369645a0

34 Brown, F., Harris, J., Leakey, R., et al., «Early *Homo erectus* skeleton from west Lake Turkana, Kenya», *Nature* 316, 788–92, 1985, doi.org/10.1038/316788a0

35 Bramble, D., und Lieberman, D., «Endurance running and the evolution of *Homo*», *Nature* 432, 345–52, 2004, doi.org/10.1038/nature03052

36 Joordens, J. C. A., et al., «*Homo erectus* at Trinil on Java used shells for tool production and engraving», *Nature* 518, 228–31, 2015.

37 Zhu, Z., «Hominin occupation of the Chinese Loess Plateau since about 2.1 million years ago», *Nature* 559, 608–12, 2018.

38 Gabunia, L., Vekua, A., «A Plio-Pleistocene from Dmanisi, East Georgia, Caucasus», *Nature* 373, 509–12, 1995.

39 Arthur Conan Doyle ist schon lange tot, doch der Hill House Inn ist noch immer da.

40 Parfitt, S., Ashton, N., Lewis, S., et al., «Early Pleistocene human occupation at the edge of the boreal zone in northwest Europe», *Nature* 466, 229–33, 2010; Ashton, N., Lewis, S. G., De Groote, I., Duffy, S. M., Bates, M., Bates, R., et al., «Hominin footprints from early Pleistocene deposits at Happisburgh, UK», *PLoS ONE* 9(2), e88329, 2014, doi.org/10.1371/journal.pone.0088329

41 Carbonell, E., Bermúdez de Castro, J., Parés, J., et al., «The first hominin of Europe», *Nature* 452, 465–9, 2008; Bermúdez de Castro, J. M., et al., «A hominid from the Lower Pleistocene of Atapuerca, Spain: possible ancestor to Neandertals and modern humans», *Science* 276, 1392–5, 1997, doi.org/10.1126/science.276.5317.1392

42 Arsuaga, J.-L., et al., «Three new human skulls from the Sima de los Huesos Middle Pleistocene site in Sierra de Atapuerca, Spain», *Nature* 362, 534–7, 1993.
Jaubert, J., Verheyden, S., Genty, D., et al., «Early Neanderthal constructions deep in Bruniquel Cave in southwestern France», *Nature* 534, 111–14, 2016, doi.org/10.1038/nature18291

43 Jaubert, J., Verheyden, S., Genty, D., et al., «Early Neanderthal constructions deep in Bruniquel Cave in southwestern France», *Nature* 534, 111–14, 2016, doi.org/10.1038/nature18291

44 Skov, L., Peyrégne, S., Popli, D., et al., «Genetic insights into the social organization of Neanderthals», *Nature* 610, 519–25, 2022.

45 Ni, X., et al., «Massive cranium from Harbin in northeastern China establishes a new Middle Pleistocene human lineage», *Innovation* 2, 100130, 2021.

46 Détroit, F., et al., «A new species of *Homo* from the Late Pleistocene of the Philippines», *Nature* 568, 181–6, 2019.

47 Brown, P., et al., «A new small-bodied hominin from the Late Pleistocene of Flores, Indonesia», *Nature* 431, 1055–61, 2004.
48 Grün, R., Pike, A., McDermott, F., et al., «Dating the skull from Broken Hill, Zambia, and its position in human evolution», *Nature* 580, 372–5, 2020, doi.org/10.1038/s41586-020-2165-4
49 Dirks, P. H. G. M., et al., «The age of *Homo naledi* and associated sediments in the Rising Star Cave, South Africa», *eLife* 6, e24231, 2017.
50 Bergström, A., Stringer, C., Hajdinjak, M., et al., «Origins of modern human ancestry», *Nature* 590, 229–37, 2021, doi.org/10.1038/s41586-021-03244-5
51 Reich, D., et al., «Genetic history of an archaic hominin group from Denisova Cave in Siberia», *Nature* 468, 1053–60, 2010.
52 Reich, D., et al., «Denisova admixture and the first modern human dispersals into southeast Asia and Oceania», *American Journal of Human Genetics* 89, 516–28, 2011.
53 Huerta-Sánchez, E., et al., «Altitude adaptation in Tibetans caused by introgression of Denisovan-like DNA», *Nature* 512, 194–7, 2014.
54 Ceballos, F. C., Álvarez, G., «Royal dynasties as human inbreeding laboratories: the Habsburgs», *Heredity* 111, 114–21, 2013; Álvarez, G., et al., «The role of inbreeding in the extinction of a European royal dynasty», *PLoS ONE* 4, e5174, 2009.
55 Hashmi, M. A., «Frequency of consanguinity and its effect on congenital malformation – a hospital based study», *Journal of the Pakistan Medical Association* 47, 75–8, 1997.
56 Berra, T. M., et al., «Was the Darwin/Wedgwood dynasty adversely affected by consanguinity?», *BioScience* 60, 376–83, 2010.
57 Copeland, S., Sponheimer, M., de Ruiter, D., et al., «Strontium isotope evidence for landscape use by early hominins», *Nature* 474, 76–8, 2011, doi.org/10.1038/nature10149
58 Skov, L., Peyrégne, S., Popli, D., et al., «Genetic insights into the social organization of Neanderthals», *Nature* 610, 519–25, 2022, doi.org/10.1038/s41586-022-05283-y
59 Hublin, J. J., Ben-Ncer, A., Bailey, S., et al., «New fossils from Jebel Irhoud, Morocco and the pan-African origin of *Homo sapiens*», *Nature* 546, 289–92, 2017, doi.org/10.1038/nature22336; Richter, D., Grün, R., Joannes-Boyau, R., et al., «The age of the hominin fossils from Jebel Irhoud, Morocco, and the origins of the Middle Stone Age», *Nature* 546, 293–6, 2017, doi.org/10.1038/nature22335
60 Eine umfassende Übersicht über die neuesten Erkenntnisse zu den genetischen Ursprüngen von *Homo sapiens* findet sich bei Bergström, A., et al., «Origins of modern human ancestry», *Nature* 590, 220–37, 2021. Eine stärker fossilienorientierte Perspektive liefert Stringer, C., «The origin and evolution of *Homo sapiens*», *Philosophical Transactions of the Royal Society B* 371, 20150237, 2016.
61 Cann, R. L., Stoneking, M., Wilson, A. C., «Mitochondrial DNA and human evolution», *Nature* 325, 31–6, 1987.

62 Mit Ausnahme der roten Blutkörperchen – zumindest bei Säugern. Wenn Ihre roten Blutkörperchen einen Zellkern haben, sind Sie wahrscheinlich ein Vogel.

63 Bevor ich weiter fortfahre, sollte ich eine deutliche Gesundheitswarnung äußern. Gene sind eigentlich keine «Sätze», und die Gesamtheit aller Gene – das Genom – ist in Wirklichkeit kein Buch, nicht einmal ein Rezeptbuch. Solche Begriffe sind mehr oder weniger krude Metaphern, um die Wechselwirkungen einer komplexen Anordnung von Molekülen zu beschreiben, die im Nanobereich und unter physikalischen und chemischen Bedingungen arbeiten, die wir Menschen uns nur sehr schwer vorstellen können. Was ich Ihnen hier aus Gründen von Kürze und Klarheit vorstelle, ist eine Vereinfachung, die ans Fiktionale grenzt. Gene, die aus DNA bestehen, enthalten tatsächlich die Anweisungen für den Zusammenbau von Molekülen der chemisch verwandten RNA (Ribonucleinsäure), von denen wiederum einige Anweisungen für den Bau von Proteinen enthalten. Viele andere RNA-Moleküle sind an Prozessen beteiligt, die wichtig für das Funktionieren der Zellen sind, zu denen sie gehören; viele dieser Prozesse sind bislang ungeklärt. Zusammengenommen dienen die Aktivitäten in und um Gene als Startpunkte für Prozesse, die schließlich zur Entwicklung eines menschlichen Wesens aus einer einzigen Zelle führen, dem Produkt aus der Verschmelzung von Eizelle und Spermium. Einige dieser Prozesse sind physikalischer, chemischer und mechanischer Natur und nicht in Genen codiert. Ein Beispiel ist die Verdrahtung des menschlichen Gehirns. Bei dieser Verdrahtung handelt es sich um eine «emergente Eigenschaft» von Wechselwirkungen auf molekularer Ebene; sie lässt sich aber nicht aus ihnen vorhersagen. Die Entwicklung eines menschlichen Körpers aus einem Spermium und einer Eizelle ist ebenfalls emergent und abhängig von Wechselbeziehungen auf höherer Ebene, wie der Teilung und Verschmelzung verschiedener Gewebe und Strukturen im Lauf der Embryonalentwicklung, die alle nicht genetisch vorgegeben sind. Was eine neue Sicht der Beziehung zwischen Molekularbiologie und den Prozessen des Lebens angeht, empfehle ich Ihnen das Buch *How Life Works* von Philip Ball (Chicago: The University of Chicago Press, 2023).

64 Das könnte durchaus ein triviales Argument sein. Da die menschliche Bevölkerung sich aus einem sehr kleinen Pool von Vorfahren entwickelt hat, muss man nicht der unglückliche Karl II. von Spanien sein, um zu wissen: Je weiter man bei seiner Vorfahrensuche zurückgeht, desto häufiger tauchen immer wieder dieselben Namen auf. In *Eine kurze Geschichte von jedem, der jemals gelebt hat: Was unsere Gene über uns verraten* stellt Adam Rutherford fest, dass jede in der 1970er-Jahren geborene Person mit vorwiegend britischen Vorfahren höchstwahrscheinlich von sich behaupten kann, von Edward III. abzustammen, einem englischen König des 14. Jahrhunderts. Was fehlt, ist lediglich die Dokumentation. Bekannt ist, dass Edward III. viele Kinder hatte, von denen ein Großteil

überlebte und eine Menge weiterer Kinder zeugte. (Auch Habsburger gibt es heute noch, aber niemand der heute lebenden Habsburger verdankt irgendeinen Teil seiner DNA *El Hechizado.*) Siehe www.waterstones.com/blog/family-fortunes-adam-rutherford-on-how-were-all-related-to-royalty

65 Hublin, J.-J., et al., «New fossils from Jebel Irhoud, Morocco and the pan-African origin of *Homo sapiens*», *Nature* 546, 289–92, 2017.

66 Richter, D., et al., «The age of the hominin fossils from Jebel Irhoud, Morocco, and the origins of the Middle Stone Age», *Nature* 546, 293–6, 2017.

67 Bermúdez de Castro, J. M., et al., «A hominid from the Lower Pleistocene of Atapuerca, Spain: possible ancestor to Neandertals and modern humans», *Science* 276, 1392–5, 1997.

68 Ashton, N., et al., «Hominin footprints from Early Pleistocene deposits at Happisburgh, UK», *PLoS ONE*, 2014, doi.org/10.1371/journal.pone.0088329

69 Parfitt, S. A., et al., «Early Pleistocene human occupation at the edge of the boreal zone in northwest Europe», *Nature* 466, 229–33, 2010.

70 McDougall, I., et al., «Stratigraphic placement and age of modern humans from Kibish, Ethiopia», *Nature* 433, 733–6, 2005.

71 Clark, J. D., et al., «Stratigraphic, chronological and behavioural contexts of Pleistocene *Homo sapiens* from Middle Awash, Ethiopia», *Nature* 423, 747–52, 2003.

72 Diese Abenteuer beschreibe ich in meinem Buch *In Search of Deep Time,* New York: Free Press, 1999.

73 Harvati, K., et al., «Apidima Cave fossils provide earliest evidence of *Homo sapiens* in Eurasia», *Nature* 571, 500–4, 2019.

74 McDermott, F., et al., «Mass-spectrometric U-series dates for Israeli Neanderthal/early modern hominid sites», *Nature* 363, 252–5, 1993.

75 Clarkson, C., et al., «Human occupation of northern Australia by 65,000 years ago», *Nature* 547, 306–10, 2017.

76 Westaway, K. E., et al., «An early modern human presence in Sumatra 73,000–63,000 years ago», *Nature* 548, 322–5, 2017.

77 Liu, W., et al., «The earliest unequivocally modern humans in southern China», *Nature* 526, 696–9, 2015.

78 Ich diskutiere die Themen rund um Abstammung und Herkunft in meinem Buch *In Search of Deep Time,* New York: Free Press, 1999.

79 Krings, M., et al., «Neandertal DNA sequences and the origin of modern humans», *Cell* 90, 19–30, 1997.

80 Reich, D., et al., «Genetic history of an archaic hominin group from Denisova Cave in Siberia», *Nature* 468, 1053–60, 2010.

81 Hublin, J. J., et al., «Initial Upper Palaeolithic *Homo sapiens* from Bacho Kiro Cave, Bulgaria», *Nature* 581, 299–302, 2020.

82 Fu, Q., Hajdinjak, M., Moldovan, O., et al., «An early modern human from Romania with a recent Neanderthal ancestor», *Nature* 524, 216–19, 2015.

83 Hajdinjak, M., Mafessoni, F., Skov, L., et al., «Initial Upper Palaeolithic

humans in Europe had recent Neanderthal ancestry», *Nature* 592, 253–7, 2021, doi.org/10.1038/s41586-021-03335-3
84 Huerta-Sánchez, E. et al., «Altitude adaptation in Tibetans caused by introgression of Denisovan-like DNA», *Nature* 512, 194–7, 2014.
85 Mondal, M., et al., «Approximate Bayesian computation with deep learning supports a third archaic introgression into Asia and Oceania», *Nature Communications* 10, 246, 2019; Mondal, M., et al., «Genomic analysis of Andamanese provides insights into ancient human migration into Asia and adaptation», *Nature Genetics* 48, 1066–72, 2016.
86 Ragsdale, A. P., et al., «A weakly structured stem for human origins in Africa», *Nature* 617, 755–63, 2023.
87 Grün, R., et al., «Dating the skull from Broken Hill, Zambia, and its position in human evolution», *Nature* 580, 372–5, 2020.
88 Crevecoeur, I., et al., «Late Stone Age human remains from Ishango (Democratic Republic of Congo): new insights on Late Pleistocene modern human diversity in Africa», *Journal of Human Evolution* 75, 80–9, 2014.
89 Tryon, C. A., et al., «Late Pleistocene age and archaeological context for the hominin calvaria from GvJm-22 (Lukenya Hill, Kenya)», *Proceedings of the National Academy of Sciences of the United States of America* 112, 2682–7, 2015.
90 Crevecoeur, I., «The Upper Palaeolithic human remains of Nazlet Khater 2 (Egypt) and past modern human diversity». In: Hublin, J. J., und McPherron, S. (Hrsg.), *Modern Origins. A North African Perspective,* Dordrecht: Springer, 2012).
91 Harvati, K., et al., «The Late Stone Age calvaria from Iwo Eleru, Nigeria: morphology and chronology», *PLoS ONE* 6, e24024, 2011.
92 Hammer, M. F., et al., «Genetic evidence for archaic admixture in Africa», *Proceedings of the National Academy of Sciences of the United States of America* 108, 15123–8, 2011; Hsieh, P., et al., «Model-based analyses of whole-genome data reveal a complex evolutionary history involving archaic introgression in Central African Pygmies», *Genome Research* 26, 291–300, 2016.
93 Skoglund, P., et al., «Reconstructing prehistoric African population structure», *Cell* 171, 59–71, 2017.
94 Henshilwood, C. S., et al., «An abstract drawing from the 73,000-year-old levels at Blombos Cave, South Africa», *Nature* 562, 115–18, 2018.
95 Brown, K. S., et al., «An early and enduring advanced technology originating 71,000 years ago in South Africa», *Nature* 491, 590–3, 2012.
96 Henshilwood, C. S., et al., «A 100,000-year-old ochre-processing workshop at Blombos Cave, South Africa», *Science* 334, 219–22, 2011.
97 Er war nicht wirklich mein Onkel, und er hieß auch nicht Henry. Aber das spielt an dieser Stelle keine Rolle.
98 Powell, A., et al., «Late Pleistocene demography and the appearance of modern human behavior», *Science* 324, 1298–1301, 2009; D'Errico, F., Stringer, C. B., «Evolution, revolution or saltation scenario for the emergence of modern cultures?», *Philosophical Transactions of the Royal Society of London B* 366, 1060–9, 2011.

99 Groucutt, H. S., White, T. S., Scerri, E. M. L., et al., «Multiple hominin dispersals into Southwest Asia over the past 400,000 years», *Nature* 597, 376–80, 2021.

100 Eine ausführliche Diskussion der Migration von Menschen nach Asien finden Sie bei in Dennell, R., *From Arabia to the Pacific. How Our Species Colonised Asia,* Routledge: London/New York, 2020.

101 Akhilesh, K., et al., «Early Middle Palaeolithic culture in India around 385–172 ka reframes Out Of Africa models», *Nature* 554, 97–101, 2018.

102 Dennell, R., «Human colonization of Asia in the Late Pleistocene: the history of an invasive species», *Current Anthropology* 58, Supplement 17, Dezember 2017.

103 Aubert, M., et al., «Pleistocene cave art from Sulawesi, Indonesia», *Nature* 514, 223–7, 2014.

104 Aubert, M., et al., «Palaeolithic cave art in Borneo», *Nature* 564, 254–7, 2018.

105 Kittler, R., et al., «Molecular evolution of *Pediculus humanus* and the origin of clothing», *Current Biology* 13, 1414–17, 2003.

TEIL II
FALL

1 Botigué, L. R., et al., «Ancient European dog genomes reveal continuity since the Early Neolithic», *Nature Communications* 8, 16082, 2017.

2 Lahtinen, M., et al., «Excess protein enabled dog domestication during severe Ice Age winters», *Scientific Reports* 11, 7, 2021, doi.org/10.1038/s41598-020-78214-4

3 Siehe Diamond, J., «Evolution, consequences and future of plant and animal domestication», *Nature* 418, 700–7, 2002.

4 Siehe Stuart, A.J., *Vanished Giants,* Chicago: University of Chicago Press, 2021.

5 Die jüngsten Belege stammen von fossilen Fußabdrücken in New Mexico, die zwischen 23000 und 20000 Jahre alt sind. Anfangs war die Datierung umstritten, sie wird jedoch offenbar von aktuelleren Befunden gestützt. Andere Artefakte in einer Höhle in Mexiko sprechen für eine noch frühere Besiedlung, möglicherweise bereits vor 33000 Jahren. Siehe Pigati, J. S., et al., «Independent age estimates resolve the controversy of ancient human footprints at White Sands», *Science* 382, 73–5, 2023; Ardelean, C. F., et al., «Evidence of human occupation in Mexico around the Last Glacial Maximum», *Nature* 584, 87–92, 2020.

6 Siehe Diamond, J., «Evolution, consequences and future of plant and animal domestication», *Nature* 418, 700–7, 2002.

7 Roosevelt, A. C., «Population, health, and the evolution of subsistence», in: Cohen, M. N. und Armelagos, G. J. (Hrsg.), *Paleopathology at the Origins of Agriculture,* Gainesville: University Press of Florida, 2013, S. 559–83.

8 Alfani, G., Ó Gráda, C., «The timing and causes of famines in Europe», *Nature Sustainability* 1, 283–8, 2018.

9 Wer noch nie Wildtiere ausgeweidet hat, kann sich kaum vorstellen, wie stark verwurmt sie sein können. Beim Sezieren von Ratten und Mäusen in der Schule wird man so etwas kaum zu sehen bekommen, da diese Tiere von Betrieben geliefert werden, die speziell gezüchtete, krankheitsfreie Tiere an Laboratorien und den Heimtierhandel verkaufen. Mein Python (*Python regalis*) frisst beispielsweise alle zwei Wochen eine Maus. Weder er noch ich fangen wilde Mäuse. Ich kaufe die Mäuse tiefgefroren im Zehnerpack bei einer darauf spezialisierten Tierhandlung. Aber ich schweife ab. Ich weiß gar nicht, ob heute in der Schule noch Tiere seziert werden. Als ich Schüler war, kamen die Katzenhaie, die wir sezierten, frisch aus dem Meer (mein Biologielehrer kannte den Fischer). Als ich den Bauch eines frisch toten Katzenhais (*Scyliorhinus canicula*) aufschnitt, war das Erste, was ich sah, eine sich windende Masse von Fadenwürmern. Der arme Fisch glich einem Schlauch, gefüllt mit feuchten Spaghetti.

10 Li, J., et al., «The emergence, genomic diversity and global spread of SARS-CoV2», *Nature* 600, 408–18, 2021.

11 Kozlov, M., «Huge amounts of bird-flu virus found in raw milk of infected cows», *Nature*, 5. Juni 2024, www.nature.com/articles/d41586-024-01624-1

12 Verschiedene Vogelgrippestämme sind mehrfach auf den Menschen übergesprungen. Die Erreger der Pandemie von 1918 – die mehr Menschen tötete als der vorangegangene Erste Weltkrieg – stammten von einem Vogelwirt. Was die gegenwärtige Situation angeht, siehe www.ncbi.nlm.nih.gov/pmc/articles/PMC2095018

13 Dunne, J., et al., «Milk of ruminants in ceramic baby bottles from prehistoric child graves», *Nature* 574, 246–8, 2019.

14 Evershed, R. P., et al., «Dairying, diseases and the evolution of lactose persistence in Europe», *Nature* 608, 336–45, 2022.

15 Wilkin, S., et al., «Dairying pastoralism sustained eastern Eurasian steppe populations for 5,000 years», *Nature Ecology & Evolution* 4, 346–55, 2020; Wilkin, S., et al., «Dairying enabled Early Bronze Age Yamnaya steppe expansions», *Nature* 598, 629–33, 2021.

16 Diamond, J., «The double puzzle of diabetes», *Nature* 423, 599–602, 2003.

17 Dieser Typ unterscheidet sich von Typ 1, dem insulinabhängigen Diabetes.

18 Dowse, G. K., et al., «Decline in incidence of epidemic glucose intolerance in Nauruans: implications for the ‹thrifty genotype›», *American Journal of Epidemiology* 133, 1093–1104, 1991.

19 Alfani, G., und Ó Gráda, C., «The timing and causes of famines in Europe», *Nature Sustainability* 1, 283–8, 2018.

20 D'Hont, A., et al., «The banana (*Musa acuminata*) genome and the evolution of monocotyledonous plants», *Nature* 488, 213–17, 2012.

21 Siehe www.imf.org/en/Blogs/Articles/2022/09/30/global-food-crisis-demands-support-for-people-open-trade-bigger-local-harvests

22 reliefweb.int/report/world/global-food-crisis-what-you-need-know-2023#:~:text=The%20global%20food%20crisis%20is,10%25%20more%20than%20in%202022; Quelle: European Commission's Directorate-General for European Civil Protection and Humanitarian Aid Operations.

23 www.porphyria-patients.uct.ac.za/ppa/types/variegate

24 psychnews.psychiatryonline.org/doi/full/10.1176/pn.40.24.0021

25 www.healthline.com/health/crohns-disease/jewish-ancestry

26 Fan, J., et al., «Gaucher disease protects against tuberculosis», *Proceedings of the National Academy of Sciences of the United States of America* 120, e2217673120, 2023.

27 Tournebize, R., et al., «Reconstructing the history of founder events using genome-wide patterns of allele sharing across individuals», *PLoS Genetics* 18, e1010243, 2020.

28 Kaessmann, H., et al., «Great ape DNA sequences reveal a reduced diversity and an expansion in humans», *Nature Genetics* 27, 155–6, 2001.

29 Chan, E. K. F., et al., «Human origins in a southern African palaeo-wetland and first migrations», *Nature* 575, 185–9, 2019.

30 Bergström, A., et al., «Origins of modern human ancestry», *Nature* 590, 229–37, 2021.

31 Hu, W., et al., «Genomic inference of a severe human bottleneck during the Early to Middle Pleistocene transition», *Science* 381, 979–84, 2023.

32 Siehe Centers for Disease Control, www.cdc.gov/prions/vcjd/index.html#:~:text=There%20is%20now%20strong%20scientific,outbreak%20of%20vCJD%20in%20humans

33 Siehe Medline Plus, medlineplus.gov/ency/article/001379.htm#:~:text=Kuru%20is%20a%20very%20rare,part%20of%20a%20funeral%20ritual

34 Harper, K., *Plagues Upon the Earth,* Princeton: Princeton University Press, 2021.

35 Irving, A. T., et al., «Lessons from the host defences of bats, a unique viral reservoir», *Nature* 589, 363–70, 2021.

36 Kittler, R., et al., «Molecular evolution of *Pediculus humanus* and the origin of clothing», *Current Biology* 13, 1414–17, 2003.

37 Infektionen mit Bakterien, Protisten und Würmern lassen sich mit Medikamenten wie Antibiotika (bei Bakterien) und zudem durch Impfungen bekämpfen. Es gibt auch einige Medikamente, die gegen Viren wirken, doch Antibiotika bleiben bei Viren generell wirkungslos.

38 Dyer, A., «The English sweating sickness of 1551: an epidemic anatomized», *Medical History* 41, 362–84, 1997.

39 Zwar erreichten die Normannen Nordamerika bereits viel früher – im 11. Jahrhundert –, ihre Zahl war jedoch vermutlich zu klein und die Regionen zu gering bevölkert, als dass sie einen starken Einfluss gehabt hätten.

40 www.worldometers.info/coronavirus

41 Siehe Centers for Disease Control, www.cdc.gov/vhf/ebola/about.html

#:~:text=Ebolaviruses%20were%20first%20discovered%20in,gave%20 the%20virus%20its%20name

42 Siehe Centers for Disease Control, www.cdc.gov/legionella/about/history.html#:~:text=Leg ionella%20was%20discovered%20after%20an,became %20known%20as%20Legionnaires%27%20disease

43 Siehe World Health Organization, www.who.int/news-room/feature-stories/detail/the-history-of-zika-virus

44 Siehe World Health Organization, www.who.int/health-topics/chikun gunya#tab=tab_1

45 Siehe European Centre for Disease Prevention and Control, www.ecdc.europa.eu/en/west-nile-fever/facts#:~:text=WNV% 20was%20first%20 isolated%20in,%2C%20 Europe%2C%20 Asia%20and%20Oceania

46 Ich saß an der Überarbeitung eines entsprechenden Entwurfs, als die offizielle Untersuchung zum Umgang der britischen Regierung mit der SARS-CoV-2-Pandemie gerade im Gang war. Im Verlauf dieser Untersuchung kamen Indizien ans Licht, die dafür sprechen, dass die Regierung offenbar schlecht auf die Pandemie vorbereitet war und auch bei einer neuen Pandemie überfordert sein würde.

47 An dieser Stelle im Entwurf schrieb mein Freund Brian Clegg: «Kein besonders erfreulicher Lesestoff, nicht wahr?» Den darauffolgenden, noch weniger erfreulichen Abschnitt habe ich später hinzugefügt.

48 Karlsson, E. K., et al., «Natural selection and infectious disease in human populations», *Nature Reviews Genetics* 15, 379–93, 2014.

49 Burger, J. R., Fristoe, T. S., Hunter-gatherer populations inform modern ecology, *Proceedings of the National Academy of the United States of America* 115, 1137–9, 2018.

50 Ehrlich, P. R., *The Population Bomb*, New York: Ballantine Books, 1968; auf Deutsch: *Die Bevölkerungsbombe*, München: Hanser, 1971. Vorangegangenes Zitat: S. 15. Alle Zitate in diesem Buch nach der deutschen Ausgabe, Übersetzung von Juliane Zuelch. An wenigen Stellen wurde die Übersetzung behutsam korrigiert.

51 Ebd.: S. 73.

52 Ebd.: S. 106 f

53 Ebd.: S. 130.

54 Es ist vielleicht kein Zufall, dass viele dieser politischen Systeme faktisch Schöpfungen waren, die den lokalen Bevölkerungsgruppen von den Kolonialmächten ohne jedwedes Gespür für die kulturellen und ethnischen Unterschiede innerhalb dieser Gruppen aufgezwungen wurden.

55 Ebd.: S. 110.

56 Ebd.: S. 154.

57 www.smithsonian.mag.com/innovation/book-incited-worldwide-fear-overpopulation-180967499

58 Ebd.

59 Friedman, J., et al., «Measuring and forecasting progress towards the education-related SDG targets», *Nature* 580, 636–9, 2020.

60 Es ist vielleicht aufschlussreich, wenn auch nur in Hinblick auf die Vergänglichkeit von Nationen, dass weder die Tschechoslowakei noch die Sowjetunion heute noch als politisches System existieren.

61 www.macrotrends.net/countries/WLD/world/population-growth-rate

62 Ich mache natürlich Witze über amoklaufende intelligente Killerroboter und die Invasion bösartiger Aliens. Obwohl – man kann ja nie wissen …

63 Die Quelle des Aphorismus ist unklar. Viele schreiben ihn dem Baseballspieler Yogi Berra zu, doch auch der Filmemacher Woody Allen und der Physiker Niels Bohr werden als Erfinder gehandelt.

64 Die Prognosen von Murray und Kollegen finden sich in Vollset, S.E., et al., «Fertility, mortality, migration and population scenarios for 195 countries and territories from 2017 to 2100: a forecasting analysis for the Global Burden of Disease Study», *The Lancet* 396, 1285–1306, 2020.

65 Zu diesen Zielen gehören eine universelle höhere Schulbildung und der universelle Zugang zu Verhütungsmitteln; beides soll bis 2030 erreicht werden.

66 Murray und Kollegen ziehen jedoch ein anderes Maß vor, den Fruchtbarkeits-Index CCF50. Darunter versteht man die durchschnittliche Anzahl an Kindern, die eine Frau in einer gegebenen Geburtskohorte zur Welt bringt, wenn sie bis ans Ende ihrer Fortpflanzungsfähigkeit lebt. Dieser Index gilt als stabileres Maß als die TFR.

67 www.nytimes.com/2023/01/16/business/china-birth-rate.html

68 Murray und Kollegen definieren das arbeitsfähige Alter als die Zeitspanne zwischen 20 und 64 Jahren.

69 Basten, S., et al., «Very long range global population scenarios to 2300 and the implications of sustained low fertility», *Demographic Research* 28, 1145–66, 2013.

70 www.icaew.com/technical/economy/business-confidence-monitor/global-trade-in-decline-long-before-the-pandemic

71 www.imf.org/en/Blogs/Articles/2022/10/11/policymakers-need-steady-hand-as-storm-clouds-gather-over-global-economy

72 www.worldbank.org/en/news/video/2023/01/10/global-economic-prospects-slowdown-growth-risks-economy-expert-answers#:~:text=Global%20growth%20is%20slowing%20sharply,the%20global%20economy%20into%20recession

73 www.weforum.org/agenda/2016/07/millennials-will-be-the-first-generation-to-earn-less-than-their-parents

74 Ein typisches Beispiel ist eine kürzlich erschienene Anzeige, in der jemand gesucht wurde, der in der kanadischen Stadt Toronto nicht ein Apartment oder ein Zimmer, sondern ein Bett mieten wollte – für 900 Kanadische Dollar im Monat. Diese Anzeige ging viral und verdeutlicht den akuten Mangel an Mietwohnungen in Metropolen. Siehe economictimes.indiatimes.com/news/inter-national/us/toronto-rent-ca900-for-half-bed-watch-viral-video-know-everything-about-it/articleshow/105449273.cms?from=mdr

75 Masood, E., *GDP. the World's Most Powerful Formula and Why It Must Now Change,* London: Icon Books, 2021.

76 Carlsen, E., et al., «Evidence for decreasing quality of semen during past 50 years», *British Medical Journal* 305, 609–13, 1992.

77 Levine, H., et al., «Temporal trends in sperm count: a systemic review and meta-regression analysis of samples collected globally in the 20th and 21st centuries», *Human Reproduction Update* Bd. I. 29, 157–176, 2022; Die Arbeiten zur verringerten Spermienzahl sind nicht unumstritten, siehe Davis, N., «Stable sperm counts in Denmark cast doubt on ‹spermageddon› fears», *Guardian*, 5. Juni 2024.

78 Levine, H., et al., «Temporal trends in sperm count: a systemic review and meta-regression analysis», *Human Reproduction Update* 23, 646–59, 2017.

79 Lv, M.-Q., et al., «Temporal trends in semen concentration and count among 327,323 Chinese healthy men from 1981 to 2019», *Human Reproduction* 36, 1751–75, 2021.

80 Skakkebæk, N. E., et al., «Environmental factors in declining human fertility», *Nature Reviews Endocrinology* 18, 139–57, 2022.

81 Ajayi, A. B., et al., «Low sperm counts: biophysical profiles of oligospermic males in sub-Saharan Africa», *Open Journal of Urology* 8, 228–47, 2018.

82 Sengupta, P., et al., «Evidence for decreasing sperm count in African population from 1965 to 2015», *African Health Sciences* 17, 418–27, 2017.

83 www.un.org/development/desa/en/news/population/2018-revision-of-world-urbanization-prospects.html#:~:text=Today%2C%2055%25%20of%20the%20world%27 s,increase%20to%2068%25%20by%202050

84 Ilacqua, A., et al., «Lifestyle and fertility: the influence of stress and quality of life on male fertility», *Reproductive Biology and Endocrinology* 16, 115, 2018.

85 norfolktalesmyths.com/2018/05/08/a-lost-coastal-village-revisited

86 www.bgs.ac.uk/case-studies/coastal-erosion-at-happisburgh-norfolk-landslide-case-study

87 www.bbc.co.uk/news/uk-england-norfolk-63822899#

88 happisburgh.org.uk/ccag-press/plan-to-allow-sea-to-flood-norfolk-vil lages

89 Shennan, I., et al., «Late Holocene relative land- and sea-level changes: providing information for stakeholders», *GSA Today* 19, 52–3, 2009.

90 www.edp24.co.uk/lifestyle/21095516.floods-1953-graphic-unfolded/#

91 www.theccc.org.uk/2018/10/26/current-approach-to-protecting-eng lands-coastal-communities-from-flooding-and-erosion-not-fit-for-pur pose-as-the-climate-changes

92 Vince, G., *Das nomadische Jahrhundert: Wie die Klima-Migration unsere Welt verändern wird,* (München: Piper, 2023).

93 www.climatechangepost.com/news/2022/1/8/multi-century-sea-level-rise-may-lead-to-unprecede/#:~:text=Currently%2C%202.5%25-.0%25, to%20coastal%20flooding%20by%202100

94 qz.com/1700769/sea-level-rise-is-set-to-flood-un-headquarters-as-soon-as-2100#:~:text=By%202100%2C%20seas%20could%20rise,City%20Panel%20on%20Climate%20Change; earth.org/sea-level-rise-nyc

95 thestarryeye.typepad.com/weather/2012/10/hurricanes-tropical-storms-that-have-impacted-new-york-city-1979-2011.html

96 www.americanprogress.org/article/when-you-cant-go-home

97 www.maplecroft.com/insights/analysis/asian-cities-in-eye-of-environmental-storm-global-ranking

98 www.pbs.org/newshour/world/why-indonesia-is-moving-its-capital-from-jakarta-to-borneo#:~:text=JAKARTA%2C%20Indonesia%20(AP)%20%E2%80%94,sinking%20into%20the%20Java%20Sea

99 www.metoffice.gov.uk/weather/learn-about/weather/case-studies/heatwave#:~:text=More%20than%2020%2C000%20people%20died,countries%20experienced%20their%20highest%20temperatures

100 www.isws.illinois.edu/statecli/general/1995chicago.htm#:~:text=The%20heat%20wave%20in%20July,hundreds%20of%20fatalities%20each%20year

101 www.bbc.co.uk/news/world-asia-65518528

102 edition.cnn.com/2024/06/02/india/india-heatwave-poll-worker-deaths-intl-hnk/index.html

103 www.bbc.co.uk/news/science-environment-65403381

104 climate.copernicus.eu/copernicus-2023-hottest-year-record#:~:text=2023%20is%20confirmed%20as%20the,highest%20annual%20value%20in%202016

105 Sherwood, S. C., et al., «An adaptability limit to climate change due to heat stress», *Proceedings of the National Academy of Sciences of the United States of America* 107, 9552–5, 2010.

106 Pal, J. S., und Eltahir, E. A. B., «Future temperature in south-west Asia projected to exceed a threshold for human adaptability», *Nature Climate Change* 6, 197–200, 2016.

107 amp.theguardian.com/world/article/2024/jun/18/hundreds-of-hajj-pilgrims-die-in-mecca-from-heat-related-illness

108 Pal, J. S., und Eltahir, E. A. B., «Future temperature in south-west Asia projected to exceed a threshold for human adaptability», *Nature Climate Change* 6, 197–200, 2016.

109 Kang, S., und Eltahir, E. A. B., «North China Plain threatened by deadly heatwaves due to climate change and irrigation», *Nature Communications* 9, 2894, 2018.

110 Im, E.-S., et al., «Deadly heat waves projected in densely populated agricultural regions of South Asia», *Science Advances* 3, e1603322, 2017.

111 Mora, C., et al., «Global risk of deadly heat», *Nature Climate Change* 7, 501–6, 2017.

112 Coffel, E. D., et al., «Temperature and humidity based projections of a rapid rise in global heat stress exposure during the 21st century», *Environmental Research Letters* 13, 014001, 2018.

113 Hsiang, S. M., et al., «Quantifying the influence of climate on human conflict», *Science* 341, 2013, doi.org/10.1126/science.1235367

114 Vince, G., *Das nomadische Jahrhundert: Wie die Klima-Migration unsere Welt verändern wird* (München: Piper, 2023).

115 O'Neill, D. W., et al., «A good life for all within planetary boundaries», *Nature Sustainability* 1, 88–95, 2018.

116 Basten, S., et al., «Very long range global population scenarios to 2300 and the implications of sustained low fertility», *Demographic Research* 28, 1145–66, 2013.

117 populationconnection.org/blog/world-population-milestones-throughout-history

118 Gott, J. R., «Implications of the Copernican principle for our future prospects», *Nature* 363, 315–19, 1993; diskutiert in einem Artikel 2017 in der *Washington Post* von Christopher Ingraham, www.washingtonpost.com/news/wonk/wp/2017/10/06/we-have-a-pretty-good-idea-of-when-humans-will-go-extinct und in *Spektrum der Wissenschaft*, www.spektrum.de/magazin/das-kopernikanische-prinzip-und-das-ueberleben-der-menschheit/821107

119 Zu dem Zeitpunkt, an dem ich dies schreibe (1. Dezember 2023), listet die NASA 4135 Planetensysteme (jenseits des unsrigen) auf, die 5550 bestätigte Planeten umfassen, während weitere 10 009 mögliche Planetensichtungen noch auf Bestätigung warten. Die Erde ist jedoch (bislang) insofern einzigartig, als sie der einzige Planet ist, auf dem es Leben gibt. Es gibt jedoch kein intelligentes Leben auf der Erde, denn mein Sohn sagt, er sei nur so lange hier, bis die Eidechsenleute zurückkehren und ihn als einen der Ihren beanspruchen. Siehe exoplanets.nasa.gov

120 Für jüngere Leser: Die Berliner Mauer war ein zur Zeit des Kalten Krieges errichtetes Bauwerk, das damals die deutsche Stadt Berlin in einen westlichen und einen östlichen Sektor teilte.

121 Warum 95 %? Dafür gibt es keinen speziellen Grund, außer dass es in der Statistik üblich ist, ein Resultat als signifikant anzusehen, wenn die Wahrscheinlichkeit, dass dieses Ergebnis dem Zufall geschuldet ist, 5 % oder weniger beträgt. Ein signifikantes Ergebnis ist daher etwas Besonderes. Umgekehrt ist an einem Ereignis, das eine Wahrscheinlichkeit von 95 % hat, nichts Besonderes. Ein solches Ereignis ist so gut wie sicher – beispielsweise ein Besuch an der Berliner Mauer zu einem Zeitpunkt ihrer Existenz, der nicht besonders nahe an ihrem Bau oder ihrem Abriss liegt. Die 95-%-Grenze ist reine Konvention. Je nachdem, was man herausfinden möchte, kann man bei einem Signifikanztest eine Konfidenz von 99 % oder 99,9 % oder auch jeden anderen gewünschten Wert wählen. Ich sollte hinzufügen, dass Signifikanztests wie dieser aus der Mode kommen und durch andere, raffiniertere statistische Methoden ersetzt werden, wie die Bayes-Statistik. Für eine eingehende, auch für Laien verständliche Diskussion der Bayes-Statistik siehe *Everything Is Predictable* von Tom Chivers (New York: Simon & Schuster, 2024).

122 Gott nannte als Zeitspanne 5128 bis 7 800 000 Jahre, doch seine Zahlen basierten auf der Annahme (im Jahr 1993 Stand der Forschung), *Homo sapiens* sei vor rund 200 000 Jahren zum ersten Mal aufgetreten.

123 Fußnote für Bayes-Fans: Angesichts dessen, was wir über die Verweildauer anderer Homininenarten auf der Erde wissen, sollten wir unsere *A-priori*-Wahrscheinlichkeit von 12 Millionen Jahren wohl auf einen deutlich kleineren Wert herunterschrauben. Mit anderen Worten: Da die meisten Homininenarten offenbar nicht länger als 1–2 Millionen Jahre existierten, scheint es eine angemessene Ausgangsvoraussetzung zu sein, dass *Homo sapiens* ähnlich lange existieren wird. Auf der anderen Seite hat *Homo sapiens* in viel kürzerer Zeit weitaus mehr als irgendeine andere, uns bekannte Homininenart erreicht, was diese Voraussetzung fraglich macht. Das ist das Problem mit *A-priori*-Wahrscheinlichkeiten.

124 Arsuaga, J.-L., et al., «Three new human skulls from the Sima de los Huesos Middle Pleistocene site in Sierra de Atapuerca, Spain», *Nature* 362, 534–7, 1993.

125 Higham, T., et al., «The timing and spatiotemporal patterning of Neanderthal disappearance», *Nature* 512, 306–9, 2014.

126 Rizal, Y., et al., «Last appearance of *Homo erectus* at Ngandong, Java, 117,000–108,000 years ago», *Nature* 577, 381–5, 2020.

127 Tilman, D., et al., «Habitat destruction and the extinction debt», *Nature* 371, 65–6, 1994.

128 Krausmann, F., et al., «Global human appropriation of net primary production doubled in the 20th century», *Proceedings of the National Academy of Sciences of the United States of America* 110, 10324–9, 2013. Ich werde die Photosynthese und ihre Bedeutung für das menschliche Überleben später in diesem Buch diskutieren.

129 Bar-On, Y. M., et al., «The biomass distribution on Earth», *Proceedings of the National Academy of Sciences of the United States of America* 115, 6506–11, 2018.

130 Bevor ich fortfahre, sollte ich anmerken, dass die Geschichte vom gesellschaftlichen und ökologischen Kollaps auf Rapa Nui vor dem Erstkontakt mit Europäern kürzlich in Zweifel gezogen wurde: DiNapoli, R. J., et al., «A model-based approach to the tempo of ‹collapse›: the case of Rapa Nui (Easter Island)», *Journal of Archaeological Science* 116, 105094, 2020.

131 Gee, H., «Treeless at Easter», *Nature* 431, 411, 2004.

132 Diamond, J., «Twilight at Easter», *The New York Review of Books*, 25. März 2004.

133 Higham, T., et al., «The timing and spatiotemporal patterning of Neanderthal disappearance», *Nature* 512, 306–9, 2014.

134 Svante Pääbos Buch *Die Neandertaler und wir. Meine Suche nach den Urzeit-Genen* (München: DVA, 2024) bietet eine lebhafte und gut verständliche Schilderung dieser Forschung.

135 Vernot, B., et al., «Unearthing Neanderthal population history using nuclear and mitochondrial DNA from cave sediments», *Science* 372, 2021, doi.org/10.1126/science.abf1667

136 Hajdinjak, M., et al., «Reconstructing the genetic history of late Neanderthals», *Nature* 555, 652–6, 2018.

137 Harris, K., Nielsen, R., «The genetic cost of Neanderthal introgression», *Genetics* 203, 881–91, 2016.

138 Rios, L., et al., «Possible further evidence of low genetic diversity in the El Sidrón (Asturias, Spain) Neandertal group: congenital clefts of the atlas», *PLOS One* 10(9) e0136550, 2015.

139 Prüfer, K., et al., «The complete genome sequence of a Neanderthal from the Altai mountains», *Nature* 505, 43–9, 2014.

140 Skov, L., et al., «Genetic insights into the social organization of Neanderthals», *Nature* 610, 519–25, 2022.

141 Vaesen, K., et al., «Inbreeding, Allee effects and stochasticity might be sufficient to account for Neanderthal extinction», *PLoS ONE* 14(11), e0225117, 2019; Kolodny, O., Feldman, M. W., «A parsimonious neutral model suggests Neanderthal replacement was determined by migration and random species drift», *Nature Communications* 8, 1040, 2017.

TEIL III
AUSWEG

1 Es sei jedoch erwähnt, dass Gott deutlich betont hat, die Menschheit werde wahrscheinlich nicht in nennenswertem Maße zu einer raumfahrenden Spezies werden.

2 Astronauten, die sich längere Zeit in der Schwerelosigkeit des Raums aufhalten, leiden unter einer Reihe unangenehmer physiologischer Symptome wie Knochenabbau, Muskelschwund und Herz-Kreislauf-Problemen. Siehe www.bbc.com/future/article/20230927-what-a-long-term-mission-in-space-does-to-the-human-body

3 Das betrifft auch Reisen mit Überlichtgeschwindigkeit, unbeschränkten Kältetiefschlaf (kryogene Konservierung) oder «Winterschlaf» von Menschen, Generationenraumschiffe und so weiter.

4 Brannen, P., *The Ends of The World*, London: Oneworld, 2017.

5 Benton, M. J., *When Life Nearly Died*, London: Thames and Hudson, 2003.

6 Hannah, M., *Extinctions. Living and Dying in the Margin of Error*, Cambridge: Cambridge University Press, 2021.

7 Barnosky, A., *et al.*, «Has the Earth's sixth mass extinction already arrived?», *Nature* 471, 51–7, 2011.

8 www.pbs.org/wgbh/evolution/library/03/2/l_032_04.html#:~:text=Mammals%2C%20for%20instance%2C%20have%20an,long%20as%2010%20million%20years

9 Tallavaara, M., et al., «Productivity, biodiversity and pathogens influence the global hunter-gatherer population density», *Proceedings of the National Academy of Sciences of the United States of America* 115, 1232–7, 2018.

10 Burger, J. R., und Fristoe, T. S., «Hunter-gatherer populations inform

modern ecology», *Proceedings of the National Academy of the United States of America* 115, 1137–9, 2018.

11 Zu diesem Zeitpunkt konnten weder Ehrlich noch andere wissen, dass die Rate des Bevölkerungswachstums bereits dabei war abzunehmen.

12 Ehrlich, P., *Die Bevölkerungsbombe,* München: Hanser, 1971, S. 83.

13 Evenson, R. E., und Gollin, D., «Assessing the impact of the Green Revolution, 1960 to 2000», *Science* 300, 758–62, 2003; Pingali, P. L., «Green Revolution: impacts, limits and the path ahead», *Proceedings of the National Academy of Sciences of the United States of America* 109, 12302–8, 2012; Khush, G. S., «Green Revolution, the way forward», *Nature Reviews Genetics* 2, 815–22, 2001.

14 Cohen, J. E., «How many people can the Earth support?», *The Sciences* 35(5), 2–49, 1995.

15 Ebd.: S. 19.

16 Rockström, J., et al., «A safe operating space for humanity», *Nature* 461, 472–5, 2009. Die Wissenschaftler aktualisierten und verfeinerten ihre Analyse im Jahr 2015, siehe Steffen, W., et al., «Planetary boundaries: guiding human development on a changing planet», *Science* 347, 1259855, 2015.

17 Fast vier Fünftel der Atmosphäre bestehen aus gasförmigem Stickstoff, der normalerweise mit nichts reagiert. Stickstoff kann jedoch auf zweierlei Weise in eine chemische Form umgewandelt werden, die für Lebewesen nutzbar ist: erstens in den Wurzeln von Leguminosen (Pflanzen wie Erbsen und Bohnen) und zweitens durch einen industriellen Prozess, das sogenannte Haber-Bosch-Verfahren, bei dem Luftstickstoff unter hohem Druck mit Wasserstoff zu Ammoniak reagiert.

18 Rockström, J., et al., «Safe and just Earth system boundaries», *Nature* 619, 102–11, 2023, doi.org/10.1038/s41586-023-06083-8

19 Biosphäre 2 ist eine Umwelt-Forschungseinrichtung, die zurzeit von der University of Arizona betrieben wird. Ursprünglich war sie als geschlossene, sich selbst erhaltende Biosphäre konzipiert, um Ideen für selbst-erhaltendes Leben in Raumkolonien zu testen. Die Verweildauer von Menschen in der Biosphäre 2 war unterschiedlich und der Erfolg zugegebenermaßen wechselnd. Ich werde Biosphäre 2 im letzten Kapitel ausführlicher diskutieren. Siehe auch biosphere2.org/about/about-biosphere-2

20 Costanza, R., et al., «The value of the world's ecosystem services and natural capital», *Nature* 387, 253–60, 1997.

21 Costanza, R., et al., «Twenty years of ecosystem services: how far have we come and how far do we still need to go?», *Ecosystem Services* 28, 1–16, 2017.

22 Abel, G. J., et al., «Meeting the Sustainable Development Goals leads to lower world population growth», *Proceedings of the National Academy of Sciences of the United States of America* 113, 14294–9, 2016.

23 Friedman, J., et al., «Measuring and forecasting progress towards the education-related SDG targets», *Nature* 580, 636–9, 2020; Grant, M., «Monitoring global education inequality», *Nature* 580, 591–2, 2020.

24 Friedman, J., et al., «Measuring and forecasting progress towards the education-related SDG targets», *Nature* 580, 636–9, 2020.

25 Liao, P. V., und Dollin, J., «Half a century of the oral contraceptive pill», *Canadian Family Physician* 58, e757–60, 2012.

26 Krausmann, F., et al., «Global human appropriation of net primary production doubled in the 20th century», *Proceedings of the National Academy of Sciences of the United States of America* 110, 10324–9, 2013.

27 Das Material zur Diskussion, wie die Photosynthese verbessert werden könnte, stammt aus: Zhu, X.-G., et al., «Improving photosynthetic efficiency for greater yield», *Annual Reviews of Plant Biology* 61, 235–61, 2010; Blankenship, R. E., et al., «Comparing photosynthetic and photovoltaic efficiencies and recognizing potential for improvement», *Science* 332, 805–9, 2011; Ort, D. R., et al., «Redesigning photosynthesis to sustainably meet global food and bioenergy demand», *Proceedings of the National Academy of Sciences of the United States of America* 112, 8529–36, 2015; Long, S. P., et al., «Meeting the global food demand of the future by engineering crop photosynthesis and yield potential», *Cell* 161, 56–66, 2015; Betti, M., et al., «Manipulating photorespiration to increase plant productivity: recent advances and perspectives for crop improvement», *Journal of Experimental Botany* 67, 2977–88, 2016; Sharwood, R. E., «Engineering chloroplasts to improve Rubisco catalysis: prospects for translating improvements into food and fiber crops», *New Phytologist* 213, 494–510, 2017; Bailey-Serres, J., et al., «Genetic strategies for improving crop yields», *Nature* 575, 109–18, 2019; Kolbert, E., «Creating a better leaf», *The New Yorker*, 13. Dezember 2021.

28 Zahlen aus Blankenship, R. E., et al., «Comparing photosynthetic and photovoltaic efficiencies and recognizing potential for improvement», *Science* 332, 805–9, 2011.

29 Eine nützliche Einführung in die Photosynthese bietet Johnson, M. P., «Photosynthesis», *Essays in Biochemistry* 60, 255–73, 2016.

30 Die Berechnung der photosynthetischen Effizienz ist relativ schwierig und hängt von der Definition ab. Die Angabe von 1 Prozent Effizienz (Wirkungsgrad) ergibt sich, wenn man die Sonnenenergie, die von einer gegebenen Menge an Biomasse pro Jahr «geerntet» wird, quantitativ mit der Wärmeenergie vergleicht, die benötigt wird, um die in dieser Biomasse enthaltenen Photosyntheseprodukte (Glucose) unter bestimmten Standardbedingungen zu Kohlendioxid und Wasser zu verbrennen. Während der Wachstumsperiode werden höhere Wirkungsgrade der Photosynthese gemessen – bis zu 4,3 Prozent –, sie liegen aber immer noch weit unter dem theoretischen Maximum von 12 Prozent. Angaben aus Blankenship, R. E., et al., «Comparing photosynthetic and photovoltaic efficiencies and recognizing potential for improvement», *Science* 332, 805–9, 2011.

31 Blankenship, R. E., «Early evolution of photosynthesis», *Plant Physiology* 154, 434–8, 2010.

32 Diese sind Ihnen vielleicht schon unter dem Namen «Blaualgen» begeg-

net, vor allem in der älteren Literatur. Sie sind jedoch Bakterien und von der Zellstruktur viel einfacher gebaut als Algen.

33 Es gibt aber auch viele mikroskopisch kleine Eukaryoten. Zu diesen zählen bekannte Teichbewohner, wie Amöben und Paramecien («Pantoffeltierchen»), eher unbekannte (aber wichtige) Meeresbewohner wie Dinoflagellaten und Diatomeen sowie einige üble terrestrische Krankheitserreger wie der Malariaparasit.

34 In diesem Fall Spinat, doch der Anteil dürfte bei anderen grünen Pflanzen ähnlich sein.

35 Tabakpflanzen gehören zwar kaum zu den wichtigsten Nutzpflanzen, doch es zeigte sich, dass sie gentechnisch relativ leicht modifizierbar sind – zumindest im Vergleich zu Reis, Mais und Weizen.

36 Siehe beispielsweise Haas, T., et al., «Technical photosynthesis involving CO_2 electrolysis and fermentation», *Nature Catalysis* 1, 32–9, 2018.

37 Siehe beispielsweise Liu, C., et al., «Water splitting-biosynthetic system with CO_2 reduction efficiencies exceeding photosynthesis», *Science* 352, 1210–13, 2016.

38 Cai, T., et al., «Cell-free chemoenzymatic starch synthesis from carbon dioxide», *Science* 373, 1523–7, 2021.

39 Romero Cuellar, N. S., et al., «Two-step electrochemical reduction of CO_2 towards multi-carbon products at high current densities», *Journal of CO_2 Utilization* 36, 263–75, 2020.

40 Hann, E. C., et al., «A hybrid inorganic-biological artificial photosynthesis system for energy-efficient food production», *Nature Food* 3, 461–71, 2022; Wang, T. und Gong, J., «Artificial photosynthesis of food from CO_2», *Nature Food* 3, 409–10, 2022.

41 Shepon, A., et al., «The opportunity cost of animal based diets exceeds all food losses», *Proceedings of the National Academy of Sciences of the United States of America* 115, 3804–9, 2018.

42 Jones, N., «The new proteins coming to your plate», *Nature* 619, 26–8, 2023.

43 Disclaimer: Ich bin kein Vegetarier. Allerdings halte ich Hühner im Garten und reduziere damit die Lieferkettenverluste im Hühnereier-Budget des Gee-Haushalts auf null.

44 Erickson, C. L., «An artificial landscape fishery in the Bolivian Amazon», *Nature* 408, 190–3, 2000.

45 Prümers, H., et al., «Lidar reveals pre-Hispanic low-density urbanism in the Bolivian Amazon», *Nature* 606, 325–8, 2022.

46 www.forestresearch.gov.uk/tools-and-resources/statistics/forestry-statistics/forestry-statistics-2018/woodland-areas-and-planting/woodland-area-2/area-of-woodland-changes-over-time

47 Song, X.-P., et al., «Global land change from 1982 to 2016», *Nature* 560, 639–43, 2018.

48 Boivin, N. L., et al., «Ecological consequences of human niche construction: examining long-term anthropogenic shaping of global species dis-

tributions», *Proceedings of the National Academy of Sciences of the United States of America* 113, 6388–96, 2016.

49 Benton, T., «Oceans of garbage», *Nature* 352, 113, 1991.

50 Cook, J. M., und West, S. A., «Figs and fig wasps», *Current Biology* 15, R978–980, 2005.

51 Für eine Übersicht siehe zum Beispiel Zimov, S. A., et al., «Mammoth steppe, a high-productivity phenomenon», *Quaternary Science Reviews* 57, 26–45, 2012.

52 Stuart, A. J., et al., «Pleistocene to Holocene extinction dynamics in giant deer and woolly mammoth», *Nature* 431, 684–9, 2004.

53 Boivin, N. L., et al., «Ecological consequences of human niche construction: examining long-term anthropogenic shaping of global species distributions», *Proceedings of the National Academy of Sciences of the United States of America* 113, 6388–96, 2016.

54 Ebd.

55 Wie im Song *Big Yellow Taxi* von Joni Mitchell.

56 Thomas, C. D., *Inheritors of the Earth. How nature is thriving in an age of extinction*, New York: Public Affairs, 2017.

57 Boivin, N. L., et al., «Ecological consequences of human niche construction: examining long-term anthropogenic shaping of global species distributions», *Proceedings of the National Academy of Sciences of the United States of America* 113, 6388–96, 2016.

58 Xu, C., et al., «Future of the human climate niche», *Proceedings of the National Academy of Sciences of the United States of America* 117, 11350–5, 2020

59 Vince, G., *Das nomadische Jahrhundert. Wie die Klima-Migration unsere Welt verändern wird*, München: Piper, 2023.

60 Zink, K. D., und Lieberman, D. E., «Impact of meat and Lower Palaeolithic food processing techniques on chewing in humans», *Nature* 531, 500–3, 2016.

61 Siehe beispielsweise Schmidt, P., et al., «Production method of the Königsaue birch tar documents cumulative culture in Neanderthals», *Archaeological and Anthropological Sciences* 15, 84, 2023.

62 Siehe beispielsweise Thompson, J. C., et al., «Early human impacts and ecosystem reorganization in southern-Central Africa», *Science* Advances 7, 2021, doi.org/10.1126/sciadv.abf9776

63 Kittler, R., et al., «Molecular evolution of Pediculus humanus and the origin of clothing», *Current Biology* 13, 1414–17, 2003.

64 Rund 56 Prozent der Weltbevölkerung (entspricht 4,4 Milliarden Menschen) leben inzwischen in Städten, und dieser Anteil wird voraussichtlich ansteigen: Sieben von zehn Menschen werden 2050 Stadtbewohner sein. Siehe www.worldbank.org/en/topic/urbandevelopment/overview#:~:text=Today%2C%20some%2056%25%20of%20the,people%20will%20live%20in%20cities

65 Eklatante Ausnahmen von dieser Regel sind die sozialen Insekten – Wespen, Bienen, Ameisen und Termiten –, die in teils riesigen Nestern oder

Kolonien leben, welche auf ihre Weise nicht weniger künstlich sind als die Städte der Menschen.

66 Chappell, S. P., et al., «NEEMO 15: evaluation of human exploration systems for near-Earth asteroids», *Acta Astronautica* 89, 166–78, 2013.

67 Cornelius, K., «Biosphere 2: the once infamous live-in terrarium is transforming climate research», *Scientific American*, 4. Oktober 2021; Zimmer, K., «The lost history of one of the world's strangest science experiments», *The New York Times*, 29. März 2019. Dies entspricht 3,14 Acres (dem angloamerikanischen Flächenmaß). Ich weiß nicht, ob es von Bedeutung ist, dass die Grundfläche von Biosphäre 2 vom Zahlenwert fast identisch mit der Kreiszahl Pi ist.

68 Wer jemals versucht hat, zu Hause ein Aquarium im Gleichgewicht zu halten, weiß, dass kleine Aquarien zum «Umkippen» neigen. Ich habe daheim ein 200-Liter-Süßwasseraquarium, es ist ein Warmwasseraquarium mit mehreren Skalaren und einem großen, sehr alten Wels. Da es sich um tropische Arten handelt, wird die Temperatur durch ein Heizelement mit Thermostat konstant gehalten. Ist sie erst einmal eingestellt, so muss man sich nicht weiter drum kümmern. Das Wasservolumen ist so groß, dass der Behälter fast keinerlei Pflege benötigt. Als ich auf meinem Schreibtisch ein kleines Kaltwasseraquarium mit einem einzigen Goldfisch hatte, war die Sache anders. Denn das Wasservolumen lag unter 20 Litern. Es ist viel schwieriger, einen Behälter kühl zu halten als warm, und dies gilt besonders bei einem geringen Volumen. Ich musste ständig aufmerksam sein, sonst hätten Algen das Aquarium bald zugewuchert, nachts den im Wasser gelösten Sauerstoff verbraucht, und der Goldfisch wäre erstickt. Mindestens einmal pro Woche musste ich das Wasser vollständig austauschen. Das größere Aquarium kommt über Monate hinweg mit Teilwasserwechseln zurecht.

69 Siehe Chen, M., et al., «Review of space habitat designs for long term space explorations», *Progress in Aerospace Sciences* 122, 100692, 2021.

70 www.nasa.gov/specials/artemis

71 www.unoosa.org/oosa/en/ourwork/spacelaw/treaties/introouterspace treaty.html

72 Siehe Tim Marshall *Die Geografie der Zukunft. Wie der Kampf um Vorherrschaft im All unsere Welt verändern wird*, München: dtv, 2023; das Buch bietet einen Einblick in die nahe Zukunft der Astropolitik. Eine sehr gut lesbare, jedoch tiefgehende Analyse der juristischen Hürden, die mit unseren Versuchen zur Weltraumbesiedlung einhergehen werden, findet sich bei Kelly und Zach Weinersmith, *Unsere Zukunft steht in den Sternen: wie wir bald den Mars besiedeln (oder auch nicht)*, München: riva, 2024.

73 Sechs von der NASA geförderte Technologien, um Menschen zum Mars zu schicken: www.nasa.gov/directorates/spacetech/6_Technologies_NASA_is_Advancing_to_Send_Humans_to_Mars

74 Siehe Chen, M., et al., «Review of space habitat designs for long term space explorations», *Progress in Aerospace Sciences* 122, 100692, 2021.

75 solarsystem.nasa.gov/asteroids-comets-and-meteors/asteroids/overview/?page=0&per_page=40&order=name+asc&search=&condition_1=101%3Aparent_ id&condition_2=asteroid%3Abody_type%3Ailike

76 Siehe zum Beispiel Chapman, C. R., und Morrison, D., «Impacts on the Earth by asteroid and comets: assessing the hazard», *Nature* 367, 33–40, 1994. In diesem Artikel schätzen die Autoren die Wahrscheinlichkeit, dass ein Asteroid von zwei Kilometer Durchmesser oder mehr innerhalb des nächsten Jahrhunderts auf der Erde einschlägt, auf rund 1 zu 10 000 ein. Ein derartiger Einschlag würde schwere ökologische Schäden verursachen und einen großen Teil der Weltbevölkerung töten. Die Wahrscheinlichkeit ist gering, aber nicht gleich null. Sie ist in etwa so hoch, wie die Wahrscheinlichkeit, im Lauf des Lebens vom Blitz getroffen zu werden (1 zu 15 300) oder ein vierblättriges Kleeblatt zu finden (1 zu 10 000). Die Wahrscheinlichkeit, bei einem Flugzeugunglück zu sterben, liegt bei 1 zu 11 Millionen. Siehe stacker.com/art-culture/odds-50-random-events-happening-you

77 Rao, R., «Smashing success: humanity has diverted an asteroid for the first time», *Nature*, 11. Oktober 2022, www.nature.com/articles/d41586-022-03255-w

78 Unter Wissenschaftsjournalisten kursiert seit Jahrzehnten der Witz, die Kernfusion werde in dreißig Jahren (von jetzt an gerechnet) routinemäßig zum derzeitigen Energiemix dazugehören. Dieser Witz beiseite – 2022 gelang bei Kernfusionsexperimenten zum ersten Mal eine Reaktion, die mehr Energie erzeugte, als sie verbrauchte. Siehe Tollefson, J., und Gibney, E., «Nuclear-fusion lab achieves ‹ignition›: what does it mean?», *Nature* 612, 597–8, 2022.

79 Ross, S. D., «Near-Earth asteroid mining, Space industry report», citeseerx.ist.psu.edu/document?repid=rep1&type=pdf&doi=8c342ea48e59acd5649a7758add94a6e025d7a7e

80 Grandl, W., und Böck, C., «Asteroid habitats – living inside a hollow celestial body», in: Badescu, V., Zacny, K., Bar-Cohen, Y. (Hrsg.), *Handbook of Space Resources,* Cham: Springer, 2023, doi.org/10.1007/978-3-030-97913-3_22

81 worldpopulationreview.com/boroughs/manhattan-population

82 Miklavcic, P. M., et al., «Habitat Bennu: design concepts for spinning habitats constructed from rubble pile near-Earth asteroids», *Frontiers in Astronomy and Space Sciences* 8, 645363, 2022.

83 Weinersmith, K. und Weinersmith, Z., *Unsere Zukunft steht in den Sternen: wie wir bald den Mars besiedeln (oder auch nicht)*, München: riva, 2024.

84 Dieser Spruch wird George Mallory zugeschrieben, der 1924 versuchte, den Everest zu besteigen. Es ist nicht bekannt, ob er Erfolg hatte – er kam während der Expedition um. Dies sollte wirklich eine Warnung für Weltraumerforscher sein. Siehe www.alamosa.org/travel-tools-tips/a-travelers-blog/700-because-it-is-there#:~:text=The%20quote%2C%20%22Because%20it%20is,ice%2C%20rock%2C%20and%20snow

85 England und Schottland wurden ab 1603 zwar vom selben Herrscher regiert, nämlich vom Stuartkönig Jakob I. (Jakob VI. von Schottland), die beiden Länder und ihre Regierungen blieben allerdings noch ein ganzes Jahrhundert vollständig unabhängig.

86 Gott, J. R., «Implications of the Copernican principle for our future prospects», *Nature* 363, 315–19, 1993; Christopher Ingraham diskutiert dies 2017 in einem Artikel in der *Washington Post*, www.washingtonpost.com/news/wonk/wp/2017/10/06/we-have-a-pretty-good-idea-of-when-humans-will-go-extinct, siehe auch in *Spektrum der Wissenschaft*, www.spektrum.de/magazin/das-kopernikanische-prinzip-und-das-ueberleben-der-menschheit/821107

NACHWORT

1 Gee, H., «Humans are doomed to go extinct», *Scientific American*, 21. November 2021, www.scientificamerican.com/article/humans-are-doomed-to-go-extinct